数据库原理及应用

（第2版）

主　编　张丹平

北京航空航天大学出版社

内 容 简 介

从应用的角度全面阐述数据库系统的基本理论、基本技术和基本方法。全书共11章，包括数据库系统概述、关系数据库、关系数据库标准语言SQL、数据库的安全性、数据库的完整性、关系数据库理论、数据库设计、数据库恢复技术、并发控制、关系系统及其查询优化等，最后对关系数据库管理系统实例作了介绍。每章均附有小结与习题。本书以理论够用、实用、实践为第一原则，使读者能快速、轻松地掌握数据库技术与应用。

本书可作为高等院校数据库课程的教材，也可供从事数据库系统研究、开发及应用的研究人员和企事业单位管理人员参考。

图书在版编目(CIP)数据

数据库原理及应用 / 张丹平主编. -- 2版. -- 北京 ：北京航空航天大学出版社，2016.8

ISBN 978-7-5124-2206-3

Ⅰ. ①数… Ⅱ. ①张… Ⅲ. ①数据库系统—高等学校—教材 Ⅳ. ①TP311.13

中国版本图书馆CIP数据核字(2016)第179910号

数据库原理及应用(第2版)

主 编 张丹平

责任编辑 史 东

*

北京航空航天大学出版社出版发行

北京市海淀区学院路37号(邮编100191) http://www.buaapress.com.cn

发行部电话：(010)82317024 传真：(010)82328026

读者信箱：bhpress@263.net 邮购电话：(010)82316936

三河市华骏印务包装有限公司印装 各地书店经销

*

开本：710×1 000 1/16 印张：17 字数：362千字

2016年9月第2版 2020年8月第2次印刷

ISBN 978-7-5124-2206-3 定价：37.00元

第二版前言

数据库技术发展至今已相当成熟,相关知识体系博大精深。作为定位于经管类专业的教学,面向工科院校经管类专业本科生的数据库入门教材,本书的第一版已经使用了五个年头。在理论够用、实用、实践为第一原则的指导下,本书作者不改初衷,开始了第二版的修订工作。

延续第一版教材的思路,在第二版修订过程中,作者更多地进行了思考:对于经管类的本科生来说,需要掌握的数据库知识有哪些?因为数据库知识非常丰富,要想在有限的课堂时间让学生掌握所有的数据库知识相当困难。同时,数据库系统的用户可以是数据库应用程序员、数据库管理员、数据库系统分析员、数据库设计人员,或者是终端的一般用户多种类型;而经管类的学生除了成为数据库应用程序员之外,有很多学生可能会成为数据库管理员、数据库系统分析员、数据库设计人员,甚至是终端的一般用户。依据不同用户的不同需求,作为一本数据库的入门教材,必须提供一本让学生“会用”而且“够用”的教材。

尽管本书不一定能完全实现预期目标,但积极的尝试工作已经开始。在教学实践的基础上,第二版对第 3~5 章的内容作了调整,力求突出重点,强调实用,全面系统地构建知识体系。为了反映数据库技术的发展,第 11 章的内容进行了更新。同时本书设计了典型实例,并将实例融入理论知识中进行讲解,力求知识与实例相辅相成。另外,对每一章后面的习题进行了修订,加入了部分计算机等级考试的类似题型,方便学生及时验证学习效果。

本书内容丰富,使用时可根据学生主专业情况适当取舍,或适当压缩,或选择内容进行讲解。

本书由张丹平副教授执笔,研究生黄克望、陈丽红及本科生莫君兰、黄荣欢参加了内容讨论和书稿校阅工作。感谢东北大学计算机科学与工程学院余灏然同学在瑞典留学期间所做的资料收集与整理工作。

本书第二版的修订工作中,参阅了大量的参考书和文献资料,在此向参考资料的作者表示衷心的感谢。

由于编者水平有限,书中难免有疏漏与不足之处,敬请各位读者批评指正。

编　者

2016 年 6 月 20 日

第一版前言

在当今的信息社会里，信息技术一日千里蓬勃发展，数据库技术已作为各种计算机应用软件开发的支柱之一应用于国民经济各个领域，成为现代社会信息化、自动化、智能化中不可或缺的核心技术和组成部分。

关于数据库课程的教学内容，应该划分为多个层次。对于偏重研究型的学生，应该掌握更多的数据库管理系统的核心技术和知识；对于偏重数据库应用型的学生，应该在掌握数据库及其管理系统的基本理论和概念的基础上，掌握较多数据库应用系统的开发和设计知识。本书偏重于应用型，共分 11 章。

第 1 章介绍数据库的基本概念、常用术语、数据库系统的发展历史和现状，以及数据模型与 E－R 方法、数据库管理系统的基本功能。

第 2 章介绍关系数据库系统，包括关系数据结构及其形式化定义、关系的三类完整性约束概念以及关系操作，还介绍了用代数方式和逻辑方式来表达的关系语言，即关系代数、元组关系演算和域关系演算。

第 3 章介绍 SQL Server 2000 的功能，包括数据定义、数据查询、数据操纵和数据控制的语言实现。

第 4 章介绍计算机以及信息安全技术方面的一系列安全标准，DBMS 必须保证数据库中数据的安全可靠和正确有效，而实现数据库系统安全性的技术和方法有多种。

第 5 章介绍数据库的完整性，即数据库中数据的正确性和相容性。数据库的完整性主要分为三类：实体完整性、参照完整性和用户定义的完整性。

第 6 章在介绍完全函数依赖、部分函数依赖和传递函数依赖等概念的基础上，阐述规范化理论的依据和规范化程度的准则。

第 7 章介绍数据库设计的全过程，主要讨论数据库设计的方法和步骤，列举了较多的实例，详细介绍数据库设计各个阶段的目标、方法和注意事项。

第 8 章通过介绍事务原子性、一致性、隔离性和持续性特征，对 DBMS 产品所提供的恢复技术、恢复方法，以及根据这些技术正确地制定实际系统的恢复策略进行阐述。

第 9 章介绍数据库管理系统必须提供的并发控制机制，以此来协调并发用户的并发操作，以保证并发事务的隔离性和数据库的一致性。

第 10 章讲解关系系统的最小定义及其分类，介绍查询优化方法的概念和技术。

第 11 章简要介绍五种（Oracle、DB2、INGRES、Informix、Sybase）国际国内占主导地位的关系数据库管理系统产品。

本书在内容组织上由浅入深,循序渐进;在结构上力图概念清楚,重点突出,原理明确;在编写风格上语言准确,言简意赅;在选材上反映了数据库技术应用与发展的最新成果,有较强的适应性。鉴于课时限制,结合学生特点,教师在教学内容组织上可适当取舍。

本书由张丹平负责内容的取材、组织,由张丹平、周玲元、周红静、黄帆共同完成全书的编写与审阅工作,同时雷明扬、陈良煌、许海燕等同学参与了内容讨论与校阅工作。

本书编写时参考了国内外大量相关书籍、文献,也有编者在数据库教学中的切身体会。限于水平,书中难免有欠妥之处,欢迎专家和读者批评指正。

编　者

2011年4月

目　　录

第1章　数据库系统概述

【学习内容】

1. 与数据库相关的基本概念
2. 数据库系统的体系结构和组成
3. 数据库管理系统的基本功能、组成和工作流程
4. 数据模型与E-R方法
5. 数据库技术的产生和发展阶段的特点
6. 数据库系统的三级模式结构和二级映象

1.1　数据库系统简介

数据库技术自从20世纪60年代中期产生以来，无论是理论还是应用方面都已变得相当重要和成熟，成为了计算机科学的重要分支。数据库技术是计算机领域发展最快的学科之一，也是应用很广、实用性很强的一门技术。目前，数据库技术已从第一代的网状、层次数据库系统，第二代的关系数据库系统，发展到以面向对象模型为主要特征的第三代数据库系统。

随着计算机技术飞速发展及其应用领域的扩大，特别是计算机网络和因特网的发展，基于计算机网络和数据库技术的管理信息系统、各类应用系统得到了突飞猛进的发展。如事务处理系统（TPS）、地理信息系统（GIS）、联机分析系统（OLAP）、决策支持系统（DSS）、企业资源计划（ERP）、客户关系管理（CRM）、数据仓库（DW）及数据挖掘（DM）等系统，都是以数据库技术作为其重要的支撑。可以说，只要有计算机的地方，就在使用着数据库技术。因此，数据库技术的基本知识和基本技能正在成为信息社会人们的必备知识。

1.1.1　数据与数据处理

1. 数　据

数据（data）是人们用各种物理符号按一定格式记载下来的有意义的符号组合，是描述现实世界中各种具体事务或抽象概念的可存储并具有明确意义的信息。数据包括一切文字、符号、声音、图形和图像等能输入计算机，并能为其处理的符号序列。

数据与其语义是不可分的，数据的表现形式还不能完全表达其内容，需要通过解

释和处理。只有给数据赋予确切的含义后,它对人们才是有用的。

例如,93 是一个数据,其语义如下:

语义 1:学生某门课的成绩。

语义 2:某人的体重。

语义 3:计算机系 2003 级学生人数。

……

又如,在学生档案中,如果人们最感兴趣的是学生的姓名、性别、年龄、出生年月、籍贯、所在系别、入学时间,那么可以这样描述:

李明,男,21,1972,江苏,计算机系,1990。

因此这里的学生记录就是数据。对于上面这条学生记录,了解其含义的人会得到如下信息:李明是个大学生,1972 年出生,男,江苏人,1990 年考入计算机系;而不了解其语义的人则无法理解其含义。可见,数据的形式还不能完全表达其内容,需要经过解释,所以数据和关于数据的解释是不可分的。数据的解释是指对数据含义的说明,数据的含义称为数据的语义,数据与其语义是不可分的。

数据是信息的载体,是信息的具体表现形式。它有两个含义:

(1) 描写事物的特性如某人生日是“1980 年 12 月 21 日”。

(2) 同一种意义的数据可用多种形式表示,如生日是“1998 年 12 月 21 日”,也可以是“1998.12.21”;明天天气是“阴有雨”,也可以用图形符号。

用数据符号表示信息通常有三种:

(1) 数值型:如年龄、体重、价格、温度。

(2) 字符型:如姓名、单位、地址。

(3) 特殊型:照片的图像,刮风、下雨的图形符号,还有声音、视频等多媒体数据。

2. 数据处理

数据处理(information process)是对各种类型的数据进行收集、整理、存储、加工、检索和传输等一系列活动的总称。也就是从某些已知的数据出发,推导加工出一些新的数据,这些新的数据对于特定的人们来说是有价值、有意义的数据。

数据处理贯穿于社会生活的各个领域,数据可由人工或自动化装置进行处理。数据的处理过程包括:数据收集、转换、组织,数据的输入、存储、合并、计算、更新,数据的检索、输出等一系列活动,如图 1.1 所示。

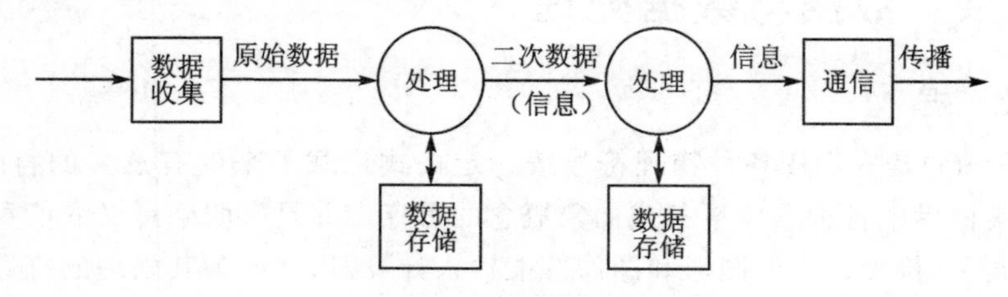

图 1.1　数据处理过程

1.1.2　数据库与数据管理

数据管理是数据处理的基础工作，数据库是数据管理的技术和手段。

1. 数据管理

数据管理是指数据的收集、整理、组织、存储、维护、检索、统计及传送等操作处理过程。就计算机管理数据而言，数据管理是指数据在计算机内的一系列活动的总和。数据管理是数据处理工作中最基本的工作，是其他数据处理的核心和基础。

数据管理工作主要包括以下内容：

(1) 组织和保存数据，即将收集到的数据合理地分类组织，将其存储在物理载体上，使数据能够长期地被保存。

(2) 数据维护，即根据需要随时进行插入新数据、修改原有数据和删除无用或失效数据的操作。

(3) 提供数据查询和数据统计功能，以便快速地得到操作需要的正确数据，满足各种使用要求。

数据处理和数据管理是互相联系的，数据管理中的各种技术都是数据处理业务中必不可少的基本环节，数据管理技术的好坏，直接影响着数据处理的效率。

2. 数据库

数据库(DataBase，简称 DB)是一个以一定的组织形式长期存储在计算机内，有组织的、可共享的相关数据的集合。它可以人工建立、维护和使用，也可以通过计算机建立、维护和使用。它存储的数据是按照一定的数据模型组织、描述和存储的。DB 能为各种用户共享，具有较小冗余度、数据间联系紧密而又有较高的数据独立性等特点。在数据库中存储的基本对象就是数据。

数据库的特点如下：

(1) 集成性。把某特定应用环境中的各种应用相关的数据及其数据之间的联系，全部地、集中地按照一定的结构形式进行存储，或者把数据库看成为若干个性质不同的数据文件的联合和统一的数据整体。

(2) 共享性。数据库中的任何一个数据可为多个不同的用户所共享，即多个不同的用户，使用多种不同的语言，为了不同的应用目的，而同时存取数据库，甚至同时存取同一块数据，即多用户系统。

1.1.3　数据库管理系统

数据库管理系统(DataBase Management System，简称 DBMS)是位于用户与操作系统之间的一层数据管理软件，是数据库系统(DataBase System，简称 DBS)的核心。数据库在建立、运用和维护时，由数据库管理系统统一管理、统一控制。DBMS 总是基于某种数据模型，因此可以把 DBMS 看成是某种数据模型在计算机系统上的具体实现。根据数据模型的不同,DBMS 可以分成层次型、网状型、关系型和面向对象型等。

DBMS 的工作模式如图 1.2 所示。

图 1.2　DBMS 的工作模式

DBMS 的工作模式可表达如下:

(1) 接受应用程序的数据请求和处理请求。

(2) 将用户的数据请求转换成复杂的机器代码。

(3) 实现对数据库的操作。

(4) 从对数据库的操作中接受查询结果。

(5) 对查询结果进行处理。

(6) 将处理结果返回给用户。

数据库管理系统是一个通用的软件系统,通常由语言处理、系统运行控制和系统维护三大部分组成。数据库管理系统为用户提供了一个软件环境,允许用户快速方便地建立、维护、检索、存取和处理数据库中的信息,例如 Access、SQL Server 和 Oracle等软件。

用户在数据库系统中的一切操作都是通过 DBMS 进行的。DBMS 就是实现把用户意义下的抽象的逻辑数据处理转换成计算机中的具体的物理数据的处理软件,这给用户带来很大的方便。数据库管理系统的主要功能包括以下几个方面:

1. 数据定义功能

DBMS 提供数据定义语言 DDL(Data Define Language),定义数据的模式、外模式和内模式三级模式结构,定义模式/内模式和外模式/模式二级映象,定义有关的约束条件。

例如,为保证数据库安全而定义的用户口令和存取权限,为保证正确语义而定义的完整性规则。

2. 数据操纵功能

DBMS 还提供数据操纵语言(Data Manipulation Language,简称 DML),用户可以使用 DML 实现对数据库的基本操作,如查询、插入、删除和修改等。

SQL 语言就是 DML 的一种。

3. 数据库的运行管理功能

数据库在建立、运用和维护时由数据库管理系统统一管理、统一控制,以保证数据的安全性、完整性、多用户对数据的并发使用及发生故障后的系统恢复。

它包括以下四个方面的工作：

(1) 数据的安全性控制。防止未经授权的用户存取数据库中的数据，以避免数据的泄漏、更改或破坏。

(2) 数据的完整性控制。保证数据库中数据及语义的正确性和有效性，防止任何对数据造成错误的操作。

(3) 多用户环境下的并发控制。在多个用户同时对同一个数据进行操作时，系统应能加以控制，防止破坏数据库中的数据。

(4) 数据库的恢复。在数据库被破坏或数据不正确时，系统有能力把数据库恢复到正确的状态。

4. 数据库的建立和维护功能

它包括数据库初始数据的输入、转换功能，数据库的转储、恢复功能，数据库的重组织功能和性能监视、分析功能等。这些功能通常是由一些实用程序完成的。

5. 数据库的辅助服务功能

DBMS 提供数据库服务程序，完成数据库的创建、数据库的转存、数据库的恢复、日志文件的管理、同其他软件系统通信等辅助功能。

数据库管理系统是数据库系统的一个重要组成部分。

1.1.4 数据库应用系统

数据库应用系统(DBAS)是指基于数据库的应用系统，是在 DBMS 的支持下由系统开发人员利用数据库系统资源开发的面向某一类实际应用的软件系统。数据库应用系统通常由数据库系统、应用软件、应用界面组成，可分为以下两类：

(1) 管理信息系统，面向机构内部业务和管理的数据库应用系统，如《教学管理系统》。

(2) 开放式信息服务系统，面向外部、提供动态信息查询功能，如证券交易所的实时行情、大型科技情报系统等。

数据库、数据库管理系统和数据库应用系统的关系如图 1.3 所示。

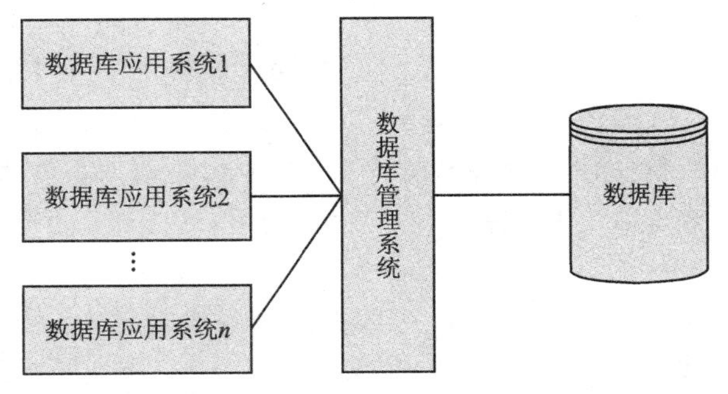

图 1.3　数据库、数据库管理系统和数据库应用系统的关系

1.1.5 数据库系统

数据库系统(DataBase System,简称 DBS)指在计算机系统中引入数据库后的系统构成,是具有管理和控制数据库功能的计算机应用系统。一般由数据库、数据库管理系统(及其开发工具)、应用系统、数据库管理员和用户构成,如图 1.4 所示。

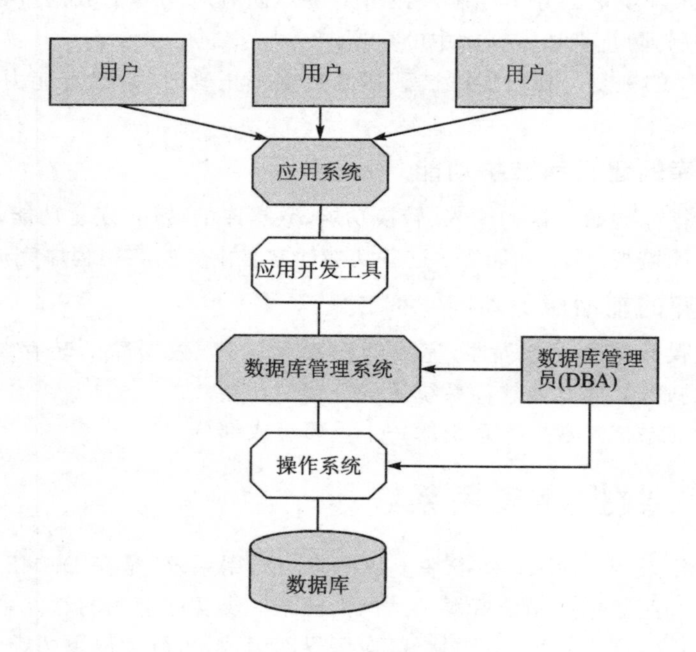

图 1.4 数据库系统

(1) 数据库,是与应用彼此独立的、以一定的组织方式存储在一起的、彼此相互关联的、具有较少冗余的、能被多个用户共享的数据集合。

(2) 数据库管理系统(DBMS),是一种负责数据库的定义、建立、操作、管理和维护的系统管理软件。DBMS 位于用户和操作系统之间,负责处理用户和应用程序存取、操纵数据库的各种请求。

(3) 数据库管理员(DBA),DBA 是大型数据库系统的一个工作小组,主要负责数据库的设计、建立、管理和维护,协调各用户对数据库的要求等。

(4) 用户(user),指使用和管理数据库的人,他们可以对数据库进行存储、维护和检索等操作。数据库系统中的用户可分为终端用户、应用程序员、数据库管理员三种类型:

① 终端用户(end user),主要是使用数据库的各级管理人员、工程技术人员、科研人员,一般为非计算机专业人员。

② 应用程序员(application programmer),负责为终端用户设计和编制应用程

序，以便终端用户对数据库进行存取操作。

③ 数据库管理员(DadaBase Administrator，简称 DBA)，是数据库所属单位的代表。一个单位决定开发一个数据库系统时，首先就应确定 DBA 的人选。DBA 不仅应当熟悉系统软件，还应熟悉本单位的业务工作。DBA 应自始至终参加整个数据库系统的研制开发工作。开发成功后，DBA 将全面负责数据库系统的“管理、维护和正常的使用”。其职责主要体现在以下三个方面：

首先，要参与数据库设计的全过程，决定数据库的结构和内容。

其次，定义数据的安全性和完整性，负责分配用户对数据库的使用权限和口令管理。

最后，监督控制数据库的使用和运行，改进和重新构造数据库系统。当数据库受到破坏时，应负责恢复数据库；当数据库的结构需要改变时，完成对数据结构的修改。

因此，DBA 不仅要有较高的技术专长和较深的资历，还应具有了解和阐明管理要求的能力。特别对于大型数据库系统，DBA 极为重要。对于常见的微机数据库系统，通常只有一个用户，常常不设 DBA，DBA 的职责由应用程序员或终端用户代替。

(5) 数据库应用系统(DBAS)，指在数据库管理系统提供的软件平台上，结合各领域的应用需求开发的软件产品。

一般在不引起混淆的情况下，人们常常把数据库系统简称为数据库。图 1.5 是引入数据库后计算机系统的层次结构。

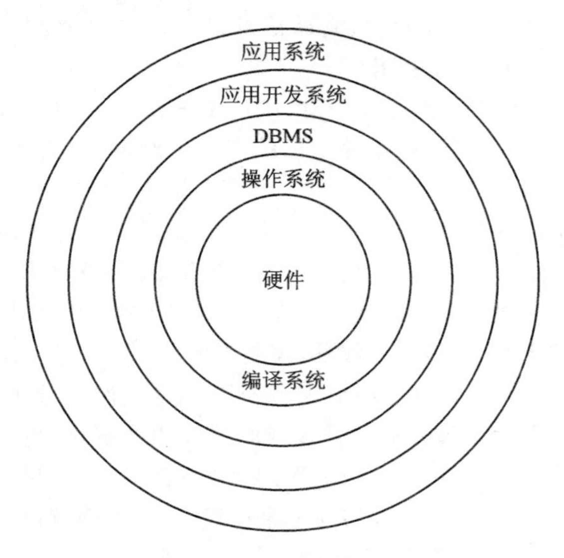

图 1.5 引入数据库后计算机系统的层次结构

1.1.6 数据库系统的应用

数据库的应用非常广泛，以下是一些具有代表性的应用：

(1) 图书馆管理。用于存储图书馆的馆藏资料(图书、期刊等)、读者(教师、学生等)信息,以及图书和期刊的借阅、归还记录等,方便读者查找资料,方便管理人员办理图书和期刊的借阅、归还和催还等手续,提高图书馆管理水平。

(2) 书店管理。用于存储员工、客户信息以及图书采购、库存、销售记录等,提高图书的采购、库存和销售管理水平,方便书店的账务处理。

(3) 教学管理。用于存储各专业的教学计划、教师和学生信息、教室信息、教材信息、教师开课和学生选课记录等,提高排课、选课、成绩管理、毕业管理效率。

(4) 科研管理。用于存储教师信息、科研成果记录等,方便科研成果的考核、检索和统计工作。

(5) 银行管理。用于存储客户信息、存款账户和贷款账户记录以及银行之间的转账交易记录,提高存款、贷款管理水平,加速资金流转和银行结算。

(6) 售票管理。用于存储客户信息和客运飞机、火车和汽车班次信息,以及订票、改签和退票记录等,提高交通客运管理水平,方便客户订票。

(7) 电信客户管理。用于存储客户信息和通话记录等,自动结算话费,维护预付电话卡的余额,产生每月账单,提高电信管理水平。

(8) 证券交易管理。用于存储客户信息以及股票、债券等金融票据的持有、出售和买入信息,也可以存储实时的市场交易数据,以便客户进行联机交易,公司进行自动交易和结算。

(9) 销售管理。用于存储客户、商品信息以及销售记录,以便实时进行订单跟踪、销售结算、库存管理和商品推荐。

(10) 库存管理。用于存储客户信息、生产工艺信息,以及采购记录、生产记录、入出库记录等,实现供应链管理,跟踪工厂的产品生产情况,实现零部件、半成品、成品的入库存储管理等。

(11) 资产管理。用于存储客户信息、部门信息和员工信息,固定资产的采购记录、领用记录和报废记录等,自动计提固定资产折旧,提供各种固定资产报表。

(12) 人力资源管理。用于存储部门信息、员工信息,以及出勤记录、计件记录等,自动计算员工的工资、所得税和津贴,编制工资单。

正如以上所列举的,数据库已经成为当今几乎所有企、事业单位和政府部门不可缺少的组成部分,每个员工每天都在直接或间接地跟数据库打交道。20 世纪 90 年代末互联网的兴起更加剧了用户对数据库的直接访问程度,提供了大量的 Web 在线服务和信息。例如,当你通过 Web 访问一家在线书店、查询航班信息等,其实你正在访问存储在某个数据库中的数据;当你确认了一个网上订购,你的订单信息也就保存到了某个数据库中;当你访问一个银行网站,检索你的账户余额和交易信息时,这些信息也是从银行的数据库中取出来的,同时你的查询记录也可能被存储到摸个数据库中去。

因此,尽管 Web 用户界面隐藏了访问数据库的细节,大多数人可能没有意识到他们正在和一个数据库打交道,然而访问数据库已经成为当今几乎每个人生活中不可缺少的组成部分。

也可以从另外一个角度来评判数据库系统的重要性。如今,像 Oracle 这样的数据库管理系统厂商是世界上最大的软件公司之一,像微软、IBM 等这些有多样化产品的公司中,数据库管理系统也是其产品中的一个重要组成部分。

1.2　数据模型与 E-R 方法

计算机系统是不能直接处理现实世界的,现实世界只有数据化后,才能由计算机系统来处理这些代表现实世界的数据。为了把现实世界的具体事物及事物之间的联系转换成计算机能够处理的数据,必须用某种数据模型来抽象和描述这些数据。数据模型是数据库系统的核心。通俗地讲,数据模型是现实世界的模拟。

数据模型(data model)是专门用来抽象、表示和处理现实世界中的数据和信息的工具。数据模型应满足三方面要求:一是能比较真实地模拟现实世界;二是容易理解;三是易在计算机上实现。在数据库系统中针对不同的使用对象和应用目的,采用不同的数据模型。

不同的数据模型实际上提供给我们模型化数据和信息的不同工具。根据模型应用的不同,可将模型分为两类,它们分别属于两个不同的层次,如图 1.6 所示。

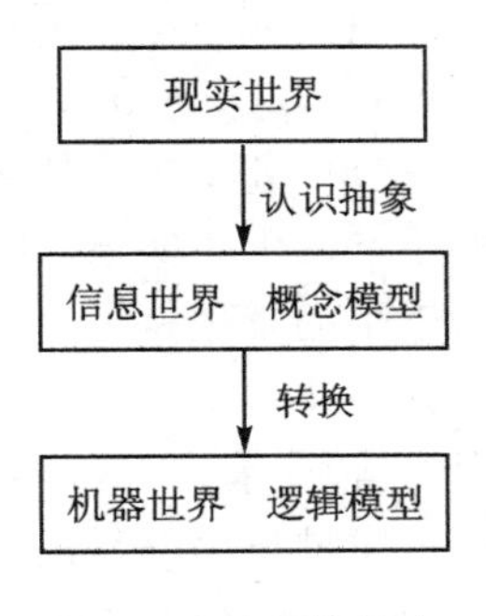

图 1.6　抽象的层次

第一类模型是概念模型,也称信息模型。它是一种独立于计算机系统的数据模型,完全不涉及信息在计算机中的表示,只是用来描述某个特定组织所关心的信息结构。概念模型是按用户的观点对数据和信息建模,强调其语义表达能力,概念应该简单、清晰、易于用户理解,它是对现实世界的第一层抽象,是用户和数据库设计人员之间进行交流的工具。这类模型中最著名的是实体-联系模型(Entity-Relationship Model,E-R 模型)。

第二类模型是逻辑模型,主要包括网状模型、层次模型、关系模型等,它是按计算机系统的观点对数据建模,是直接面向数据库的逻辑结构,是对现实世界的第二层抽象。这类模型直接与 DBMS 有关,称为逻辑数据模型,简称为数据模型。这类模型有严格的形式化定义,以便于在计算机系统中实现。它通常有一组严格定义的无二义性语法和语义的数据库语言,人们可以用这种语言来定义、操纵数据库中的数据。

数据模型是数据库系统的核心和基础。各种机器上实现的 DBMS 软件都是基于某种数据模型的。

1.2.1 概念模型的相关概念

概念模型用于信息世界的建模,是现实世界到机器世界的一个中间层次,是数据库设计的有力工具,是数据库设计人员和用户之间进行交流的语言。因此,对概念模型一方面要求有较强的语义表达能力,能够方便、直接地表达应用中的各种语义知识;另一方面它还应该简单、清晰、用户易于理解。

1. 信息的现实世界

信息的现实世界是指我们要管理的客观存在的各种事物、事物之间的相互联系及事物的发生、变化过程。涉及的概念主要有:

1) 实　体(entity)

数据是用来描述现实世界中各种事物的。要描述的对象形形色色:有具体的,也有抽象的;有物理上存在的,也有概念性的,如张三、汽车、运动、兴趣、神灵等。这些对象的共同特征是可以相互有区别,否则就会被认为是同一种对象。凡是现实世界中存在的、可以相互区别开并可以被我们所识别的事、物、概念等对象,均可认为是实体。

2) 实体集(entity set)

具有相同特征或能用同样特征描述的实体的集合称为实体集。实体集中的各具体实体,称为实体值。对于同一实体集中的不同实体其特征值不完全相同,并由此可加以区分。如学生实体集,可以通过学号、姓名、年龄等特征加以描述。学生实体集中的不同的学生实体,通过其不同的学号又可加以区分。例如,学号为15093101、姓名为李平的学生是一个具体实体,显然不同于学号为15093102、姓名为王明的学生这个具体实体。

3) 联　系(relationship)

现实世界中事物内部以及事物之间的联系,在信息世界中反映为实体内部的联系和实体之间的联系。实体内部的联系通常是指组成实体的各属性之间的联系,实体之间的联系通常是指不同实体集之间的联系。

2. 信息世界

1) 属　性(attribute)

属性是实体所具有的某些特征,通过属性对实体进行刻画。实体是由属性组成的。一个实体本身具有许多属性,在创建了实体之后,就可以标识各个实体的属性了,能够唯一标识实体的属性称为该实体的码(键)。如学生实体,其共有的描述特征通常有学号、姓名、年龄、性别等,这些都是学生实体的属性。

实体的属性值是数据库中存储的主要数据,一个属性实际上相当于表中的列。

2) 码(key)

实体型中的某个(些)属性的取值可以用来唯一区分实体型中的具体实体,唯一标识实体的属性集称为码(键)。如学生实体中的学号属性的取值就可以用来区分每一位学生。

3）域(domain)

属性的取值范围称为该属性的域。一个属性的域可以是整数、浮点数、字符串等。如学生实体中的年龄属性的域就是一定区间中的整数，而姓名属性的域就是符合一定要求的字符串等。

4）实体型(entity type)

用实体名及其属性名集合来抽象和刻画同类实体称为实体型。

在信息世界中，实体通过其属性表示称为实例；同类实例的集合称为对象，对象即实体集中的实体用属性表示得出的信息集合；实体集之间的联系用对象联系表示。

信息世界通过概念模型、过程模型和状态模型反映现实世界。它要求对现实世界中的事物、事物间的联系和事物的变化情况准确、如实、全面地表示。

3. 信息的计算机世界

1）数据项(item)

对象属性的数据表示。

2）记　录(record)

实例的数据表示。记录有型和值之分：记录的型是结构，由数据项的型构成；记录的值表示对象中的一个实例，它的分量是数据项值。

3）文　件(file)

文件是对象的数据表示，是同类记录的集合。

4）数据模型(data model)

现实世界中的事物和相互联系数据化的结果就是数据模型。现实世界中客观对象的抽象过程如图 1.7 所示。

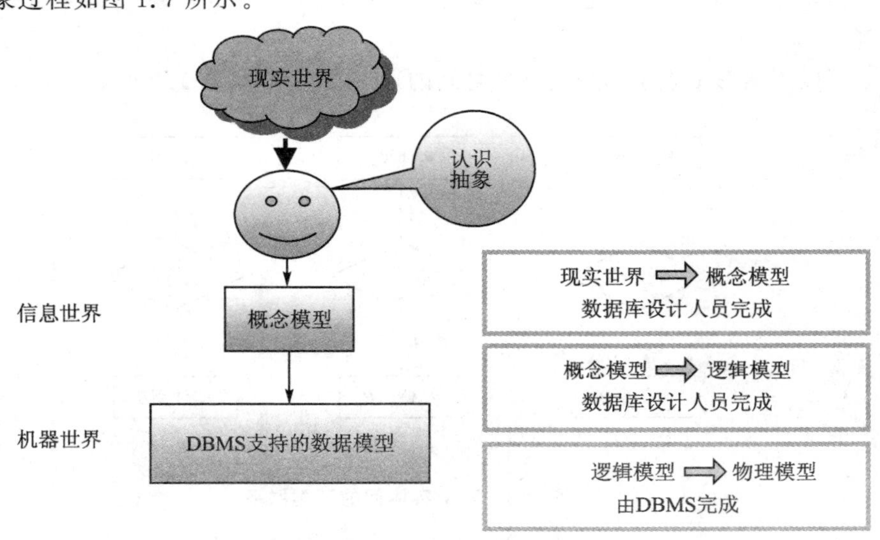

图 1.7　现实世界中客观对象的抽象过程

1.2.2 实体型之间的联系

1. 两个实体型之间的联系

两个实体型之间的联系可以分为三种:

1) 一对一联系(1:1)

定义:如果对于实体集 A 中的每一个实体,实体集 B 中至多有一个(也可以没有)实体与之联系,反之亦然,则称实体集 A 与实体集 B 具有一对一联系,记为 1:1 。

例如:学校里面,一个班级只有一个正班长,一个班长只在一个班中任职,则班级与班长之间具有一对一联系。

2) 一对多联系(1:n)

定义:如果对于实体集 A 中的每一个实体,实体集 B 中,有 n 个实体($n \geqslant 0$)与之联系;反之,对于实体集 B 中的每一个实体,实体集 A 中至多只有一个实体与之联系,则称实体集 A 与实体集 B 有一对多联系,记为 1:n。

例如:一个班级中有若干名学生,每个学生只在一个班级中学习,则班级与学生之间具有一对多联系。

3) 多对多联系(m:n)

定义:如果对于实体集 A 中的每一个实体,实体集 B 中有 n 个实体($n \geqslant 0$)与之联系;反之,对于实体集 B 中的每一个实体,实体集 A 中也有 m 个实体($m \geqslant 0$)与之联系,则称实体集 A 与实体 B 具有多对多联系,记为 m:n。

例如:一门课程同时有若干个学生选修,一个学生可以同时选修多门课程,则课程与学生之间具有多对多的联系。

实际上,一对一联系是一对多联系的特例,而一对多联系又是多对多联系的特例。

可以用图形来表示两个实体型之间的这三类联系,如图 1.8 所示。

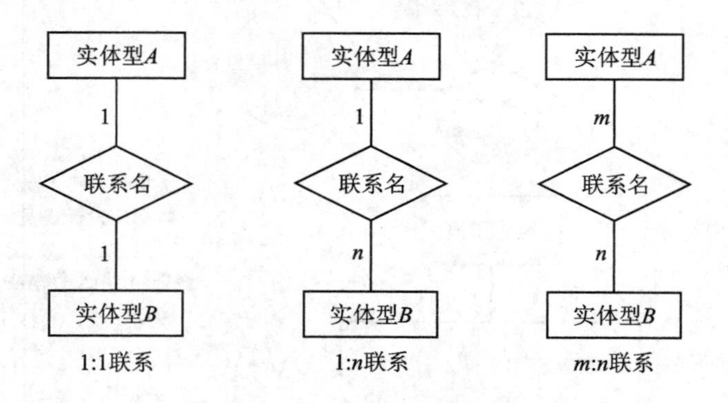

图 1.8 两个实体间的三类联系

2. 两个以上实体型之间的联系

实体之间的一对一、一对多、多对多联系不仅存在于两个实体型之间，也存在于两个以上的实体型之间。如对于课程、教师与参考书三个实体型，若一门课程可以有多个教师讲授，使用多本参考书，而每一个教师只讲授一门课程，每一本参考书只供一门课程使用，则课程与教师、参考书之间的联系是一对多的，如图 1.9 所示。

又如，供应商、项目、零件三个实体型，一个供应商可以供给多个项目多种零件，每个项目可以使用多个供应商供应的零件，每种零件可由不同供应商供给。由此可以看出供应商、项目、零件三者之间是多对多的联系，如图 1.10 所示。

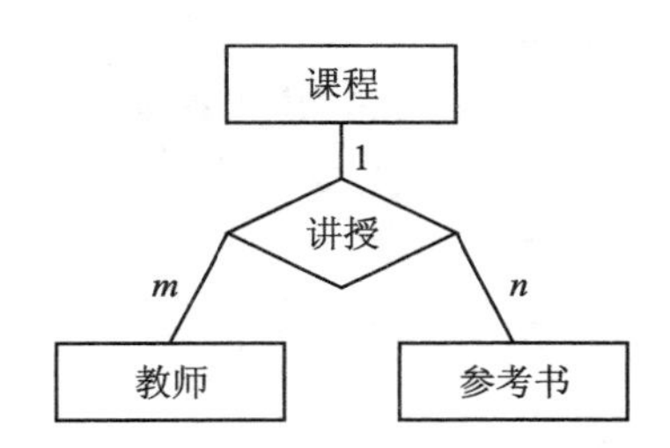

图 1.9　三个实体型之间的联系示例

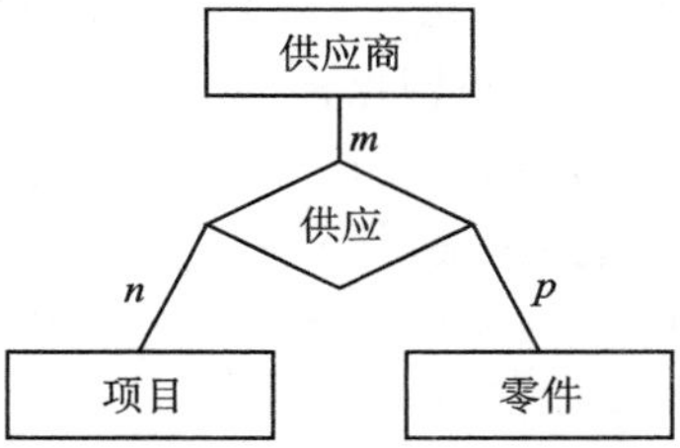

图 1.10　三个实体型之间多对多的联系

3. 单个实体型内的联系

同一实体集内的各实体之间也可以存在一对一、一对多、多对多的联系。如职工实体集内部具有领导与被领导的联系，某一职工（干部）“领导”若干名职工，一个职工仅被另外一个职工直接领导，这是一对多的联系，如图 1.11 所示。

两个实体集之间的联系究竟是属于哪一类，不仅与实体集有关，还与联系的内容有关。如主教练集与队员集之间，若对于指导关系来说，具有一对多的联系；而对于朋友关系来说，就应是多对多的联系。

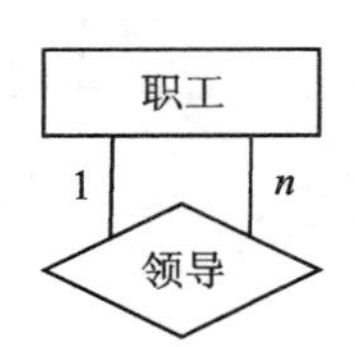

图 1.11　单个实体型内部 1∶n 联系

与现实世界不同，信息世界中实体集之间往往只有一种联系。此时，在谈论两个实体集之间的联系性质时，就可略去联系名，直接说两个实体集之间具有一对一、一对多或多对多的联系。

1.2.3　概念模型的表示方法

概念模型是对信息世界建模，因此概念模型应能方便、准确地描述信息世界中的常用概念。概念模型的表示方法很多，其中广泛被采用的是实体-联系模型（Entity－Relationship Model）。它是由陈品山于 1976 年在题为“实体联系模型：将来的数据视图”论文中提出的，简称为 E－R 模型。

1. E-R模型的要素

E-R模型主要的元素是:实体集、属性、联系集。其表示方法如下:

(1) 实体用方框表示,方框内注明实体的命名。实体名常用大写字母开头的有具体意义的英文名词表示。然而,为了便于用户与软件开发人员的交流,在需求分析阶段建议用中文表示,在设计阶段再根据需要转成英文形式。

(2) 属性用椭圆形框表示,框内写上属性名,并用无向连线与其实体集相连,加下画线的属性为码属性。

(3) 联系用菱形框表示,并用线段将其与相关的实体连接起来,并在连线上标明联系的类型,即1:1、1:n、m:n。联系也会有属性,用于描述联系的特征。

因此,E-R模型也称为E-R图。E-R图(E-R diagram)是用来描述实体集、属性和联系的图形。图中每种元素都用结点表示,用实线来连接实体集与它的属性以及联系与它的实体集。

【例1.1】 图1.12是一个E-R图,表示一个简单的电影数据库。实体集是电影、影星和制片公司。

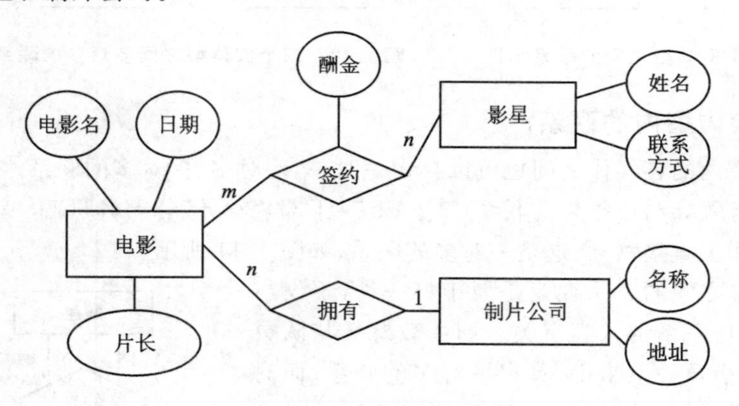

图1.12 电影数据库的E-R图

电影实体集有三个属性:电影名、电影制作日期、片长。影星实体集有二个属性:姓名和联系方式。制片公司有二个属性:名称和地址。

图中有两个联系:

(1) 签约,是电影及其影星的联系,这也是影星及其参演电影的联系。

(2) 拥有,是电影及其所属电影公司的联系。

2. 建立E-R图

建立E-R图的步骤:

(1) 确定实体和实体的属性;

(2) 确定实体和实体之间的联系及联系的类型;

(3) 给实体和联系加上属性。

如何划分实体及其属性有两个原则可参考：

(1) 属性不再具有需要描述的性质。属性在含义上是不可分的数据项。

(2) 属性不能再与其他实体集具有联系，即 E－R 模型指定联系只能是实体集间的联系。

例如，教师是一个实体集，可以有教师编号、姓名、性别等属性，工资若没有进一步描述的特性，则工资可作为教师的一个属性。但若涉及工资的详细情况，如基本工资、各种补贴、各种扣除时，它就成为一个实体集，如图 1.13 所示。

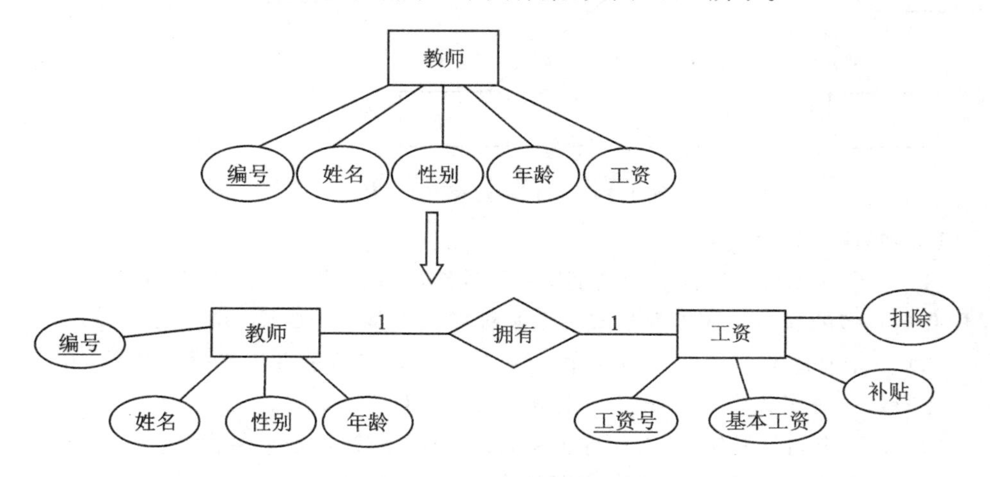

图 1.13　工资由属性变为实体集

实体集可用多种方式连接起来，然而，把每种可能的联系都加到设计中却不是个好办法。首先，它导致冗余，即一个联系连接起来的两个实体或实体集可以从一个或多个其他联系中导出。其次，数据库可能需要更多的空间来存储冗余元素，而且修改数据库会更复杂，因为数据的一处变动会引起存储联系的多处变动。

如何划分实体和联系也有一个原则可参考：当描述发生在实体集之间的行为时，最好用联系集。如读者和图书之间的借、还书行为，顾客和商品之间的购买行为，均应作为联系集。

划分联系的属性的原则：一是发生联系的实体的标识属性应作为联系的默认属性；二是和联系中的所有实体都有关的属性。如电影和影星的签约联系中的酬金属性，学生和课程的选课联系中的成绩属性。

【例 1.2】　用 E－R 图表示某个工厂物资管理的概念模型，如图 1.14 所示。

实体：

① 仓库：仓库号、面积、电话号码

② 零件 ：零件号、名称、规格、单价、描述

③ 供应商：供应商号、姓名、地址、电话号码、帐号

④ 项目：项目号、预算、开工日期

⑤ 职工:职工号、姓名、年龄、职称

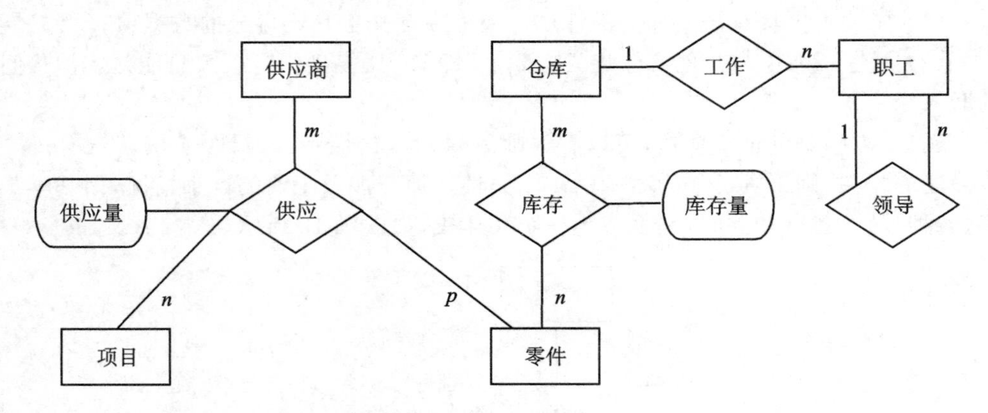

图 1.14 工厂物资管理 E-R 图

这些实体之间的联系如下:

(1) 一个仓库可以存放多种零件,一种零件可以存放在多个仓库中。仓库和零件具有多对多的联系。用库存量来表示某种零件在某个仓库中的数量。

(2) 一个仓库有多个职工当仓库保管员,一个职工只能在一个仓库工作,仓库和职工之间是一对多的联系。职工实体型中具有一对多的联系。

(3) 职工之间具有领导-被领导关系,即仓库主任领导若干保管员。

(4) 供应商、项目和零件三者之间具有多对多的联系。

目前实体关系数据模型及其 E-R 图方法已被广泛地应用于数据库应用系统的概念设计。由于 E-R 图直观易懂,通过它,计算机专业人员与非计算机专业人员可以进行直接地交流和合作;同时使用 E-R 图,可以很方便、真实和合理地描述出一个具体数据库应用系统的信息结构,并以此作为进一步设计数据库应用系统的基础。因此,目前实体关系数据模型及其 E-R 图方法还是很受欢迎的。

1.2.4 数据模型的组成要素

将现实世界中的事物抽象成用 E-R 图描述的概念模型之后并不能直接存入计算机。概念模型中的实体及实体间的联系必须进一步表示成便于计算机处理的数据模型。

数据库模型是数据库系统的核心和基础,任何 DBMS 都支持一种数据模型。数据模型是严格定义的一组概念的集合,它描述了系统的静态特性、动态特性和完整性约束条件。因此,数据模型通常由数据结构、数据操作和完整性约束三部分组成。

1. 数据结构

任何一种数据模型都规定了一种数据结构,即信息世界中的实体和实体之间联系的表示方法。数据结构描述了系统的静态特性,是数据模型本质的内容。

数据结构是所研究的对象类型的集合。这些对象是数据库的组成成分，它包括两类：一类是与数据类型、内容、性质有关的对象，如网状模型中的数据项、记录，关系模型中的域、属性、关系等；另一类是与数据之间联系有关的对象，如网状模型中的系型(set type)。

数据结构是刻画一个数据模型性质最重要的方面。因此在数据库系统中，通常按照其数据结构的类型来命名数据模型。如层次结构、网状结构和关系结构的数据模型分别命名为层次模型(hierarchical model)、网状模型(network model)和关系模型(relational model)。其中，前两类模型称为非关系模型。

非关系模型的数据库系统在 20 世纪 70 年代至 80 年代初非常流行，在数据库系统产品中占据了主导地位，在数据库系统的初期起了重要的作用。在关系模型发展后，非关系模型迅速衰退。在我国，非关系模型使用很少；但在美国等一些国家，由于早期开发的应用系统实际是层次数据库或网状数据库系统，因此目前仍有层次数据库和网状数据库系统在继续使用。

面向对象数据模型(object oriented model)是近年才出现的数据模型，是目前数据库技术的研究方向。

关系模型是目前使用最广泛的数据模型，占据数据库的主导地位。

2. 数据操作

数据操作是对数据库中各种对象(型)的实例(值)允许执行的操作的集合，包括操作及有关的操作规则。数据操作描述了系统的动态特性。对数据库的操作主要有数据维护和数据检索两大类，这是任何数据模型都必须规定的操作，包括操作符、含义、规则等。

3. 数据的约束条件

数据的约束条件是一组完整性规则的集合。完整性规则是给定的数据模型中数据及其联系所具有的制约和依存规则，用以限定符合数据模型的数据库状态以及状态的变化，以保证数据的正确、相容和有效。

1.2.5　层次模型

层次模型是数据库系统中最早出现的数据模型。典型的层次模型系统是美国 IBM 公司于 1968 年推出的 IMS(Information Management System)数据库管理系统，20 世纪 70 年代这个系统在商业上得到广泛应用。

在现实世界中，有许多事物是按层次组织起来的，如一个系有若干个专业和教研室，一个专业有若干个班级，一个班级有若干个学生，一个教研室有若干个教师。其数据库模型如图 1.15 所示。

层次模型用一棵“有向树”的数据结构来表示各类实体以及实体间的联系。在树中，每个结点表示一个记录类型，结点间的连线(或边)表示记录类型间的关系。每个记录类型可包含若干个字段。记录类型描述的是实体，字段描述实体的属性，各个记录类型及其字段都必须命名。

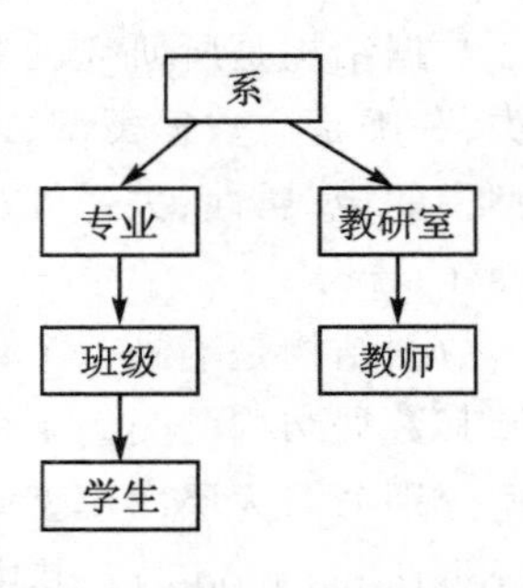

图 1.15 层次模型

1. 层次模型的数据结构

树的结点是记录类型，有且仅有一个结点无父结点，这样的结点称为根结点，每个非根节点有且只有一个父结点。在层次模型中，一个结点可以有几个子结点，也可以没有子结点。前一种情况下，这几个子结点称为兄弟结点，如图 1.15 中的专业和教研室；后一种情况下，该结点称为叶结点，如图 1.15 中的学生和教师。图 1.16 是图 1.15 数据模型的一个实例。它是计算机系记录值及其所有的后代记录值组成的一棵树。

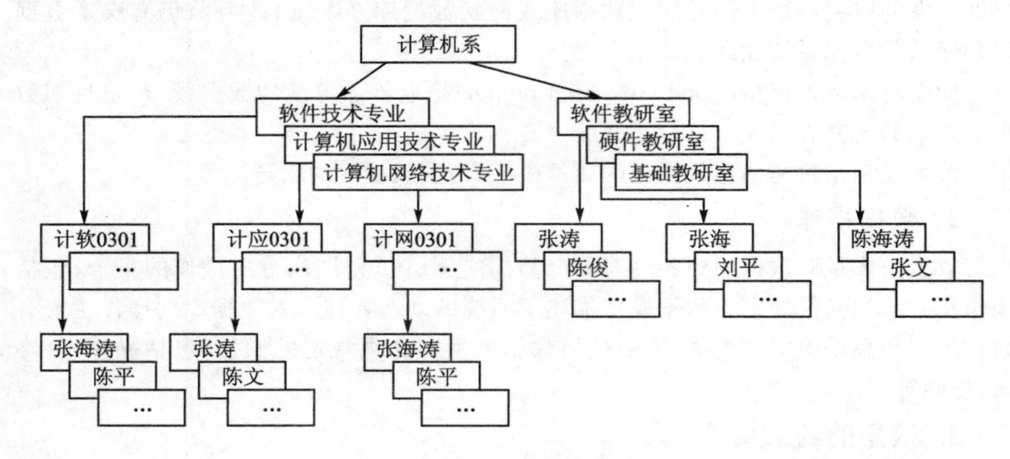

图 1.16 学校层次数据库模型

层次模型的数据结构特点：

(1) 有且仅有一个结点没有双亲，该结点称为根结点；

(2) 除根结点以外的其他结点有且仅有一个双亲结点，这就使得层次数据库系统只能直接处理一对多的实体关系；

(3) 任何一个给定的记录值只有按其路径查看时，才能显出它的全部意义，没有一个子女记录值能够脱离双亲记录值而独立存在。

2. 层次模型的数据操作与数据完整性约束

层次模型的数据操作的最大特点是必须从根结点入手，按层次顺序访问。层次模型的数据操作主要有查询、插入、删除和修改，进行插入、删除和修改操作时要满足层次模型的完整性约束条件。

进行插入操作时，如果没有相应的双亲结点值就不能插入子女结点值。如图 1.16层次数据库中，若新调入一名教师，但尚未分配到某个教研室，这时就不能将新教员插入到数据库中。

进行删除操作时,如果删除双亲结点值,则相应的子女结点值也被同时删除。如图 1.16 层次数据库中,若删除软件教研室,则该教研室所有老师的数据将全部丢失。

修改操作时,应修改所有相应的记录,以保证数据的一致性。

3. 层次模型的优缺点

层次模型的优点主要有:

(1) 层次数据模型本身比较简单,只需很少几条命令就能操纵数据库,比较容易使用。

(2) 结构清晰,结点间联系简单,只要知道每个结点的双亲结点,就可知道整个模型结构。现实世界中许多实体间的联系本来就呈现出一种很自然的层次关系。

(3) 它提供了良好的数据完整性支持。

(4) 对于实体间联系是固定的,且预先定义好的应用系统,采用层次模型实现,其性能优于关系模型,不低于网状模型。

层次模型的缺点主要有:

(1) 层次模型不能直接表示两个以上的实体型间的复杂的联系和实体型间的多对多联系,只能通过引入冗余数据或创建虚拟结点的方法来解决,易产生不一致性。

(2) 对数据的插入和删除的操作限制太多。

(3) 查询子女结点必须通过双亲结点。

(4) 由于结构严密,层次命令趋于程序化。

1.2.6　网状模型

现实世界中事物之间的联系更多的是非层次关系的,用层次模型表示这种关系很不直观。网状模型克服了这一弊病,可以清晰地表示这种非层次的关系。

网状模型取消了层次模型的两个限制,在层次模型中,若一个结点可以有一个以上的父结点,就得到网状模型。用有向图结构表示实体类型及实体间联系的数据模型成为网状模型(network model)。1969 年,CODASYL 组织提出 DBTG 报告中的数据模型是网状模型的主要代表。

1. 网状模型的数据结构

网状模型的特点:

(1) 有一个以上的结点没有双亲;

(2) 至少有一个结点可以有多于一个双亲。

综上,允许两个或两个以上的结点没有双亲结点,允许某个结点有多个双亲结点,则此时有向树变成了有向图,这种有向图描述了网状模型。

网状模型是一种比层次模型更具普遍性的结构。它去掉了层次模型的两个限制,允许多个结点没有双亲结点,允许结点有多个双亲结点;此外,它还允许两个结点之间有多种联系(称之为复合联系)。因此,网状模型可以更直接地去描述现实世界,而层次模型实际上是网状模型的一个特例。

网状模型中每个结点表示一个记录型(实体),每个记录型可包含若干个字段(实体的属性),结点间的连线表示记录类型(实体)间的父子关系,箭头表示从箭尾的记录类型到箭头的记录类型间联系是 1∶n 联系,如学生和教师间的关系。一个系可以有多个老师任教,一个老师可以教多个学生,如图 1.17 所示。

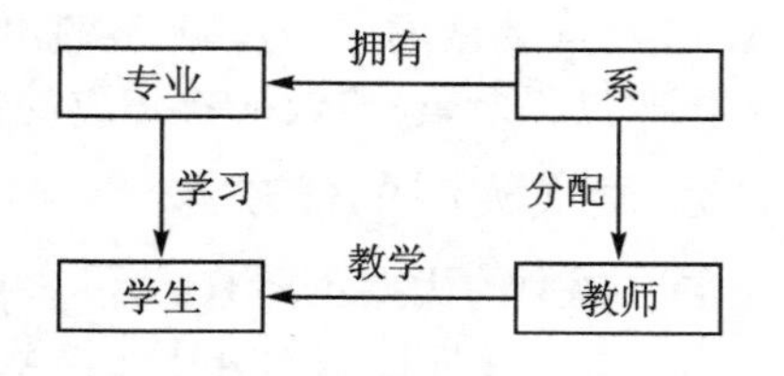

图 1.17　学校网状模型

2. 网状模型的数据操纵与完整性约束

网状模型一般没有层次模型那样严格的完整性约束条件,但具体的网状数据库系统(如 DBTG)对数据操纵都加了一些限制,提供了一定的完整性约束。

网状模型的数据操纵主要包括查询、插入、删除和修改数据。

插入数据时,允许插入尚未确定双亲结点值的子女结点值。如可增加一名尚未分配到某个教研室的新教师,也可增加一些刚来报到,还未分配宿舍的学生。

删除数据时,允许只删除双亲结点值。如可删除一个教研室,而该教研室所有教师的信息仍保留在数据库中。

修改数据时,可直接表示非树形结构,而无需像层次模型那样增加冗余结点,因此,修改操作时只需更新指定记录即可。

它没有像层次数据库那样有严格的完整性约束条件,只提供一定的完整性约束,主要有:

(1) 支持码的概念,码是唯一标识记录的数据项的集合。如学生记录中学号是码,因此数据库中不允许学生记录中学号出现重复值。

(2) 保证一个联系中双亲记录和子女记录之间是一对多的联系。

(3) 可以支持双亲记录和子女记录之间某些约束条件。如有些子女记录要求双亲记录存在才能插入,双亲记录删除时也连同删除。

3. 网状模型的优缺点

网状模型的优点主要有:

(1) 能更加直接地描述客观世界,可表示实体间的多种复杂联系,如一个结点可以有多个双亲。

(2) 具有良好的性能,存储效率较高。

网状模型的缺点主要有:

(1) 结构复杂,而且随着应用环境的扩大,数据库的结构变得越来越复杂,不利于最终用户掌握。

（2）其 DDL、DML 语言极其复杂，用户不容易使用。

（3）数据独立性差，由于实体间的联系本质上是通过存取路径表示的，因此应用程序在访问数据时要指定存取路径。

1.2.7　关系模型

关系模型是目前最常用的一种数据模型。关系数据库系统采用关系模型作为数据的组织方式。

1970 年，美国 IBM 公司的研究员 E. F. Codd 首次提出了关系数据模型，标志着数据库系统新时代的来临，开创了数据库关系方法和关系数据理论的研究，为数据库技术奠定了理论基础。由于 E. F. Codd 的杰出工作，他于 1981 年荣获 ACM 图灵奖。

1980 年后，各种关系数据库管理系统的产品迅速出现，如 Oracle、Ingres、Sybase、Informix 等。关系数据库系统统治了数据库市场，数据库的应用领域迅速扩大。

与层次模型和网状模型相比，关系模型的概念简单、清晰，并且具有严格的数据基础，形成了关系数据理论，操作也直观、容易，因此易学易用。无论是数据库的设计和建立，还是数据库的使用和维护，都比非关系模型时代简便得多。

与其他的数据模型相同，关系模型也是由数据结构、数据操作和完整性约束三部分组成。

1. 数据结构

在关系模型中，数据的逻辑结构是关系。关系可形象地用二维表表示，它由行和列组成。如表 1.1 所列，以职工表为例，介绍关系模型中的一些术语。

表 1.1　关系模型的数据结构

员工编号	姓名	年龄/岁	性别	部门号
430425	王天喜	25	男	Dept 1
430430	莫玉	27	女	Dept 2
430211	肖剑峰	33	男	Dept 3
430121	杨琼英	23	女	Dept 2
430248	赵继平	41	男	Dept 3

（1）关系（relation）：一个关系可用一个表来表示，常称为表，如表 1.1 中的这张职工表。每个关系（表）都有与其他关系（表）不同的名称。

（2）元组（tuple）：表中的一行数据总称为一个元组。一个元组即为一个实体的所有属性值的总称。一个关系中不能有两个完全相同的元组。

（3）属性（attribute）：表中的每一列即为一个属性。每个属性都有一个属性名，在每一列的首行实现。一个关系中,不能有两个同名属性。表1.1有五列,对应五个属性(员工编号,姓名,年龄,性别,部门号)。

(4) 域(domain):一个属性的取值范围就是该属性的域。如职工的年龄属性域为2位整数(18~70),性别的域为{男,女}等。

(5) 分量(component):一个元组在一个属性上的值称为该元组在此属性上的分量。

(6) 主码(key):表中的某个属性组,它可以唯一确定一个元组,如表1.1中的职工编号,可以唯一确定一个职工,也就成为本关系的主码。

(7) 关系模式:一个关系的关系名及其全部属性名的集合简称为该关系的关系模式。一般表示为:

关系名(属性1,属性2,…,属性 n)

如上面的关系可描述为:

职工(员工编号,姓名,年龄,性别,部门号)

关系模式是型,描述了一个关系的结构;关系则是值,是元组的集合,是某一时刻关系模式的状态或内容。因此,关系模式是稳定的、静态的,而关系则是随时间变化的、动态的。但在不引起混淆的场合,两者都称为关系。

关系是关系模型中最基本的数据结构。关系既用来表示实体,如上面的职工表,也用来表示实体间的关系,如学生与课程之间的联系可以描述为:

选修(学号,课程号,成绩)

关系模型要求关系必须是规范化的,即要求关系必须满足一定的规范条件,这些规范条件是:

(1) 关系中的每一列都必须是不可分的基本数据项,即不允许表中还有表。表1.2的情况是不允许的。

(2) 在一个关系中,属性间的顺序、元组间的顺序是无关紧要的。

表1.2 表中有表

工资级别	工资		
	基本工资	工龄	职务
⋮	⋮	⋮	⋮

2. 数据操作

关系数据模型的操作主要包括查询、插入、删除和修改数据。它的特点在于:

(1) 操作对象和操作结果都是关系,即关系模型中的操作是集合操作。它是若干元组的集合,而不像非关系模型中那样是单记录的操作方式。

(2) 关系模型中,存取路径对用户是隐藏的。用户只要指出"干什么"或"找什么",不必详细说明"怎么干"或"怎么找",从而方便了用户,提高了数据的独立性。

3. 完整性约束

完整性约束是一组完整的数据约束规则，它规定了数据模型中的数据必须符合的条件，对数据作任何操作时都必须加以保证。关系的完整性约束条件包括三大类：实体完整性、参照完整性和用户定义的完整性。

4. 关系模型的存储结构

关系模型的数据独立性最高，用户基本上不能干预物理存储。在关系模型中，实体及实体间的联系都用表来表示。在数据库的物理组织中，表以文件的形式存储。有的系统一个表对应于一个操作系统文件，有的系统一个数据库中所有的表对应于一个或多个操作系统文件，有的系统自己设计文件结构。

1.3　数据管理技术的产生和发展

随着生产力的不断发展，社会的不断进步，人类对信息的依赖程度也在不断地增加。数据作为表达信息的一种量化符号，正在成为人们处理信息时重要的操作对象。所谓数据处理就是对数据的收集、整理、存储、分类、排序、检索、维护、加工、统计和传输等一系列工作全部过程的概述。数据处理的目的就是使我们能够从浩瀚的信息数据海洋中，提取出有用的数据信息，作为我们工作、生活等各方面的决策依据。数据管理则是指对数据的组织、编码、分类、存储、检索和维护，它是数据处理的一个重要内容。

数据管理工作由来以久，早在1880年美国进行人口普查统计时，就已采用穿孔卡片来存储人口普查数据，并采用机械设备来完成对这些普查数据所进行的处理工作。电子计算机的出现以及之后其硬件、软件的迅速发展，加之数据库理论和技术的发展，为数据管理提供了有力的支持。

数据库技术是一门综合性强的学科，主要研究数据库的结构、存储、管理和使用。数据库技术是在操作系统的文件系统的基础上发展起来的，而且数据库管理系统本身要在操作系统支持下才能工作。根据数据和应用程序相互依赖关系、数据共享以及数据的操作方式，数据管理的发展可以分为三个具有代表性的阶段，即人工管理阶段、文件管理阶段和数据库管理阶段。

1.3.1　人工管理阶段

人工管理阶段是20世纪50年代中期以前，由于当时计算机硬件和软件发展才刚刚起步，数据管理中的全部工作，都必须由应用程序员自己设计程序去完成。由于需要与计算机硬件以及各外部存储设备和输入输出设备直接打交道，程序员们常常需要编制大量重复的数据管理基本程序。数据的逻辑组织与它的物理组织基本上是相同的，因此当数据的逻辑组织、物理组织或存储设备发生变化时，进行数据管理工作的许多应用程序就必须进行重新编制,给数据管理的维护工作带来许多困难。另外,由于一组数据常常只对应于一种应用程序,因此很难实现多个不同应用程序间的数据资源共享。存在着大量重复数据,信息资源浪费严重。

在人工管理阶段,计算机主要用于科学计算,其他工作还没有展开。外部存储器只有磁带、卡片和纸带等,还没有磁盘等字节存取存储设备。软件只有汇编语言,没有操作系统和管理数据的软件,尚无数据管理方面的软件。数据处理的方式基本上是批处理。这个阶段数据管理的特点如下:

1. 数据不保存

因为该阶段计算机主要应用于科学计算,对于数据保存的需求尚不迫切,只是在计算某一课题时将数据输入,完成后得到结果,因此无需保存数据。

2. 系统没有专用的软件对数据进行管理

数据需要由应用程序自己管理,没有相应的软件系统负责数据的管理工作。因此,每个应用程序不仅要规定数据的逻辑结构,而且要设计物理结构,包括存储结构、存取方法、输入方式等,程序员负担很重。

3. 数据不共享

数据是面向程序的,一组数据只能对应一个程序。

多个应用程序涉及某些相同的数据时,也必须各自定义,因此程序之间有大量的冗余数据。

4. 数据不具有独立性

程序依赖于数据,如果数据的类型、格式或输入输出方式等逻辑结构或物理结构发生变化,必须对应用程序做出相应的修改。

在人工管理阶段,程序与数据之间的关系可用图1.18表示。

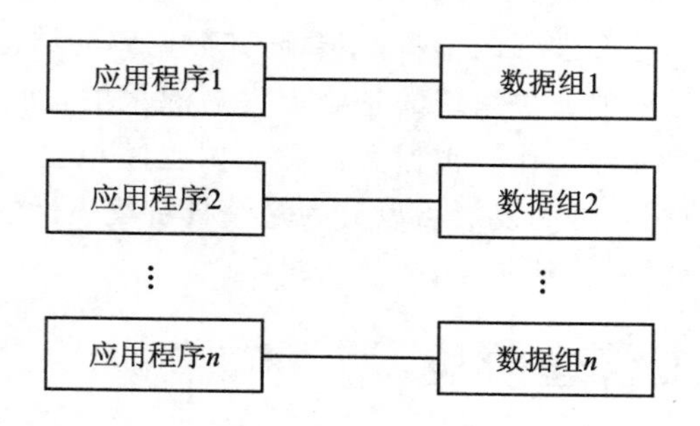

图1.18 人工管理阶段数据与程序的关系

1.3.2 文件系统阶段

从20世纪50年代后期到60年代中期,由于当时计算机硬件的发展,以及系统软件尤其是文件系统的出现和发展，计算机不仅用于科学计算，人们开始利用文件系统来帮助完成数据管理工作。在硬件方面，有了磁盘、磁鼓等直接存储设备；在软件方面，出现了高级语言和操作系统，且操作系统中有了专门管理数据的软件，一般称为文件系统；在处理方式方面，不仅有批处理，也有联机实时处理。

在文件系统阶段，大量的数据存储、检索和维护成为紧迫的需求。具体讲就是：数据以多种组织结构（如顺序文件组织、索引文件文件组织和直接存取文件组织等）的文件形式保存在外部存储设备上，用户通过文件系统而无需直接与外部设备打交道，以此来完成数据的修改、插入、删除、检索等管理操作；使用这种管理方式，不仅减轻进行数据管理的应用程序工作量，更重要的是，当数据的物理组织或存储设备发生变化时，数据的逻辑组织可以不受任何影响，从而保证了基于数据逻辑组织所编制的应用程序也可以不受硬件设备变化的影响。这样就使得程序与数据之间具有了一定的相互独立性。

但由于数据文件的逻辑结构完全是根据应用程序的具体要求而设计，它的管理与维护完全是由应用程序本身来完成，因此数据文件的逻辑结构与应用程序密切相关，当数据的逻辑结构需要修改时，应用程序也就不可避免地需要进行修改；同样当应用程序需要进行变动时，常常又会要求数据的逻辑结构进行相应的变动。在这种情况下，数据管理中的维护工作量也是较大的。更主要的是由于采用文件的形式来进行数据管理工作，常常需要将一个完整的、相互关联的数据集合，人为地分割成若干相互独立的文件，以便通过基于文件系统的编程来实现对它们的管理操作。这样做同样会导致数据的过多冗余和增加数据维护工作的复杂性。例如，人事部门、教务部门和医务部门对学生数据信息的管理，这三个部门中有许多数据是相同的，如姓名、年龄、性别等。由于各部门均根据自己的要求，建立各自的数据文件和应用程序，不仅造成了大量的相同数据重复存储，而且在修改时，常常需要同时修改三个文件中的数据项，如修改学生年龄。此外，若需要增加一个描述学生的数据项，如通讯地址，那么所有的应用程序都必须进行相应的修改。除此之外，采用文件系统来帮助进行数据管理工作，在数据的安全和保密等方面，也难以采取有效的措施加以控制。

1. 文件系统管理数据的特点

用文件系统管理数据的特点如下：

1）数据以文件形式可长期保存下来

计算机大量用于数据处理，数据需要长期保存在辅存上，以便用户随时对文件进行查询、修改和增删等处理。

2）文件系统可对数据的存取进行管理

有专门的软件即文件系统进行数据管理，文件系统把数据组织成相互独立的数据文件，利用“按名访问，按记录存取”的管理技术，对文件进行修改、插入和删除的操作。因此，程序员只与文件名打交道，不必明确数据的物理存储，大大减轻了程序员的负担。

3) 文件组织多样化

有顺序文件、链接文件、索引文件等,因而对文件的记录可顺序访问,也可随机访问,更便于存储和查找数据。但文件之间相互独立、缺乏联系,数据之间的联系要通过程序去构造。

4) 程序与数据之间有一定的独立性

由专门的软件(即文件系统)进行数据管理,程序与数据之间由软件提供的存取方法进行转换,数据存储发生变化不一定影响程序的运行,既可大大减小维护的工作量,又可减轻程序员的负担。

2. 文件系统阶段的问题

与人工管理阶段相比,文件系统阶段对数据的管理有了很大的进步;但一些根本性问题仍没有彻底解决,主要表现在以下三方面:

1) 数据冗余度大

由于数据的基本存取单位是记录,因此,程序员之间很难明白他人数据文件中数据的逻辑结构。理论上,一个用户可通过文件管理系统访问很多数据文件;然而实际上,一个数据文件只能对应于同一程序员的一个或几个程序,不能共享,即文件仍然是面向应用的。当不同的应用程序具有部分相同的数据时,也必须建立各自的文件,而不能共享相同的数据,因此数据的冗余度大,浪费存储空间。

2) 数据独立性差

文件系统中的文件是为某一特定应用服务的,文件的逻辑结构对该应用程序来说是优化的,若要对现有的数据增加一些新的应用会很困难,系统不容易扩充。数据和程序相互依赖,一旦改变数据的逻辑结构,就必须修改相应的应用程序。而应用程序发生变化,如改用另一种程序设计语言来编写程序,也需修改数据结构。因此,数据和程序之间缺乏独立性。

3) 数据一致性差

由于相同数据的重复存储、各自管理,因此在进行更新操作时,容易造成数据的不一致性。

例如:某学校利用计算机对教职工的基本情况进行管理,各部门分别建立三个文件,即职工档案文件、职工工资文件和职工保险文件。每一职工的电话号码在这三个文件中重复出现,这就是"数据冗余"。若某职工的电话号码需要修改,就要修改这三个文件中的数据,否则会引起同一数据在三个文件中不一样。产生的原因主要是三个文件中的数据没有联系。

在文件系统阶段,程序与数据之间的关系可用图1.19表示。

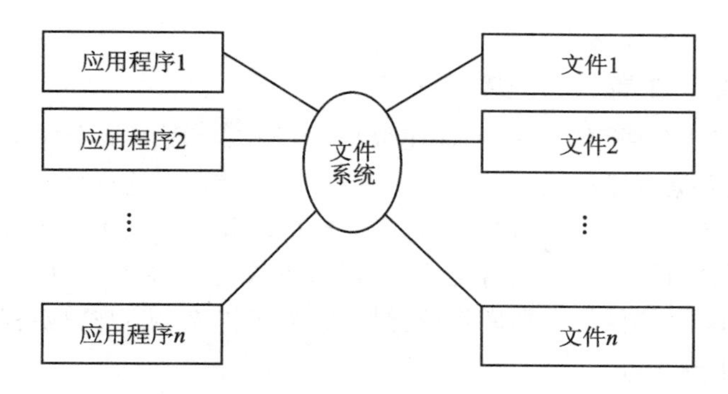

图 1.19　文件系统阶段数据与程序的关系

1.3.3　数据库系统阶段

20 世纪 60 年代后期，计算机硬件、软件有了进一步的发展。计算机应用于管理的规模更加庞大，数据量急剧增加；硬件方面出现了大容量磁盘，使计算机联机存取大量数据成为可能；硬件价格下降，而软件价格上升，使开发和维护系统软件的成本增加。文件系统的数据管理方法已无法适应开发应用系统的需要。为解决多用户、多个应用程序共享数据的需求，人们逐步研究和发展了以数据的统一管理和数据共享为主要特征的数据库系统，即在数据在统一控制之下，为尽可能多的应用和用户服务，数据库中的数据组织结构与数据库的应用程序相互间有较大的相对独立性等。用数据库系统来管理数据比文件系统具有明显的优点。从文件系统到数据库系统，标志着数据管理技术的飞跃。

数据库系统管理数据的特点如下：

1. 数据结构化

数据结构化是数据库与文件系统的根本区别。

有了数据库管理系统后，数据库中的任何数据都不属于任何应用。数据是公共的，结构是全面的。它是在对整个组织的各种应用（包括将来可能的应用）进行全局考虑后建立起来的总的数据结构。它是按照某种数据模型，将全组织的各种数据组织到一个结构化的数据库中，整个组织的数据不是一盘散沙，可表示出数据之间的有机关联。

例如：要建立学生成绩管理系统，系统包含学生（学号、姓名、性别、系别、年龄）、课程（课程号、课程名）、成绩（学号、课程号、成绩）等数据，分别对应三个文件。

若采用文件处理方式，因为文件系统只表示记录内部的联系，而不涉及不同文件记录之间的联系，要想查找某个学生的学号、姓名、所选课程的名称和成绩，必须编写一段不很简单的程序来实现。

而采用数据库方式，数据库系统不仅描述数据本身，还描述数据之间的联系，上述查询可以非常容易地联机查到。

2. 数据共享性高、冗余少,易扩充

数据库系统从全局角度看待和描述数据,数据不再面向某个应用程序而是面向整个系统,因此数据可以被多个用户、多个应用共享使用。这样便减少了不必要的数据冗余,节约存储空间,同时也避免了数据之间的不相容性与不一致性。

由于数据面向整个系统,是有结构的数据,不仅可被多个应用共享使用,而且容易增加新的应用,这就使得数据库系统弹性大,易于扩充,可以适应各种用户的要求。

3. 数据独立性强

数据的独立性是指数据的逻辑独立性和数据的物理独立性。

数据的逻辑独立性是指用户的应用程序与数据库的逻辑结构是相互独立的,即当数据的总体逻辑结构改变时,数据的局部逻辑结构不变。由于应用程序是依据数据的局部逻辑结构编写的,所以不必修改应用程序,从而保证了数据与程序间的逻辑独立性。例如,在原有的记录类型之间增加新的联系,或在某些记录类型中增加新的数据项,均可确保数据的逻辑独立性。

数据的物理独立性是指用户的应用程序与存储在磁盘上的数据库中数据是相互独立的,即当数据的存储结构改变时,数据的逻辑结构不变,从而应用程序也不必改变。例如,改变存储设备和增加新的存储设备,或改变数据的存储组织方式,均可确保数据的物理独立性。

4. 有统一的数据控制功能

数据库为多个用户和应用程序所共享,对数据的存取往往是并发的,即多个用户可以同时存取数据库中的数据,甚至可以同时存取数据库中的同一个数据。为确保数据库数据的正确有效和数据库系统的有效运行,数据库管理系统提供下述四方面的数据控制功能:

1) 数据的安全性(security)控制

数据的安全性是指保护数据以防止不合法使用数据造成数据的泄露和破坏,保证数据的安全和机密,使每个用户只能按规定对某些数据以某些方式进行使用和处理。

例如,系统提供口令检查或其他手段来验证用户身份,防止非法用户使用系统;也可以对数据的存取权限进行限制,只有通过检查后才能执行相应的操作。

2) 数据的完整性(integrity)控制

数据的完整性是指系统通过设置一些完整性规则以确保数据的正确性、有效性和相容性。完整性控制将数据控制在有效的范围内,或保证数据之间满足一定的关系。

有效性是指数据是否在其定义的有效范围,如月份只能用1～12之间的正整数表示。

正确性是指数据的合法性,如年龄属于数值型数据,只能含0,1,…,9,不能含字母或特殊符号。

相容性是指表示同一事实的两个数据应相同,否则就不相容。如一个人不能有两个性别。

3) 并发(concurrency)控制

多用户同时存取或修改数据库时,可能会发生相互干扰而提供给用户不正确的数据,并使数据库的完整性受到破坏,因此必须对多用户的并发操作加以控制和协调。

4) 数据恢复(recovery)

计算机系统出现各种故障是很正常的,数据库中的数据被破坏、被丢失也是可能的。当数据库被破坏或数据不可靠时,系统有能力将数据库从错误状态恢复到最近某一时刻的正确状态。

数据库系统阶段,程序与数据之间的关系可用图1.20表示。

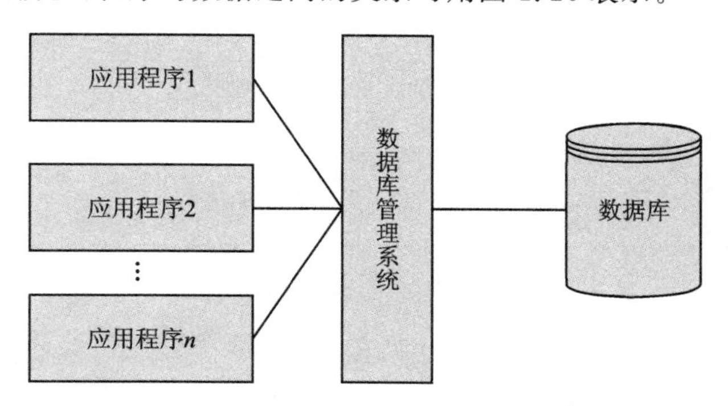

图1.20 数据库系统阶段程序与数据之间的关系

从文件系统管理发展到数据库系统管理是信息处理领域的一个重大变化:

在文件系统阶段,人们关注的是系统功能的设计,因此程序设计处于主导地位,数据服从于程序设计;而在数据库系统阶段,数据的结构设计成为信息系统首先关心的问题。

有三件大事标志着文件管理数据阶段向现代数据库管理系统阶段的转变:

(1) 1968年,IBM(International Business Machine,国际商用机器)公司推出了商品化的基于层次模型的IMS系统;

(2) 1969年,美国CODASYL(Conference On Data System Language,数据系统语言协商会)组织下属的DBTG(DataBase Task Group,数据库任务组)发布了一系列研究数据库方法的DBTG报告,奠定了网状数据模型基础;

(3) 1970年,IBM公司研究人员E. F. Codd提出了关系模型,奠定了关系型数据库管理系统基础。

数据管理技术经历了以上三个阶段的发展,如表1.3所列,已有了比较成熟的数据库技术;但随着计算机软硬件的发展,数据库技术仍需不断向前发展。

表1.3 数据库技术的三个发展阶段

背景与特点	人工管理阶段	文件系统阶段	数据库管理阶段
应用背景	科学计算	科学计算、管理	大规模管理
硬件背景	无直接存取存储设备	磁盘、磁鼓	大容量磁盘
软件背景	没有操作系统	有文件系统	有数据库管理系统
处理方式	批处理	联机实时处理、批处理	联机实时处理、分布处理、批处理
数据的管理者	用户(程序员)	文件系统	数据库管理系统
数据面向的对象	某一应用程序	某一应用	现实世界
数据的独立性	不独立,完全依赖于程序	独立性差	具有高度的物理独立和一定的逻辑独立性
数据的共享程度	无共享、冗余度极大	共享性差,冗余度大	共享性高,冗余度小
数据的结构化	无结构	记录内有结构、整体无结构	整体结构化,用数据模型描述
数据控制能力	应用程序自己控制	应用程序自己控制	由数据库管理系统提供数据安全性、完整性、并发控制和恢复能力

20世纪70年代,层次、网状、关系三大数据库系统奠定了数据库技术的概念、原理和方法。20世纪80年代以来,数据库技术在商业领域的巨大成功刺激了其他领域对数据库技术需求的迅速增长。这些新的领域一方面为数据库应用开辟了新的天地,另一方面在应用中提出的一些新的数据管理的需求也直接推动了数据库技术的研究和发展。

1.3.4 面向对象数据库技术

在数据处理领域,关系数据库的使用已相当普遍,然而现实世界存在着许多具有更复杂数据结构的实际应用领域,而层次、网状和关系三种模型对这些应用领域显得力不从心。例如,多媒体数据、多维表格数据、CAD数据等应用问题,都需要更高级的数据库技术来表达,以便于管理、构造与维护大容量的持久数据,并使它们能与大型复杂程序紧密结合。而面向对象数据库正是适应这种形势发展起来的,它是面向对象的程序设计技术与数据库技术结合的产物。

对象数据库系统的主要特点:

(1) 对象数据模型能完整地描述现实世界的数据结构,能表达数据间嵌套、递归的联系。

(2) 具有面向对象技术的封装性(把数据与操作定义在一起)和继承性(继承数

据结构和操作)的特点,提高了软件的可重用性。

1.3.5 面向应用领域的数据库技术

数据库技术是计算机软件领域的一个重要分支,经过30多年的发展,已形成相当规模的理论体系和实用技术。为了适应数据库应用多元化的要求,在传统数据库基础上,结合各个应用领域的特点,有必要研究适合该应用领域的数据库技术,如数据仓库、工程数据库、统计数据库、科学数据库、空间数据库、地理数据库等。

1.4 数据库系统的结构

可以从多种不同的角度考查数据库系统的结构。

从数据库管理系统的角度看,数据库系统通常采用三级模式结构,这是数据库系统内部的体系结构。

从数据库最终用户的角度看,数据库系统的结构分为集中式结构、分布式结构和客户机/服务器结构,这是数据库系统外部的体系结构。

1.4.1 数据库系统的模式结构

数据库中的数据是被广大用户使用的,任何用户都不希望自己面对数据的逻辑结构发生变化(数据可以变化,如学生的年龄从20变到21),否则,应用程序就必须重写。即使数据的存储介质发生变化,单个用户所面对数据的逻辑结构也不能发生变化。

数据库中,整体数据的逻辑结构、存储结构的需求发生变化是有可能的、正常的,有时也是必须的;而单个用户不希望自己所面对的局部数据的逻辑结构发生变化也是合理的。因此,各实际的数据库管理系统虽然使用的环境不同,内部数据的存储结构不同,使用的语言也不同;但对数据,一般采用三级模式结构。

1. 数据模式(data schema)

在数据模型中有“型”(type)和“值”(value)的概念。型是对某一类数据的结构和属性的说明,值是型的一个具体赋值。例如:学生记录定义为(学号、姓名、性别、系别、年龄),称为记录型,而(09093101,张立,男,计算机,20)则是该记录型的一个记录值。

模式(schema)是数据库中全体数据的逻辑结构和特征的描述。它仅仅涉及型的描述,而不涉及具体的值。某数据模式下的一组具体的数据值称为数据模式的一个实例(instance)。因此,模式是稳定的,而实例是不断变化、不断更新的。模式反映的是数据的结构及其联系,而实例反映的是数据库某一时刻的状态。

2. 数据库系统的三级模式结构

通常 DBMS 把数据库从逻辑上分为三级,即外模式、模式和内模式,它们分别反映了看待数据库的三个角度。三级模式结构如图 1.21 所示。

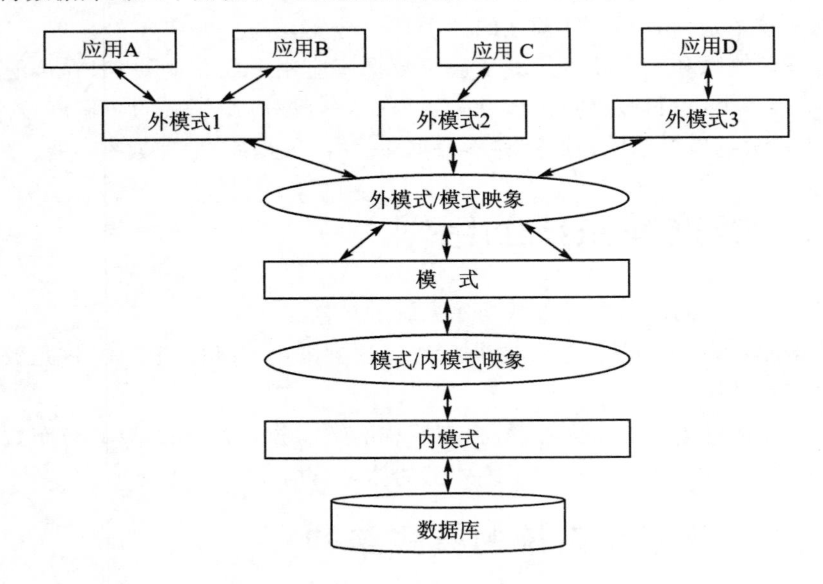

图 1.21 数据库系统的三级模式结构

为了支持三级模式,DBMS 必须提供在这三级模式之间的两级映象:外模式/模式映象与模式/内模式映象。

1) 模式(schema)

模式也称为概念模式(conceptual schema) 或概念视图,是数据库中全体数据的逻辑结构和特征的描述。视图可理解为一组记录的值,用户或程序员看到和使用的数据库的内容。

模式处于三级结构的中间层。它是整个数据库实际存储的抽象表示,也是对现实世界的一个抽象,是现实世界某应用环境(企业或单位)的所有信息内容集合的表示,也是所有个别用户视图综合起来的结果,所以又称用户共同视图。

一个数据库只有一个模式。数据库模式以某一种数据模型为基础,综合考虑了所有用户的需求,并将这些需求有机地结合成一个逻辑整体。定义模式时不仅要定义数据的逻辑结构(如数据记录由哪些项组成,数据项的名字、类型、取值范围等),而且要定义与数据有关的安全性、完整性要求,定义数据之间的联系。

DBMS 提供模式描述语言(模式 DDL)来严格地定义模式。

2) 外模式(external schema)

外模式又称子模式(subschema)或用户模式或外视图,是三级结构的最外层,也是最靠近用户的一层,反映数据库用户看待数据库的方式,是模式的某一部分的抽象表示。它是数据库用户看见和使用的局部数据的逻辑结构和特征的描述，是数据库用户的数据视图，是与某一应用有关的数据的逻辑表示。

它由多种记录值构成，这些记录值是概念视图的某一部分的抽象表示，即个别用户看到和使用的数据库内容，也称用户数据库。

外模式通常是模式的子集。一个数据库可以有多个外模式。由于它是各个用户的数据视图，如果不同的用户在应用需求、看待数据的方式、对数据保密的要求等方面存在差异，则其外模式描述就是不同的。每个用户只能调用他的外模式所涉及的数据，其余的数据他是无法访问的。

DBMS 提供子模式描述语言（子模式 DDL）来定义子模式。

3）内模式（internal schema）

内模式又称为存储模式（storage schema）或内视图，是三级结构中的最内层，也是靠近物理存储的一层，即与实际存储数据方式有关的一层，由多个存储记录组成，但并非物理层，不必关心具体的存储位置。一个数据库只有一个内模式。它是数据物理结构和存储方式的描述，是数据在数据库内部的表示方式。如记录的存储方式是顺序存储还是 Hash 方法存储；数据是否压缩存储，是否加密等。

DBMS 提供内模式描述语言（内模式 DDL）来描述和定义内模式。

在数据库系统中，外模式可有多个，而概念模式、内模式只能各有一个。

内模式是整个数据库实际存储的表示，而概念模式是整个数据库实际存储的抽象表示，外模式是概念模式的某一部分的抽象表示。

3. 三级模式结构的优点

（1）保证数据的独立性。将外模式和模式分开，保证了数据的逻辑独立性；将模式和内模式分开，保证了数据的物理独立性。

（2）有利于数据共享。在不同的外模式下可有多个用户共享系统中数据，减少了数据冗余。

（3）简化了用户接口。按照外模式编写应用程序或输入命令，而不需了解数据库内部的存储结构，方便用户使用系统。

（4）利于数据的安全保密。在外模式下根据要求进行操作，不能对限定的数据操作，保证了其他数据的安全。

4. 数据库系统的二级映象

数据库系统的三级模式是对数据的三个抽象级别，它使用户能逻辑地、抽象地处理数据，而不必关心数据在计算机内部的存储方式，把数据的具体组织交给 DBMS 管理。为了能够在内部实现这三个抽象层次的联系和转换，DBMS 在三级模式之间提供了二级映象（外模式/模式映象和模式/内模式映象）功能。这两层映象，使数据库系统中的数据具有较高的逻辑独立性和物理独立性。

1）外模式/模式映象

外模式描述的是数据的局部逻辑结构，而模式描述的是数据的全局逻辑结构。

数据库中的同一模式可以有任意多个外模式,对于每一个外模式,都存在一个外模式/模式映象。它确定了数据的局部逻辑结构与全局逻辑结构之间的对应关系。例如,在原有的记录类型之间增加新的联系,或在某些记录类型中增加新的数据项时,使数据的总体逻辑结构改变,外模式/模式映象也发生相应的变化。

这一映象功能保证了数据的局部逻辑结构不变,由于应用程序是依据数据的局部逻辑结构编写的,所以应用程序不必修改,从而保证了数据与程序间的逻辑独立性。

2) 模式/内模式映象

数据库中的模式和内模式都只有一个,所以模式/内模式映象是唯一的。它确定了数据的全局逻辑结构与存储结构之间的对应关系。例如,存储结构变化时,模式/内模式映象也应有相应的变化,使其概念模式仍保持不变,即把存储结构的变化的影响限制在概念模式之下,这使数据的存储结构和存储方法较高地独立于应用程序,通过映象功能保证数据存储结构的变化不影响数据的全局逻辑结构的改变,从而不必修改应用程序,即确保了数据的物理独立性。

1.4.2　面向用户的数据库体系结构

三级模式结构是数据库系统最本质的系统结构,它是从数据结构的角度看待问题的。用户以数据库系统的服务方式看待数据库系统,这时数据库的软件体系结构分为集中式结构、分布式结构、客户机/服务器结构和浏览器/服务器结构。

1. 集中式结构

集中式结构是指一台主机带上多个用户终端的数据库系统,如图1.22所示。终端一般只是主机的扩展,它们并不是独立的计算机。终端本身并不能完成任何操作,它们依赖主机完成所有的操作。

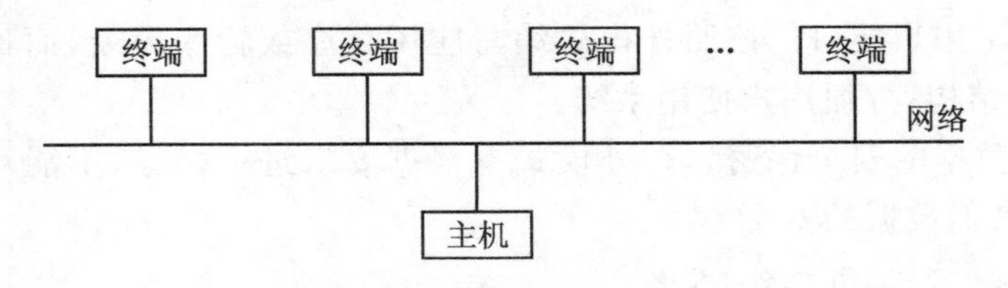

图1.22　集中式结构

在集中式结构中,DBMS、DB、应用程序都是集中存放在主机上的。用户通过终端并发地访问主机上的数据,共享其中的数据,但所有处理数据的工作都由主机完成。用户若在一个终端上提出要求,主机根据用户的要求访问数据库,并对数据进行处理,再把结果回送该终端输出。

集中式结构的优点是简单、可靠、安全。它的缺点是主机的任务繁重,终端数有限,且当主机出现故障时,整个系统就不能使用。

2. 分布式结构

随着地理上分散的用户对数据共享的要求日益增强，以及计算机网络技术的发展，在传统的集中式数据库系统基础上产生和发展了分布式数据库系统。

分布式数据库是一组结构化的数据集合，它们在逻辑上属于同一系统而在物理上分布在计算机网络的不同结点上，如图 1.23 所示。网络中的各个结点（也称为“场地”）一般是集中式数据库系统，由计算机、数据库和若干终端组成。

分布式数据库系统不是简单地把集中式数据库安装在不同场地，用网络连接起来便实现了，而是具有自己的性质和特征的。

分布式数据库系统主要有以下特点：

（1）数据的物理分布性和逻辑整体性。数据库的数据物理上分布在各个场地，但逻辑上它们是一个相互联系的整体。

（2）场地自治和协调。系统中的每个结点都具有独立性，可以执行局部应用请求（访问本地 DB）；每个结点又是整个系统的一部分，可通过网络处理全局的应用请求，即可以执行全局应用（访问异地 DB）。

（3）各地的计算机由数据通信网络相联系。本地计算机不能单独胜任的处理任务，可以通过通信网络取得其他 DB 和计算机的支持。

（4）数据的分布透明性。在用户看来，整个数据库仍然是一个集中的数据库。用户不必关心数据的分片，不必关心数据物理位置分布的细节，不必关心数据副本的一致性，分布的实现完全由分布式数据库管理系统来完成。

（5）适合分布处理的特点，提高系统处理效率和可靠性，因此，数据复制技术是分布式数据库的重要技术。然而，分布式数据库中的这种数据冗余对用户是透明的，即用户不必知道冗余数据的存在，维护各副本的一致性也由系统来负责。

分布式数据库系统兼顾了集中管理和分布处理两个方面，因而有良好的性能，具体结构如图 1.23 所示。

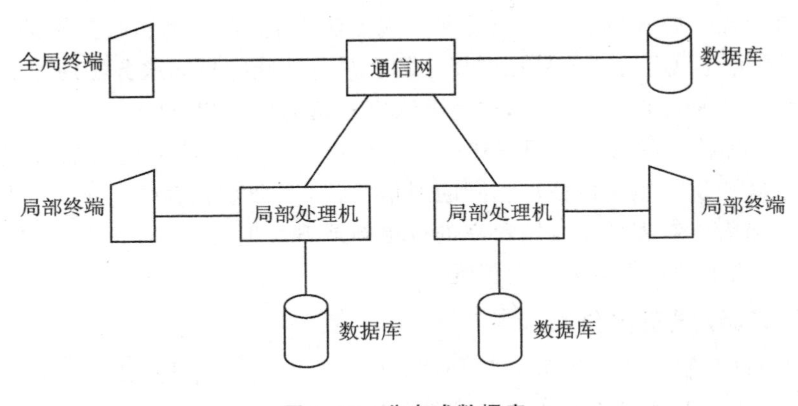

图 1.23　分布式数据库

分布式数据库的数据具有“分布性”特点，数据库中的数据不是存储在同一场地，而是在物理上分布在各个场地，也是与集中式数据库的最大区别。

分布式数据库的数据具有“逻辑整体性”，分布在各地的数据逻辑上是一个整体，用户使用起来如同一个集中式数据库。这是与分散式数据库的区别。

3. 客户机/服务器结构

在客户机/服务器结构(Client/Server，又称 C/S 模式)中，同样需要一台主计算机(称之为服务器)，一台或多台个人电脑（称之为客户机)通过网路连接到服务，如图 1.24 所示。数据库是运行在服务器上的，访问服务器数据库的每一个用户都需要有自己的 PC。当用户提出数据请求后，服务器不仅检索出文件，而且对文件进行操作，然后，只向客户机发送查询的结果而不是整个文件。客户机再根据用户对数据的要求，对数据作进一步加工。

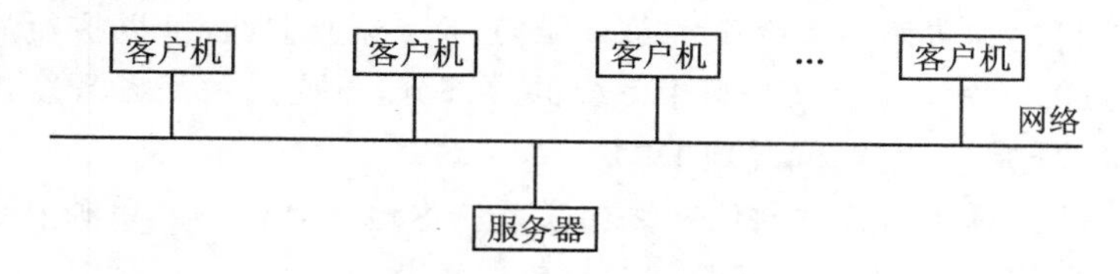

图 1.24 客户机/服务器结构

在客户机/服务器结构中，网络上的数据传输量已明显减少，从而提高了系统的性能。另外，客户机的硬件平台和软件平台也可多种多样，从而为应用带来了方便。

客户机/服务器结构是主要针对局域网的应用环境而设计的。随着应用系统规模的扩大，这种结构的某些缺点也表现得非常突出，具体体现在如下几个方面：

(1) 由于服务器返回给客户机的只是简单的运算结果，因此在客户机上还需要对结果数据进行进一步的处理才能得到真正需要的内容，这就要求在客户机上安装相应的处理程序。

(2) 由于各个局域网系统的配置和实现方法不同，客户机和服务器的通信方法也不尽相同，因此只有符合该局域网规范的客户机才能实现同服务器的通信，而不是任意一台计算机都能访问服务器，这就要求客户机的位置相对固定。

(3) 对于那些经常移动的用户和位于远端的客户，客户机的配置非常麻烦，因为这不仅要求客户机与服务器使用相同的通信协议，还必须在客户机上安装同样的客户端程序。当需要对客户端应用程序进行更新或升级时，必须对每个客户端进行相同的工作，这给维护工作带来很大困难。

4. 浏览器/服务器结构

由于客户机/服务器结构的应用局限，浏览器/服务器结构(Browser/Server，又称 B/S 模式)成为越来越多的企业的选择。B/S 结构实际上是对 C/S 模式应用的扩展，是根据广域网的特点对 C/S 结构进行的改进，即将应用逻辑(或业务逻辑/商业逻辑)从用户端分离出来,成为单独的应用逻辑层,于是就形成了三层或多层的浏览器/服务器体系结构,如图 1.25 所示,所对应的三层分别称为表示层、逻辑层和数据层。表示层又称为界面层,它提供给用户一个可视界面,用户可以用来输入数据或获取数据。同时它也提供一定的安全性验证,确保用户不会看到机密的信息。逻辑层(也称中间层或中间代理层)是界面层和数据层之间的桥梁。它响应界面层的用户请求,执行任务并从数据层获取数据,然后将必要的数据传递给界面层。逻辑层封装了系统的应用逻辑,应用系统的大部分计算工作在此完成。数据层负责数据的存储,并维护数据的完整性和安全性。它响应逻辑层的请求,向逻辑层提供数据。这一层通常由大型的数据库服务器实现,如 SQL Server、Oracle、SyBase、MySQL 等。

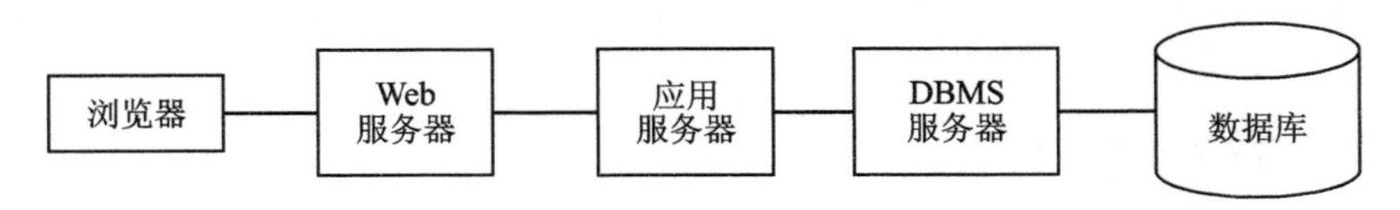

图 1.25　多层 B/S 模式结构

在 B/S 模式下,用户工作界面是通过浏览器来实现的,主要包括浏览器、应用服务器和数据库服务器三部分,称为 B/S 三层结构。其中,客户机负责显示和与用户交互,主要提供用户的界面操作,并不执行任何计算功能,因此经常称为浏览器;应用服务器实现应用逻辑,包含应用系统中完成业务处理的程序(通常是以组件的形式出现的),负责接收和处理对数据库的查询和操纵请求;数据库服务器用于存放和管理用户数据,负责数据管理。在应用服务器与数据库服务器之间,可以利用 ODBC/JDBC/OLE DB/ADO 等接口完成数据库操作。如果将 B/S 三层结构的中间逻辑层再细分,就形成所谓的 B/S 多层结构。

B/S 模式最大的好处是运行和维护比较简便,能实现不同的人员,从不同的地点,以不同的接入方式(如局域网 LAN、广域网 WAN、Internet/Intranet 等)访问和操作共同的数据。

小　结

本章概述数据库管理系统、数据库系统、数据库的三级模式的基本概念,并通过对数据管理技术发展的三个阶段的介绍,阐述了数据库技术产生和发展的背景,也说明了数据库系统的优点。

学习这一章应了解和掌握实体、联系、属性、码等概念的含义,以及 E－R 方法的应用;了解数据库设计中的各种逻辑结构模型的特点,特别是关系数据模型的优点。

数据库系统是一个由硬件系统、数据库、软件支持系统、数据库管理员和用户组成的复杂系统。数据库管理系统是位于应用程序(或用户)和操作系统之间的一层管理软件,它是数据库系统的核心。

本章从两个不同角度讨论了数据库系统的结构,详细论述了数据库管理系统的主要功能、基本组成和工作流程,并对数据库系统的组成做了全面的介绍,使读者了解数据库系统实质是一个人机系统,人的作用特别是DBA的作用非常重要。

习 题

1. 试述数据、数据库、数据库系统、数据库管理系统的概念。

2. 使用数据库有什么好处?

3. 试述文件系统与数据库系统的区别和联系。

4. 举出适合用文件系统而不是数据库系统的例子,再举出适合用数据库系统的应用例子。

5. 试述数据库系统的特点。

6. 数据库管理系统的主要功能有哪些?

7. 试述数据模型的概念、数据模型的作用和数据模型的三个要素。

8. 试述概念模型的作用。

9. 试给出三个实际部门的E-R图,要求实体型之间具有一对一、一对多、多对多各种不同的联系。

10. 三个实体型之间的多对多联系和三个实体型两两之间的三个多对多联系等价吗?为什么?试举例说明之。

11. 假设某一个学校的图书馆要建立一个数据库,保存读者、图书和读者借还书记录。为了建立该数据库,请先设计出E-R图。假设:

读者的属性有:读者号、姓名、年龄、地址和单位。

每本书的属性有:书号、书名、作者和出版社。

对每个读者借的每本书有:借出日期和应还日期。

12. 设有某商业单位需建立商务数据库用以处理销售记账。它记录的数据包括:顾客姓名、所在单位及电话号码,商品名称、型号及单价,某顾客购买某商品的数量及日期。假定无同名顾客,无同型号的商品,电话公用,顾客可在不同日期购买同一商品。请画出这一数据库的E-R模型。

13. 某工厂生产若干产品,每种产品由不同的零件组成,有的零件可用在不同的产品上。这些零件由不同的原料制成,不同零件所用的材料可以相同。这些零件按所属的不同产品分别放在仓库中,原材料按照类别放在若干仓库中。请用E-R图画出此工厂产品、零件、材料、仓库的概念模型。

14. 学校中有若干系,每个系有若干班级和教研室,每个教研室有若干教员,其中有的教授和副教授每人各带若干研究生;每个班有若干学生,每个学生选修若干课程,每门课程可由若干学生选修。请用E-R图画出此学校的概念模型。

15. 试述网状、层次数据库的优缺点。

16. 试述关系数据库的特点。

17. 试述数据库系统三级模式结构,这种结构的优点是什么?

18. 什么叫数据与程序的物理独立性?什么叫数据与程序的逻辑独立性?为什么数据库系统具有数据与程序的独立性?

19. 试述数据库系统的组成。

20. DBA 的职责是什么?

21. 系统分析员、数据库设计人员、应用程序员的职责是什么?

第2章 关系数据库

【学习内容】

1. 关系数据结构及其形式化定义
2. 关系的三类完整性约束
3. 关系代数

1970年,由E.F.Codd在美国计算机学会会刊*Communications of the ACM*上发表的题为*A Relational Model of Data for Share Data Banks*的论文,开创了数据库系统的新纪元。ACM在1983年把这篇论文列为从1958年以来四分之一世纪中具有里程碑意义的25篇研究论文之一。以后,他连续发表了多篇论文,奠定了关系数据库的理论基础。

经过近50年的发展,关系数据库系统的研究和开发取得了辉煌的成就。关系数据库系统从实验室走向了社会,成为最重要、应用最广泛的数据库系统,大大促进了数据库应用领域的扩大和深入。因此,关系数据模型的原理、技术和应用十分重要,是本书、本课程的重点。

2.1 关系模型概述

所谓的关系数据库是指支持关系模型的数据库系统。关系数据库应用数学方法来处理数据库中的数据。

关系实际上就是关系模式在某一时刻的状态或内容。也就是说,关系模式是型,关系是它的值。关系模式是静态的、稳定的,而关系是动态的、随时间不断变化的,因为关系操作在不断地更新着数据库中的数据。但在实际当中,常常把关系模式和关系统称为关系。

关系模型由关系数据结构、关系操作集合和完整性约束三部分组成。

首先,关系模型的数据结构非常单一。在关系模型中,现实世界的实体以及实体间的各种联系均用关系来表示。在用户看来,关系模型中数据的逻辑结构是一张二维表。

关系模型给出了关系操作的能力,但不对关系数据库管理系统(RDBMS)语言给出具体的语法要求。

其次,关系模型中常用的关系操作包括查询与更新两大部分:选择(select)、投影

(project)、连接(join)、除(divide)、并(union)、交(intersection)、差(difference)等为查询(query)操作,增加(insert)、删除(delete)、修改(update)操作属于更新操作。查询的表达能力是其中最主要的部分。

关系操作的特点是集合操作方式,即操作的对象和结果都是集合。这种操作方式也称为一次一集合(set-at-a-time)的方式。相应地,非关系数据模型的数据操作方式则为一次一记录(record-at-a-time)的方式。

早期的关系操作能力通常用代数方式或逻辑方式来表示,分别称为关系代数和关系演算。关系代数是用对关系的运算来表达查询要求的方式。关系演算是用谓词来表达查询要求的方式,关系演算又可按谓词变元的基本对象是元组变量还是域变量分为元组关系演算和域关系演算。关系代数、元组关系演算和域关系演算三种语言在表达能力上是完全等价的。

关系代数、元组关系演算和域关系演算均是抽象的查询语言,这些抽象的语言与具体的 DBMS 中实现的实际语言并不完全一样;但它们能用作评估实际系统中查询语言能力的标准或基础。实际的查询语言除了提供关系代数或关系演算的功能外,还提供了许多附加功能,例如集函数、关系赋值、算术运算等。

关系语言是一种高度非过程化的语言,用户不必请求 DBA 为其建立特殊的存取路径,存取路径的选择由 DBMS 的优化机制来完成。此外,用户不必求助于循环结构就可以完成数据操作。

另外,还有一种介于关系代数和关系演算之间的语言 SQL(Structurel Query Language),不仅具有丰富的查询功能,而且具有数据定义和数据控制功能,是集查询、DDL(数据定义语言)、DML(数据操纵语言)、DCL(数据控制语言)于一体的关系数据语言。它充分体现了关系数据语言的特点和优点,是关系数据库的标准语言。

这些关系数据语言的共同特点是,语言具有完备的表达能力,是非过程化的集合操作语言,功能强,能够嵌入高级语言中使用。

最后,关系模型允许定义三类完整性约束:实体完整性、参照完整性和用户定义的完整性。其中实体完整性和参照完整性是关系模型必须满足的完整性约束条件,应该由关系系统自动支持。用户定义的完整性是应用领域需要遵循的约束条件,体现了具体领域中的语义约束。

2.2　关系数据结构及其形式化定义

关系数据库系统是支持关系模型的数据库系统。在关系模型中,无论是实体还是实体之间的联系均由单一的结构类型即关系(表)来表示。前面已经非形式化地介绍了关系模型及有关的基本概念。关系模型是建立在集合代数的基础上的,这里从集合论角度给出关系数据结构的形式化定义。

2.2.1 关　系

1. 域(domain)

定义:域是一组具有相同数据类型的值的集合。

例如,自然数、整数、实数、长度小于25字节的字符串集合、{0,1}、大于等于0且小于等于100的正整数等,都可以是域。

2. 笛卡儿积(cartesian product)

定义:给定一组域 $D_1,D_2,\cdots,D_n$,这些域中可以有相同的。$D_1,D_2,\cdots,D_n$ 的笛卡儿积为:

$$D_1 \times D_2 \times \cdots \times D_n = \{(d_1,d_2,\cdots,d_n) \mid d_i \in D_i, i=l,2,\cdots,n\}$$

其中每一个元素 $(d_1,d_2,\cdots,d_n)$ 叫作一个 n 元组(n-tuple)或简称元组(tuple)。元素中的每一个值 d_i 叫作一个分量(component)。

若 $D_i(i=l,2,\cdots,n)$ 为有限集,其基数(cardinal number)为 $m_i(i=l,2,\cdots,n)$,则 $D_1 \times D_2 \times \cdots \times D_n$ 的基数 M 为:

$$M = \prod_{i=1}^{n} m_i$$

笛卡儿积可表示为一个二维表。表中的每行对应一个元组,表中的每列对应一个域。

【例2.1】 给出三个域:

D_1=导师集合 SUPERVISOR={张清玫,刘逸}

D_2=专业集合 SPECIALITY={计算机专业,信息专业}

D_3=研究生集合 POSTGRADUATE={李勇,刘晨,王敏}

则 D_1,D_2,D_3 的笛卡儿积为:

$D_1 \times D_2 \times D_3$={(张清玫,计算机专业,李勇),(张清玫,计算机专业,刘晨),
(张清玫,计算机专业,王敏),(张清玫,信息专业,李勇),
(张清玫,信息专业,刘晨),(张清玫,信息专业,王敏),
(刘逸,计算机专业,李勇),(刘逸,计算机专业,刘晨),
(刘逸,计算机专业,王敏),(刘逸,信息专业,李勇),
(刘逸,信息专业,刘晨),(刘逸,信息专业,王敏)}

其中(张清玫,计算机专业,李勇)、(张清玫,计算机专业,刘晨)等都是元组。张清玫、计算机专业、李勇、刘晨等都是分量。

该笛卡儿积的基数为2×2×3=12。也就是说,$D_1 \times D_2 \times D_3$ 一共有2×2×3=12个元组。这12个元组可列成一张二维表,如表2.1所列。

表 2.1　D_1、D_2、D_3的笛卡儿积

SUPERVISOR	SPECIALITY	POSTGRADUATE
张清玫	计算机专业	李勇
张清玫	计算机专业	刘晨
张清玫	计算机专业	王敏
张清玫	信息专业	李勇
张清玫	信息专业	刘晨
张清玫	信息专业	王敏
刘逸	计算机专业	李勇
刘逸	计算机专业	刘晨
刘逸	计算机专业	王敏
刘逸	信息专业	李勇
刘逸	信息专业	刘晨
刘逸	信息专业	王敏

3. 关系(relation)

定义：$D_1 \times D_2 \times \cdots \times D_n$的子集叫作在域$D_1, D_2, \cdots, D_n$上的关系，表示为：

$$R(D_1, D_2, \cdots, D_n)$$

这里 R 表示关系的名字，n 是关系的目或度(degree)。关系中的每个元素是关系中的元组，通常用 t 表示。

当 $n=1$ 时，称该关系为单元关系(unary relation)。

当 $n=2$ 时，称该关系为二元关系(binary relation)。

关系是笛卡儿积的有限子集，所以关系也是一个二维表，表的每行对应一个元组，表的每列对应一个域。由于域可以相同，为了加以区分，必须对每列起一个名字，称为属性(attribute)。n 目关系必有 n 个属性。

若关系中的某一属性组的值能唯一地标识一个元组，则称该属性组为候选码(candidate key)。

若一个关系有多个候选码，则选定其中一个为主码(primary key)。主码的诸属性称为主属性(prime attribute)。不包含在任何候选码中的属性称为非码属性(non-key attribute)。在最简单的情况下，候选码只包含一个属性。在最极端的情况下，关系模式的所有属性组是这个关系模式的候选码，称为全码(all-key)。

【例 2.2】　在表 2.1 的笛卡儿积中取出一个子集来构造一个关系。

由于一个研究生只师从于一个导师，学习某一个专业，所以笛卡儿积中的许多元组是无实际意义的，从中取出有实际意义的元组来构造关系。该关系的名字为

SAP,属性名就取域名,即 SUPERVISOR,SPECIALITY 和 POSTGRADUATE,则这个关系可以表示为:

SAP(SUPERVISOR,SPECIALITY,POSTGRADUATE)

假设导师与专业是一对一的,即一个导师只有一个专业;导师与研究生是一对多的,即一个导师可以带多名研究生,而一名研究生只有一个导师。这样 SAP 关系可以包含三个元组,如表 2.2 所列。

表 2.2 SAP 关系

SUPERVISOR	SPECIALITY	POSTGRADUATE
张清玫	计算机专业	李勇
张清玫	计算机专业	刘晨
刘逸	信息专业	王敏

假设研究生不会重名(这在实际当中是不合适的,这里只是为了举例方便),则 POSTGRADUATE 属性的每一个值都唯一地标识了一个元组,因此可以作为 SAP 关系的主码。

关系可以有三种类型:基本关系(通常又称为基本表或基表)、查询表和视图表。基本表是实际存在的表,它是实际存储数据的逻辑表示。查询表是查询结果对应的表。视图表是由基本表或其他视图表导出的表,是虚表,不对应实际存储的数据。

按照笛卡儿积定义,关系可以是一个无限集合。由于笛卡儿积不满足交换律,所以按照数学定义,$(d_1, d_2, \cdots, d_n) \neq (d_2, d_1, \cdots, d_n)$。当关系作为关系数据模型的数据结构时,需要给予如下的限定和扩充:

(1) 无限关系在数据库系统中是无意义的。因此,限定关系数据模型中的关系必须是有限集合。

(2) 通过为关系的每个列附加一个属性名的方法取消关系元组的有序性,即 $(d_1, d_2, \cdots, d_i, d_j, \cdots, d_n) = (d_2, d_1, \cdots, d_j, d_i, \cdots, d_n)$ $(i, j = 1, 2, \cdots, n)$。

因此,基本关系具有以下六条性质:

(1) 列是同质的(homogeneous),即每一列中的分量是同一类型的数据,来自同一个域。

(2) 不同的列可出自同一个域,称其中的每一列为一个属性,不同的属性要给予不同的属性名。

例如在上面的例子中,也可以只给出两个域:

人(PERSON)={张清玫,刘逸,李勇,刘晨,王敏}

专业(SPECIALITY)={计算机专业,信息专业}

SAP 关系的导师属性和研究生属性都从 PERSON 域中取值。为了避免混淆,必须给这两个属性取不同的属性名,而不能直接使用域名。例如,定义导师属性名为 SUPERVISOR - PERSON(或 SUPERVISOR),研究生属性名为 POSTGMDUATE -

PERSON(或 POSTGRADUATE)。

(3) 列的顺序无所谓,即列的次序可以任意交换。

由于列顺序是无关紧要的,因此在许多实际关系数据库产品中(例如 Oracle),增加新属性时,永远是插至最后一列。

(4) 任意两个元组的候选码不能相同。

(5) 行的顺序无所谓,即行的次序可以任意交换。

(6) 分量必须取原子值,即每一个分量都必须是不可分的数据项。

关系模型要求关系必须是规范化的,即要求关系模式必须满足一定的规范条件。这些规范条件中最基本的一条就是,关系的每一个分量必须是一个不可分的数据项。规范化的关系简称为范式(normal form)。

例如,表 2.3 虽然很好地表达了导师与研究生之间的一对多关系,但由于 POSTGRADUATE 分量取了两个值,不符合规范化的要求,因此这样的关系在数据库中是不允许的。

表 2.3　非规范化关系

SUPERVISOR	SPECIALITY	POSTGRADUATE	
		PG1	PG2
张清玫	信息专业	李勇	刘晨
刘逸	信息专业	王敏	

注意:在许多实际关系数据库产品中,基本表并不完全具有这六条性质。例如,有的数据库产品(如 FoxPro)仍然区分了属性顺序和元组的顺序;许多关系数据库产品中,例如 Oracle、FoxPro 等,它们都允许关系表中存在两个完全相同的元组,除非用户特别定义了相应的约束条件。

2.2.2　关系模式

在数据库中要区分型和值。关系数据库中,关系模式是型,关系是值。关系模式是对关系的描述,那么一个关系需要描述哪些方面呢?

首先,应该知道,关系实质上是一张二维表,表的每一行为一个元组,每一列为一个属性。一个元组就是该关系所涉及的属性集的笛卡儿积的一个元素。关系是元组的集合,因此关系模式必须指出这个元组集合的结构,即它由哪些属性构成,这些属性来自哪些域,以及属性与域之间的映象关系。

其次,一个关系通常是由赋予它的元组语义来确定的。元组语义实质上是一个 n 目谓词(n 是属性集中属性的个数)。凡使该 n 目谓词为真的笛卡儿积中的元素(或者说凡符合元组语义的那部分元素)的全体就构成了该关系模式的关系。

现实世界随着时间在不断地变化,因而在不同的时刻,关系模式的关系也会有所变化。但是,现实世界的许多已有事实限定了关系模式所有可能的关系必须满足一定的完整性约束条件。这些约束或者通过对属性取值范围的限定,例如职工年龄小于65岁(65岁以后必须退休),或者通过属性值间的相互关连(主要体现于值的相等与否)反映出来。关系模式应当刻划出这些完整性约束条件。

定义:关系的描述称为关系模式(relation schema)。它可以形式化地表示为:

$$R(U, D, \mathrm{dom}, F)$$

其中:R 为关系名,U 为组成该关系的属性名集合,D 为属性组 U 中属性所来自的域,dom 为属性向域的映象集合,F 为属性间数据的依赖关系集合。

属性间的数据依赖将在第六章讨论,本章中关系模式仅涉及关系名、各属性名、域名、属性向域的映象四部分。

例如,在上面例子中,由于导师和研究生出自同一个域——人,所以要取不同的属性名,并在模式中定义属性向域的映象,即说明它们分别出自哪个域。如:

dom(SUPERVISOR_PERSON)=dom(POSTGRADUATE_PERSON)=PERSON

关系模式通常可以简记为 $R(U)$ 或 $R(A_1, A_2, \cdots, A_n)$。其中 R 为关系名,A_1, $A_2, \cdots, A_n$ 为属性名。而域名及属性向域的映象常常直接说明为属性的类型、长度。

关系是关系模式在某一时刻的状态或内容。关系模式是静态的、稳定的,而关系是动态的、随时间不断变化的,因为关系操作在不断地更新着数据库中的数据。但在实际当中,人们常常把关系模式和关系都称为关系,这不难从上下文中加以区别。

2.2.3 关系数据库

在关系模型中,实体以及实体间的联系都是用关系来表示的,如导师实体、研究生实体。导师与研究生之间的一对多联系都可以分别用一个关系来表示。在一个给定的应用领域中,所有实体及实体之间联系的关系的集合构成一个关系数据库。

关系数据库也有型和值之分。关系数据库的型也称为关系数据库模式,是对关系数据库的描述,它包括若干域的定义以及在这些域上定义的若干关系模式。关系数据库的值是这些关系模式在某一时刻对应的关系的集合,通常就称为关系数据库。

2.3 关系的完整性

关系模型的完整性规则是对关系的某种约束条件。也就是说,关系的值随着时间变化时应该满足一些约束条件。这些约束条件实际上是现实世界的要求。任何关系在任何时候都要满足这些语义约束。关系模型中可以有三类完整性约束:实体完整性、参照完整性和用户定义的完整性。其中实体完整性和参照完整性是关系模型必须满足的完整性约束条件,被称为关系的两个不变性,应该由关系系统自动支持;用户定义的完整性是应用领域需要遵循的约束条件,体现了具体领域中的语义约束。

2.3.1 实体完整性

实体完整性规则：若属性 A 是基本关系 R 的主属性，则属性 A 不能取空值。所谓空值就是“不知道”或“无意义”的值。

例如，在关系“SAP(SUPERVISOR，SPECIALITY，POSTGRADUATE)”中，“研究生姓名 POSTGRADUATE”属性为主码（假设研究生不会重名），则“研究生姓名”不能取空值。

实体完整性规则规定基本关系的所有主属性都不能取空值，而不仅是主码整体不能取空值。例如学生选课关系“选修(学号，课程号，成绩)”中，“学号、课程号”为主码，则“学号”和“课程号”两个属性都不能取空值。

对于实体完整性规则说明如下：

(1) 实体完整性规则是针对基本关系而言的。一个基本表通常对应于现实世界的一个实体集。例如，学生关系对应于学生集合。

(2) 现实世界中的实体是可区分的，即它们具有某种唯一性标识。例如，每个学生都是独立的个体，是不一样的。

(3) 相应地，关系模型中以主码作为唯一性标识。

(4) 主码中的属性即主属性不能取空值。如果主属性取空值，就说明存在某个不可标识的实体，即存在不可区分的实体。这与第 2 点相矛盾，因此这个实体一定不是一个完整的实体。

2.3.2 参照完整性

现实世界中的实体之间往往存在某种联系，在关系模型中实体及实体间的联系都是用关系来描述的。这样就自然存在着关系与关系间的引用。

【例 2.3】 学生实体和专业实体可以用下面的关系表示（其中主码用下划线标识）：

学生(<u>学号</u>，姓名，性别，专业号，年龄)

专业(<u>专业号</u>，专业名)

这两个关系之间存在着属性的引用，即学生关系引用了专业关系的主码“专业号”。显然，学生关系中的“专业号”值必须是确实存在的专业的专业号，即专业关系中有该专业的记录。这也就是说，学生关系中的某个属性的取值需要参照专业关系的属性取值。

定义：设 F 是基本关系 R 的一个或一组属性，但不是关系 R 的码。如果 F 与基本关系 S 的主码 K_s 相对应，则称 F 是基本关系 R 的外码(foreign key)，并称基本关系 R 为参照关系(referencing relation)，基本关系 S 为被参照关系(referenced relation)或目标关系(target relation)。关系 R 和 S 不一定是不同的关系。

根据定义,在例2.3中,学生关系中的“专业号”不是主码,专业关系中的“专业号”是主码;而前者又参照后者取值,这样才构成参照完整性。前者是外码,后者是主码。学生是参照关系,专业是被参照关系。

参照完整性规则:若属性(或属性组)F 是基本关系 R 的外码,它与基本关系 S 的主码 K_s 相对应(基本关系 R 和 S 不一定是不同的关系),则对于 R 中每个元组在 F 上的值必须为:

(1) 或者取空值(F 的每个属性值均为空值);

(2) 或者等于 S 中某个元组的主码值。

2.3.3 用户定义的完整性

实体完整性和参照完整性适用于任何关系数据库系统。除此之外,不同的关系数据库系统根据其应用环境的不同,往往还需要一些特殊的约束条件。用户定义的完整性就是针对某一具体关系数据库的约束条件,它反映某一具体应用所涉及的数据必须满足的语义要求。例如,某个属性必须取唯一值,某些属性值之间应满足一定的函数关系,某个属性的取值范围在0～100之间等。关系模型应提供定义和检验这类完整性的机制,以便用统一的系统的方法处理它们,而不要由应用程序承担这一功能。

2.4 关系代数

关系代数是一种抽象的查询语言,用对关系的运算来表达查询,也可以作为研究关系数据语言的数学工具。

关系代数的运算对象是关系,运算结果亦为关系。关系代数用到的运算符包括四类:集合运算符、专门的关系运算符、算术比较符和逻辑运算符,如表2.4所列。

表2.4 关系代数运算符

运算符		含义
集合运算符	$\cup$	并
	$-$	差
	$\cap$	交
	$\times$	广义笛卡儿积
专门的关系运算符	σ	选择
	Π	投影
	$\bowtie$	连接
	$\div$	除

续表 2.4

运算符		含　义
比较运算符	$>$	大于
	$\geqslant$	大于等于
	$<$	小于
	$\leqslant$	小于等于
	$=$	等于
	$\neq$	不等于
逻辑运算符	$\neg$	非
	$\wedge$	与
	$\vee$	或

比较运算符和逻辑运算符是用来辅助专门的关系运算符进行操作的，所以关系代数的运算按运算符的不同主要分为传统的集合运算和专门的关系运算两类。

其中传统的集合运算将关系看成元组的集合，其运算是从关系的“水平”方向，即行的角度来进行的；而专门的关系运算不仅涉及行而且涉及列。

2.4.1　传统的集合运算

传统的集合运算是二目运算，包括并、交、差、广义笛卡儿积四种运算。

设关系 R 和关系 S 具有相同的目 n（即两个关系都有 n 个属性），且相应的属性取自同一个域，t 是元组变量，$t \in R$ 表示 t 是 R 的一个元组。

1. 并(union)

关系 R 与关系 S 的并由属于 R 或属于 S 的元组组成，其结果关系仍为 n 目关系。记作：

$$R \cup S = \{t \mid t \in R \vee t \in S\}$$

2. 差(difference)

关系 R 与关系 S 的差由属于 R 而不属于 S 的所有元组组成，其结果关系仍为 n 目关系。记作：

$$R - S = \{t \mid t \in R \wedge t \notin S\}$$

3. 交(intersection referential integrity)

关系 R 与关系 S 的交由既属于 R 又属于 S 的元组组成，其结果关系仍为 n 目关系。记作：

$$R \cap S = \{t \mid t \in R \wedge t \in S\}$$

4. 广义笛卡儿积(extended cartesian product)

两个分别为 n 目和 m 目的关系 R 和 S 的广义笛卡儿积是一个 $(n+m)$ 列的元组的集合。元组的前 n 列是关系 R 的一个元组,后 m 列是关系 S 的一个元组。若 R 有 k_1 个元组,S 有 k_2 个元组,则关系 R 和关系 S 的广义笛卡儿积有 $k_1 \times k_2$ 个元组。记作:

$$R \times S = \{\widehat{t_r t_s}, t_r \in R \wedge t_s \in S\}$$

【例 2.4】 已知关系 R 和 S 如表 2.5 所列,求关系代数 $R \cup S$、$R-S$、$R \cap S$ 和 $R \times S$ 的运算结果。

表 2.5 关系 *R* 和 *S*

关系 R

A	B	C
a_3	2	c
a_1	3	d
a_2	3	c

关系 S

A	B	C
a_1	3	d
a_1	6	d
a_2	3	c

运算结果如表 2.6 所列。

表 2.6 各关系代数运算结果

$R \cup S$

A	B	C
a_3	2	c
a_1	3	d
a_2	3	c
a_1	6	d

$R-S$

A	B	C
a_3	2	c

$R \cap S$

A	B	C
a_1	3	d
a_2	3	c

$R \times S$

R.A	R.B	R.C	S.A	S.B	S.C
a_3	2	c	a_1	3	d
a_3	2	c	a_1	6	d
a_3	2	c	a_2	3	c
a_1	3	d	a_1	3	d
a_1	3	d	a_1	6	d
a_1	3	d	a_2	3	c
a_2	3	c	a_1	3	d
a_2	3	c	a_1	6	d
a_2	3	c	a_2	3	c

2.4.2 专门的关系运算

专门的关系运算包括选择、投影、连接、除。

为了叙述上的方便，我们先引入几个记号。

(1) 设关系模式为 $R(A_1,A_2,\cdots,A_n)$。它的一个关系设为 R，$t\in R$ 表示 t 是 R 的一个元组，$t[A_i]$则表示元组 t 中对应于属性 A_i 的一个分量 。

(2) 若 $A=\{A_{i1},A_{i2},\cdots,A_{ik}\}$，其中 $A_{i1},A_{i2},\cdots,A_{ik}$ 是 $A_1,A_2,\cdots,A_n$ 中的一部分，则 A 称为属性列或域列。$\bar{A}$ 表示$\{A_1,A_2,\cdots,A_n\}$中去掉$\{A_{i1},A_{i2},\cdots,A_{ik}\}$后剩余的属性组，$t[A]=(t[A_{i1}],t[A_{i2}],\cdots,t[A_{ik}])$表示元组 t 在属性列 A 上诸分量的集合。

(3) R 为 n 目关系，S 为 m 目关系，$t_r\in R$，$t_s\in S$，$\widehat{t_r t_s}$ 称为元组的连接(concatenation)。它是一个 $n+m$ 列的元组，前 n 个分量为 R 中的一个 n 元组，后 m 个分量为 S 中的一个 m 元组。

(4) 给定一个关系 $R(X,Z)$，X 和 Z 为属性组。我们定义，当 $t[X]=x$ 时，x 在 R 中的象集(images set)为：

$$Zx=\{t[Z]\mid t\in R,t[X]=x\}$$

它表示 R 中属性组 X 上值为 x 的诸元组在 Z 上分量的集合。

下面给出这些专门的关系运算的定义：

1. 选　择(selection)

选择又称为限制(restriction)。它是在关系 R 中选择满足给定条件的诸元组，记作：

$\sigma_F(R)=\{t\mid t\in R\wedge F(t)='真'\}$

其中：F 表示选择条件，它是一个逻辑表达式，取逻辑值‘真’或‘假’。

逻辑表达式 F 的基本形式为

$$X_1\theta Y_1$$

其中：θ 表示比较运算符，它可以是$>$、$\geqslant$、$<$、$\leqslant$、$=$或$\neq$；X_1、Y_1 等是属性名或常量或简单函数，属性名也可以用它的序号来代替，在基本的选择条件上可以进一步进行逻辑运算，逻辑运算符可以是$\neg$、$\wedge$或$\vee$。

因此选择运算实际上是从关系 R 中选取使逻辑表达式 F 为真的元组。这是从行的角度进行的运算。例如要在学生基本信息中找出年龄为 24 岁的所有学生数据，就可以对学生基本信息表作选择操作，条件是年龄为 24 岁。

2. 投　影(projection)

关系 R 上的投影是从 R 中选择出若干属性列组成新的关系。记作：

$$\pi_A(R)=\{t[A]\mid t\in R\}$$

其中 A 为 R 中的属性列。

投影操作是从列的角度进行的运算。例如，找出所有老师的姓名、电话，则可以对教师基本信息表作投影操作,将表数据投影到教师名和电话列。

投影之后不仅取消了原关系中的某些列,而且还可能取消某些元组。因为取消了某些属性列后,就可能出现重复行,应取消这些完全相同的行。

3. 连　接(join)

连接包括θ连接、自然连接、外连接、半连接。它是从两个关系的笛卡儿积中选取属性间满足一定条件的元组。记作:

$$R \underset{\theta}{\bowtie} S = \{\widehat{t_r t_s} \mid t_r \in R \wedge t_s \in S \wedge (t_r[A] \theta t_s[B])\}$$

连接运算从R和S的笛卡儿积$R\times S$中选取(R关系)在A属性组上的值与(S关系)在B属性组上值满足比较关系θ的元组。

连接运算中有两种最为重要也最为常用的连接,一种是等值连接(equi join),另一种是自然连接(natural join)。

θ为"="的连接运算称为等值连接。它是从关系R与S的笛卡儿积中选取A、B属性值相等的那些元组,即等值连接为:

$$R \underset{\theta}{\bowtie} S = \{\widehat{t_r t_s} \mid t_r \in R \wedge t_s \in S \wedge (t_r[A] = t_s[B])\}$$

自然连接(natural join)是一种特殊的等值连接,它要求两个关系中进行比较的分量必须是相同的属性组,并且要在结果中把重复的属性去掉。自然连接可记作:

$$R \bowtie S = \{\widehat{t_r t_s} \mid t_r \in R \wedge t_s \in S \wedge (t_r[B] = t_s[B])\}$$

一般的连接操作是从行的角度进行运算的。但自然连接还需要取消重复列,所以是同时从行和列的角度进行运算。

【例 2.5】 关系R和关系S如表2.7所列。

(1) 一般连接$R \underset{C<E}{\bowtie} S$的结果如表2.8所列。

表 2.7　关系 R 和 S

R			S	
A	B	C	B	E
a_1	b_1	5	b_1	3
a_1	b_2	6	b_2	7
a_2	b_3	8	b_3	10
a_2	b_4	12	b_3	2
			b_5	2

表 2.8　$R \underset{C<E}{\bowtie} S$ 一般连接的结果

A	R.B	C	S.B	E
a_1	b_1	5	b_2	7
a_1	b_1	5	b_3	10
a_1	b_2	6	b_2	7
a_1	b_2	6	b_3	10
a_2	b_3	8	b_3	10

(2) 等值连接$R \underset{R.B=S.B}{\bowtie} S$的结果如表2.9所列。

(3) 自然连接$R \bowtie S$的结果如表2.10所列。

表 2.9　等值连接结果

A	R.B	C	S.B	E
a_1	b_1	5	b_1	3
a_1	b_2	6	b_2	7
a_2	b_3	8	b_3	10
a_2	b_3	8	b_3	2

表 2.10　自然连接结果

A	B	C	E
a_1	b_1	5	3
a_1	b_2	6	7
a_2	b_3	8	10
a_2	b_3	8	2

4. 除(division)

给定关系 $R(X,Y)$ 和 $S(Y,Z)$，其中 X、Y、Z 为属性组。R 中的 Y 与 S 中的 Y 可以有不同的属性名，但必须出自相同的域集。R 与 S 的除运算得到一个新的关系 $P(X)$。P 是 R 中满足下列条件的元组在 X 属性列上的投影：元组在 X 上分量值 x 的象集 Yx 包含 S 在 Y 上投影的集合。记作：

$$R \div S = \{t_r[x] \mid t_r \in R \wedge \pi_Y(S) \subseteq Y_x\}$$

其中，Yx 为 x 在 R 中的象集，$x=t_r[x]$。

【例 2.6】　设关系 R、S 以及 $R\div S$ 的结果如表 2.11 所列。

在关系 R 中，A 可以取四个值$\{a_1,a_2,a_3,a_4\}$。其中：

a_1 的象集为$\{(b_1,c_2),(b_2,c_3),(b_2,c_1)\}$

a_2 的象集为$\{(b_3,c_7),(b_2,c_3)\}$

a_3 的象集为$\{(b_4,c_6)\}$

a_4 的象集为$\{(b_6,c_6)\}$

S 在(B,C)上的投影为$\{(b_1,c_2),(b_2,c_3),(b_2,c_1)\}$。

显然只有 a_1 的象集包含 S 在(B,C)属性组上的投影，所以 $R\div S=\{a_1\}$。

表 2.11　关系 R、S 及 $R\div S$

关系 R		
A	B	C
a_1	b_1	c_2
a_2	b_3	c_7
a_3	b_4	c_6
a_1	b_2	c_3
a_4	b_6	c_6
a_2	b_2	c_3
a_1	b_2	c_1

关系 S		
B	C	D
b_1	c_2	d_1
b_2	c_1	d_1
b_2	c_1	d_1
b_2	c_3	d_2

R÷S
A
a_1

2.4.3 关系代数查询实例

下面介绍用关系代数表示数据查询的典型例子。

【例2.7】 设教学数据库中有3个关系：

学生关系 S(*SNO*,*SNAME*,*AGE*,*SEX*)

学习关系 *SC*(*SNO*,*CNO*,*GRADE*)

课程关系 C(*CNO*,*CNAME*,*TEACHER*)

下面用关系代数表达式表达每个查询语句：

(1) 检索学习课程号为C2的学生学号与成绩。

$\pi_{SNO,GRADE}(\sigma_{CNO='C2'}(SC))$

(2) 检索学习课程号为C2的学生学号与姓名。

$\pi_{SNO,SNAME}(\sigma_{CNO='C2'}(S \bowtie SC))$

由于这个查询涉及两个关系S和SC,因此先对这两个关系进行自然连接(即将同一位学生的有关的信息连接起来),然后再执行选择投影操作。

此查询亦可等价地写成：

$\pi_{SNO,SNAME}(S) \bowtie (\pi_{SNO}(\sigma_{CNO='C2'}(SC)))$

这个表达式中自然连接的右分量为“学了C2课的学生学号的集合”。这个表达式比前一个表达式优化,执行起来要省时间,省空间。

(3) 检索选修课程名为MATHS的学生学号与姓名。

$\pi_{SNO,SANME}(\sigma_{CNAME='MATHS'}(S \bowtie SC \bowtie C))$

(4) 检索选修课程号为C2或C4的学生学号。

$\pi_{SNO}(\sigma_{CNO='C2' \vee CNO='C4'}(SC))$

(5) 检索至少选修课程号为C2或C4的学生学号。

$\pi_{1}(\sigma_{1=4 \wedge 2='C2' \wedge 5='C4'}(SC \times SC))$

这里“(SC×SC)”表示关系SC自身相乘的笛卡儿积操作,其中数字1、2、4、5都为它的结果关系中的属性序号。

(6) 检索不学C2课的学生姓名与年龄。

$\pi_{SNAME,AGE}(S) - \pi_{SNAME,AGE}(\sigma_{CNO='C2'}(S \bowtie SC))$

这个表达式用了差运算。差运算的左分量为“全体学生的姓名和年龄”,右分量为“学了C2课的学生姓名与年龄”。

(7) 检索学习全部课程的学生姓名。

编写这个查询语句的关系代数过程如下：

① 学生选课情况可用 $\pi_{SNO,CNO}(SC)$ 表示。

② 全部课程可用 $\pi_{CNO}(C)$ 表示。

③ 学了全部课程的学生学号可用除法操作表示。

操作结果为学号SNO的集合。该集合中每个学生(对应SNO)与C中任一门课程号 CNO 配在一起都在 $\pi_{SCO,CNO}(SC)$ 中出现(即 SC 中出现),所以结果中每个学生都学了全部的课程(这是"除法"操作的含义):

$\pi_{SNO,CNO}(SC) \div \pi_{CNO}(C)$

④ 从 SNO 求学生姓名 SNAME,可以用自然连接和投影操作组合而成:

$\pi_{SNAME}(S \bowtie (\pi_{SNO,CNO}(SC) \div \pi_{CNO}(C)))$

这就是最后得到的关系代数表达式。

(8) 检索所学课程包含 S3 所学课程的学生学号。

注意:① 学生 S3 可能学多门课程,所以要用到除法操作来表达此查询语句。

② 学生选课情况可用操作 $\pi_{SNO,CNO}(SC)$表示。

③ 所学课程包含学生 S3 所学课程的学生学号,可以用除法操作求得:

$\pi_{SNO,CNO}(SC) \div \pi_{CNO}(\sigma_{SNO='S3'}(SC))$

本节介绍了 8 种关系代数运算,其中并、差、笛卡儿积、投影和选择 5 种运算为基本的运算。其他 3 种运算,即交、连接和除,均可以用这 5 种基本运算来表达。引进它们并不增加语言的能力,但可以简化表达。

关系代数中,这些运算经有限次复合后形成的式子称为关系代数表达式。

2.5　关系演算①

2.5.1　元组关系演算语言 ALPHA

元组关系演算以元组变量作为谓词变元的基本对象。一种典型的元组关系演算语言是 E. F. Codd 提出的 ALPHA 语言,这一语言虽然没有实际实现,但关系数据库管理系统 INGRES 所用的 QUEL 语言是参照 ALPHA 语言研制的,与 ALPHA 十分类似。

ALPHA 语言主要有 GET、PUT、HOLD、UPDATE、DELETE、DROP 六条语句。语句的基本格式是:

操作语句　　工作空间名(表达式):　操作条件

其中:表达式用于指定语句的操作对象,它可以是关系名或属性名,一条语句可以同时操作多个关系或多个属性。操作条件是一个逻辑表达式,用于将操作对象限定在满足条件的元组中,操作条件可以为空。除此之外,还可以在基本格式的基础上加上排序要求,定额要求等。

1. 检索操作

检索操作用 GET 语句实现。

① 本节为选学内容。

1）简单检索(即不带条件的检索)

【例2.8】 查询所有被选修课程的课程号码。

```
GET W (SC.Cno)
```

这里条件为空，表示没有限定条件。W为工作空间名。

【例2.9】 查询所有学生的数据。

```
GET W (Student)
```

2）限定的检索(即带条件的检索)

【例2.10】 查询信息系(IS)中年龄小于20岁的学生的学号和年龄。

```
GET W (Student.Sno,Student.Sage)：Student.Sdept = 'IS' ∧ Student.Sage<20
```

3）带排序的检索

【例2.11】 查询计算机科学系(CS)学生的学号、年龄，并按年龄降序排序。

```
GET W (Student.Sno,Student.Sage)：Student.Sdept = 'CS' DOWN Student.Sage
```

4）带定额的检索

【例2.12】 取出一个信息系学生的学号。

```
GET W (1) (Student.Sno)：Student.Sdept = 'IS'
```

所谓带定额的检索是指指定检索出元组的个数，方法是在W后括号中加上定额数量。排序和定额可以一起使用。

【例2.13】 查询信息系年龄最大的三个学生的学号及其年龄。

```
GET W (3) (Student.Sno,Student.Sage)：Student.Sdept = 'IS' DOWN Student.Sage
```

5）用元组变量的检索

因为元组变量是在某一关系范围内变化的，所以元组变量又称为范围变量(Range variable)。元组变量主要有两方面的用途：

① 简化关系名。在处理实际问题时，如果关系的名字很长，使用起来就会感到不方便，这时可以设一个较短名字的元组变量来简化关系名。

② 操作条件中使用量词时必须用元组变量。

元组变量是动态的概念，一个关系可以设多个元组变量。

【例2.14】 查询信息系学生的名字。

```
RANGE Student X
GET W (X.Sname)：X.Sdept = 'IS'
```

这里元组变量X的作用是简化关系名Student。

6）用存在量词的检索

【例2.15】 查询选修2号课程的学生名字。

```
RANGE SC X
GET W (Student.Sname): ∃X(X.Sno = Student.Sno ∧ X.Cno = '2')
```

【例 2.16】 查询选修其直接先行课是 6 号课程的学生学号。

```
RANGE Course CX
GET W (SC.Sno): ∃CX (CX.Cno = SC.Cno ∧ CX.Pcno = '6')
```

【例 2.17】 查询至少选修一门其先行课为 6 号课程的学生名字。

```
RANGE Course CX
SC SCX
GET W (Student.Sname): ∃SCX (SCX.Sno = Student.Sno ∧
∃CX (CX.Cno = SC.Cno ∧ CX.Pcno = '6'))
```

本例中的元组关系演算公式可以变换为前束范式(Prenex normal form)的形式：

```
GET W (Student.Sname): ∃SCX∃CX (SCX.Sno = Student.Sno ∧
CX.Cno = SCX.Cno ∧ CX.Pcno = '6')
```

上述三例中的元组变量都是为存在量词而设的。其中例 2.17 需要对两个关系使用存在量词，所以设了两个元组变量。

7）带有多个关系的表达式的检索

上面所举的各个例子中，虽然查询时可能会涉及多个关系，即公式中可能涉及多个关系，但查询结果都在一个关系中，即表达式中只有一个关系。实际上表达式中是可以有多个关系的。

【例 2.18】 查询成绩为 90 分以上的学生名字与课程名字。

本查询所要求的结果学生名字和课程名字分别在 Student 和 Course 两个关系中。

```
RANGE SC SCX
GET W (Student.Sname, Course.Cname): ∃SCX (SCX.Grade≥90 ∧
SCX.Sno = Student.Sno ∧ Course.Cno = SCX.Cno)
```

8）用全称量词的检索

【例 2.19】 查询不选 1 号课程的学生名字。

```
RANGE SC SCX
GET W (Student.Sname): ∀ SCX (SCX.Sno≠Student.Sno ∨ SCX.Cno≠'1')
```

本例实际上也可以用存在量词来表示：

```
RANGE SC SCX
GET W (Student.Sname): ¬ ∃SCX (SCX.Sno = Student.Sno ∧ SCX.Cno = '1')
```

9）用两种量词的检索

【例2.20】 查询选修全部课程的学生姓名。

```
RANGE Course CX
SC SCX
GET W (Student.Sname):∀CX∃SCX (SCX.Sno = Student.Sno ∧
SCX.Cno = CX.Cno)
```

10）用蕴涵(Implication)的检索

【例2.21】 查询最少选修了95002学生所选课程的所有学生学号。

本例题的求解思路是，对Course中的所有课程，依次检查每一门课程，看95002是否选修了该课程。如果选修了，则再看某一个学生是否也选修了该门课。如果对于95002所选的每门课程该学生都选修了，则该学生为满足要求的学生。把所有这样的学生全都找出来即完成本题。

```
RANGE Couse CX
SC SCX
SC SCY
GET W (Student.Sno):∀CX(∃SCX (SCX.Sno = '95002' ∧ SCX.Cno = CX.Cno)
= > ∃SCY (SCY.Sno = Student.Sno ∧
SCY.Cno = CX.Cno))
```

11）集函数

用户在使用查询语言时，经常要作一些简单的计算。例如，要求符合某一查询要求的元组数，求某个关系中所有元组在某属性上的值的总和或平均值等。为了方便用户，关系数据语言中建立了有关这类运算的标准函数库供用户选用。这类函数通常称为集函数(aggregation function)或内部函数(build - in function)。关系演算中提供了COUNT、TOTAL、MAX、MIN、AVG等集函数，其含义如表2.12所列。

表2.12 关系演算中的集函数

函数名	功　能
COUNT	对元组计数
TOTAL	求总和
MAX	求最大值
MIN	求最小值
AVG	求平均值

【例2.22】 查询学生所在系的数目。

```
GET W (COUNT(Student.Sdept))
```

COUNT函数在计数时会自动排除重复的Sdept值。

【例2.23】 查询信息系学生的平均年龄。

```
GET W (AVG(Student.Sage): Student.Sdept = 'IS')
```

2. 更新操作

1）修改操作

修改操作用 UPDATE 语句实现。其步骤是：首先，用 HOLD 语句将要修改的元组从数据库中读到工作空间中。然后，用宿主语言修改工作空间中元组的属性。最后，用 UPDATE 语句将修改后的元组送回数据库中。

需要注意的是，单纯检索数据使用 GET 语句即可，但为修改数据而读元组时必须使用 HOLD 语句。HOLD 语句是带上并发控制的 GET 语句。有关并发控制的概念将在第五章详细介绍。

【例 2.24】 学号为 95007 的学生从计算机科学系转到信息系。

```
HOLD W (Student.Sno,Student.Sdetp): Student.Sno = '95007'
```

（从 Student 关系中读出 95007 学生的数据）

```
MOVE 'IS' TO W.Sdept(用宿主语言进行修改)
UPDATE W  (把修改后的元组送回 Student 关系)
```

在该例中，我们用 HOLD 语句来读 95007 的数据，而不是用 GET 语句。

如果修改操作涉及两个关系，就要执行两次 HOLD—MOVE—UPDATE 操作序列。

修改主码的操作是不允许的。例如，不能用 UPDATE 语句将学号 95001 改为 95102。如果需要修改关系中某个元组的主码值，只能先用删除操作删除该元组，然后再把具有新主码值的元组插入到关系中。

2）插入操作

插入操作用 PUT 语句实现。其步骤是：首先，用宿主语言在工作空间中建立新元组。然后，用 PUT 语句把该元组存入指定的关系中。

【例 2.25】 学校新开设了一门 2 学分的课程“计算机组织与结构”，其课程号为 8，直接先行课为 6 号课程。插入该课程元组。

```
MOVE '8' TO W.Cno
MOVE '计算机组织与结构' TO W.Cname
MOVE '6' TO W.Cpno
MOVE '2' TO W.Ccredit
PUT W (Course)(把 W 中的元组插入指定关系 Course 中)
```

PUT 语句只对一个关系操作，也就是说表达式必须为单个关系名。如果插入操作涉及多个关系，则必须执行多次 PUT 操作。

3）删　除

删除操作用 DELETE 语句实现。其步骤为：

① 用 HOLD 语句把要删除的元组从数据库中读到工作空间中。

② 用DELETE语句删除该元组。

【例2.26】 学号为95110的学生因故退学，删除该学生元组。

```
HOLD W (Student): Student.Sno = '95110'
DELETE W
```

【例2.27】 将学号95001改为95102。

```
HOLD W (Student): Student.Sno = '95001'
DELETE W
MOVE '95102' TO W.Sno
MOVE '李勇' TO W.Sname
MOVE '男' TO W.Ssex
MOVE '20' TO W.Sage
MOVE 'CS' TO W.Sdept
PUT W (Student)
```

【例2.28】 删除全部学生。

```
HOLD W (Student)
DELETE W
```

由于SC关系与Student关系之间的具有参照关系，为保证参照完整性，删除Student关系中全部元组的操作将导致DBMS自动执行删除SC关系中全部元组的操作：

```
HOLD W (SC)
DELETE W
```

2.5.2 域关系演算语言QBE

关系演算的另一种形式是域关系演算。域关系演算以元组变量的分量(即域变量)作为谓词变元的基本对象。

QBE是Query By Example(通过例子进行查询)的简称，其最突出的特点是它的操作方式。它是一种高度非过程化的基于屏幕表格的查询语言，用户通过终端屏幕编辑程序以填写表格的方式构造查询要求；而查询结果也是以表格形式显示的，因此非常直观，易学易用。

QBE中用示例元素来表示查询结果可能的情况，示例元素实质上就是域变量。QBE操作框架如表2.13所列

表2.13 QBE操作框架

关系名	属性A	属性B	属性C
操作命令	元组属性值或查询条件	元组属性值或查询条件	元组属性值或查询条件

下面以学生-课程关系数据库为例，说明QBE的用法。

1. 检索操作

1）简单查询

【例 2.29】 求信息系全体学生的姓名。

操作步骤为：

① 用户提出要求。

② 屏幕显示空白表格。

③ 用户在最左边一栏输入关系名 Student。

Student			

④ 屏幕显示该关系的栏名，即 Student 关系的各个属性名。

Student	Sno	Sname	Ssex	Sage	Sdept

⑤ 用户在上面构造查询要求。

Student	Sno	Sname	Ssex	Sage	Sdept
		P. T			CI

这里 T 是示例元素，即域变量。QBE 要求示例元素下面一定要加下画线。CI 是查询条件，不用加下画线。P. 是操作符，表示打印(print)，实际上就是显示。

查询条件中可以使用比较运算符>、≥、<、≤、=和≠。其中“=”可以省略。

示例元素是这个域中可能的一个值，它不必是查询结果中的元素。比如，要求计算机科学系的学生，只要给出任意一个学生名即可，而不必是计算机科学系的某个学生名。

例如对于本例，可如下构造查询要求：

Student	Sno	Sname	Ssex	Sage	Sdept
		P. 李勇			IS

这里的查询条件是 Sdept='IS'，其中“=”被省略。

⑥ 屏幕显示查询结果。

Student	Sno	Sname	Ssex	Sage	Sdept
		李勇 张立			IS

根据用户构造的查询要求，这里只显示计算机科学系的学生姓名属性值。

【例 2.30】 查询全体学生的全部数据。

Student	Sno	Sname	Ssex	Sage	Sdept
	P. 95001	P. 李勇	P. 男	P. 20	P. CS

全部数据也简单地把 P. 操作符作用在关系名上。因此本查询也可以简单地表示如下：

Student	Sno	Sname	Ssex	Sage	Sdept
P.					

2）条件查询

【例 2.31】 求年龄大于 19 岁的学生的学号。

Student	Sno	Sname	Ssex	Sage	Sdept
	P. 95001			>19	

注意，查询条件中只能省略＝比较运算符，其他比较运算符(如>)不能省略。

【例 2.32】 求计算机科学系年龄大于 19 岁的学生学号。

本查询的条件是 Sdept＝'CS' 和 Sage>19 两个条件的“与”。在 QBE 中，表示两个条件的“与”有两种方法：

① 把两个条件写在同一行上。

Student	Sno	Sname	Ssex	Sage	Sdept
	P. 95001			>19	CS

② 把两个条件写在不同行上，但使用相同的示例元素值。

Student	Sno	Sname	Ssex	Sage	Sdept
	P. 95001				CS
	P. 95001			>19	

【例 2.33】 查询计算机科学系或者年龄大于 19 岁的学生学号。

本查询的条件是 Sdept＝'CS' 和 Sage>19 两个条件的“或”。在 QBE 中，把两个条件写在不同行上，并且使用不同的示例元素值，即表示条件的“或”。

Student	Sno	Sname	Ssex	Sage	Sdept
	P. 95001				CS
	P. 95002			>19	

对于多行条件的查询，先输入哪一行是任意的，查询结果相同。这就允许查询者以不同的思考方式进行查询，十分灵活、自由。

【例 2.34】　查询既选修了 1 号课程又选修了 2 号课程的学生学号。

本查询条件是在一个属性中的“与”关系。它只能用“与”条件的第 20 种方法表示，即写两行，但示例元素相同。

SC	Sno	Cno	Grade
	P. 95001	1	
	P. 95001	2	

【例 2.35】　查询选修 1 号课程的学生姓名。

本查询涉及两个关系：SC 关系和 Student 关系。在 QBE 中，实现这种查询的方法是通过相同的连接属性值把多个关系连接起来。

Student	Sno	Sname	Ssex	Sage	Sdept
	95001	P. 李勇			

SC	Sno	Cno	Grade
	95001	1	

这里示例元素 Sno 是连接属性，其值在两个表中要相同。

【例 2.36】　查询未选修 1 号课程的学生姓名。

这里的查询条件中用到逻辑非。在 QBE 中，表示逻辑非的方法是将逻辑非写在关系名下面。

Student	Sno	Sname	Ssex	Sage	Sdept
	95001	P. 李勇			

SC	Sno	Cno	Grade
¬	95001	1	

这个查询就是显示学号为 95001 的学生名字，而该学生选修了 1 号课程的情况为假。

【例 2.37】　查询有两个人以上选修的课程号。

本查询是在一个表内连接。

SC	Sno	Cno	Grade
	95001	P.1	
	¬95001	1	

这个查询就是要显示这样的课程号1。它不仅被95001选修,而且另一个学生(¬95001)也选修了。

3) 集函数

为了方便用户,QBE提供了一些集函数,主要包括CNT、SUM、AVG、MAX、MIN等,其含义如表2.14所列。

表2.14 QBE中的集函数

函数名	功 能
CNT	对元组计数
SUM	求总和
AVG	求平均值
MAX	求最大值
MIN	求最小值

【例2.38】 查询信息系学生的平均年龄。

Student	Sno	Sname	Ssex	Sage	Sdept
				P. AVG. ALL.	IS

4) 对查询结果排序

对查询结果按某个属性值的升序排序,只需在相应列中填入"AO.";按降序排序,则填"DO."。如果按多列排序,用"AO(i)."或"DO(i)."表示。其中i为排序的优先级,i值越小,优先级越高。

【例2.39】 查询全体男生的姓名,要求查询结果按所在系升序排序,对相同系的学生按年龄降序排序。

Student	Sno	Sname	Ssex	Sage	Sdept
		P.李勇	男	DO(2).	AO(1).

2. 更新操作

1) 修改操作

修改操作符为"U."。关系的主码不允许修改,如果需要修改某个元组的主码,只能间接进行,即首先删除该元组,然后再插入新的主码的元组。

【例2.40】 把95001学生的年龄改为18岁。

这是一个简单修改操作，不包含算术表达式，因此可以有两种表示方法：

① 将操作符“U.”放在值上。

Student	Sno	Sname	Ssex	Sage	Sdept
	95001			U. 18	

② 将操作符“U.”放在关系上。

Student	Sno	Sname	Ssex	Sage	Sdept
U.	95001			18	

这里，码 95001 表示要修改的元组。“U.”标明所在的行是修改后的新值。由于主码是不能修改的，所以即使在第二种写法中，系统也不会混淆要修改的属性。

【例 2.41】 把 95001 学生的年龄增加 1 岁。

这个修改操作涉及表达式，所以只能将操作符“U.”放在关系上。

Student	Sno	Sname	Ssex	Sage	Sdept
U.	95001			$\underline{x}$	
	95001			$\underline{x}+1$	

【例 2.42】 将计算机科学系所有学生的年龄都增加 1 岁。

Student	Sno	Sname	Ssex	Sage	Sdept
U.	95001			$\underline{x}$	CS
	95001			$\underline{x}+1$	

2）插入操作

插入操作符为“I.”。新插入的元组必须具有码值，其他属性值可以为空。

【例 2.43】 把信息系女生 95701，姓名张三，年龄 17 岁存入数据库中。

Student	Sno	Sname	Ssex	Sage	Sdept
I.	95701	张三	女	17	IS

3）删除操作

删除操作符为“D.”。

【例 2.44】 删除学生 95089。

Student	Sno	Sname	Ssex	Sage	Sdept
D.	95089				

由于 SC 关系与 Student 关系之间具有参照关系，为保证参照完整性，删除

95089学生后，通常还应删除95089学生选修的全部课程。

SC	Sno	Cno	Grade
D.	95089		

小　结

在数据库发展的历史上，最重要的成就之一是关系模型。关系模型和关系数据库是本课程学习的重点内容，因此掌握本章的关键内容是学习后续各章节的基础。

本章系统讲解了关系数据库的重要概念，包括关系数据结构及其形式化定义、关系的三类完整性约束概念以及关系操作。介绍了用代数方式和逻辑方式来表达的关系语言，即关系代数、元组关系演算和域关系演算。要求能够用这些语言完成数据操纵。

本章还需学习者了解关系数据库理论的产生和发展过程，了解关系数据库产品的发展及变革。

习　题

1. 试述关系模型的三个组成部分。

2. 试述关系数据语言的特点和分类。

3. 定义并理解下列术语，说明它们们之间的联系与区别：

(1) 域、笛卡儿积、关系、元组、属性；

(2) 主码、候选码、外部码；

(3) 关系模式、关系、关系数据库。

4. 试述关系模型的完整性规则。在参照完整性中，为什么外部码属性的值也可以为空？什么情况下才可以为空？

5. 已知关系 R 和 T、S，其关系结构如表2.15所列，求关系代数 $R\cap S$ 、$R-S$、$R\cup S$ 和 $R\bowtie T$ 的运算结果。

表 2.15　关系 *R*、*S*、*T*

关系 *R*		
编　号	姓　名	院系号
9801	李一	01
9802	王一	02
9803	张一	03

关系 *S*		
编　号	姓　名	院系号
9802	王一	02
9804	刘四	02
9803	张一	03

关系 *T*	
院系号	院系名
01	计算机系
02	信息系
03	管理系

6. 设有一个 SPJ 数据库，包括 *S*、*P*、*J*、SPJ 四个关系模式：

S(SNO，SNAME，STATUS，CITY)

P(PNO，PNAME，COLOR，WEIGHT)

J(JNO，JNAME，CITY)

SPJ(SNO，PNO，JNO，QTY)

供应商表 *S* 由供应商代码(SNO)、供应商姓名(SNAME)、供应商状态(STATUS)、供应商所在城市(CITY)组成；

零件表 *P* 由零件代码(PNO)、零件名(PNAME)、颜色(COLOR)、重量(WEIGHT)组成；

工程项目表 *J* 由工程项目代码(JNO)、工程项目名(JNAME)、工程项目所在城市(CITY)组成；

供应情况表 SPJ 由供应商代码(SNO)、零件代码(PNO)、工程项目代码(JNO)、供应数量(QTY)组成，表示某供应商供应某零件给某工程项目的数量为 QTY。

今有若干数据如表 2.16～2.19 所列。

表 2.16　*S* 表

SNO	SNAME	STATUS	CITY
S1	精益	20	天津
S2	盛锡	10	北京
S3	东方红	30	北京
S4	丰泰盛	20	天津
S5	为民	30	上海

表 2.17　*P* 表

PNO	PNAME	COLOR	WEIGHT
P1	螺母	红	12
P2	螺栓	绿	17
P3	螺丝刀	蓝	14
P4	螺丝刀	红	14
P5	凸轮	蓝	40
P6	齿轮	红	30

表 2.18　*J* 表

JNO	JNAME	CITY
J1	三建	北京
J2	一汽	长春
J3	弹簧长	天津
J4	造船厂	天津
J5	机车长	唐山
J6	无线电厂	常州
J7	半导体长	南京

表 2.19 SPJ 表

SNO	PNO	JNO	QTY
S1	P1	J1	200
S1	P1	J3	100
S1	P1	J4	700
S1	P2	J2	100
S2	P3	J1	400
S2	P3	J2	200
S2	P3	J4	500
S2	P3	J5	400
S2	P5	J1	400
S2	P5	J2	100
S3	P1	J1	200
S3	P3	J1	200
S4	P5	J1	100
S4	P6	J3	300
S4	P6	J4	200
S5	P2	J4	100
S5	P3	J1	200
S5	P6	J2	200
S5	P6	J4	500

试用关系代数语言完成下列操作：

(1) 求供应工程 J1 零件的供应商号 SNO；

(2) 求供应工程 J1 零件 P1 的供应商号 SNO；

(3) 求供应工程 J1 红色零件的供应商号 SNO；

(4) 求没有使用天津供应商生产的红色零件的工程号 JNO；

(5) 求至少使用了 S1 供应商所供应的全部零件的工程号 JNO。

7. 试述等值连接与自然连接的区别和联系。

8. 关系代数的基本运算有哪些？如何用这些基本运算来表示其他运算？

第3章　关系数据库标准语言SQL

【学习内容】

1. SQL 语言的发展及特点
2. 数据定义
3. 数据查询
4. 数据操纵
5. 数据控制

SQL(Structured Query Language,结构化查询语言)是关系数据库的标准语言。自从它成为国际标准后,各个数据库厂家都推出了各自的 SQL 软件或与 SQL 接口的软件。这使大多数数据库均用 SQL 作为共同的数据存取语言和标准接口,使不同的数据库系统之间有了共同的基础。

3.1　SQL 概述

SQL 是一种介于关系代数与关系演算之间的结构化查询语言。其功能不仅限于查询,它是通用的、功能极强的关系数据库语言。

3.1.1　SQL 的特点

SQL 是一种集查询(data query)、数据操纵(data manipulation)、数据定义(data definition)和数据控制(data control)功能于一体的简单易学的语言。

1. 综合统一

数据库系统的主要功能是通过数据库支持的数据语言来实现的。

数据语言一般有:模式数据定义语言(Schema Data Definition Language,模式 DDL)、外模式数据定义语言(Subschema Data Definition Language,外模式 DDL)、与数据存储有关的语言(Data Storage Description Language,DSDL)、数据操纵语言(Data Manipulation Language,DML)。SQL 语言集上述四种功能于一体,语言风格统一,可以独立完成数据库生命周期中的全部活动。

在关系模型中,实体及实体间的联系均用关系表示。这种数据结构的单一性带来了数据操作符的统一,各种操作都只需一种操作符,克服了非关系系统由于信息表示方式的多样性带来的操作复杂性。

2. 高度非过程化

大多数DBS的主语言都是高级程序设计语言,它们都是过程化的,即不仅要提出"做什么",还要指出"怎么做"。但SQL语言是高度非过程化的,用户对数据操作时,只需指出"做什么",不必指出"怎么做"。

3. 面向集合的操作方式

SQL采用集合的操作方式,即不仅操作对象、查找结果可以是元组的集合,而且一次删除、插入、更新操作的对象也可以是元组的集合。而非关系数据模型采用的是面向记录的操作方式,每次的操作对象只能是一条记录。

4. 以同一种语法结构提供两种使用方式

SQL语言既是自含式语言,又是嵌入式语言。所谓自含式语言,就是它能够独立地用于联机交互的使用方式,用户可以在键盘上直接输入SQL的命令对数据库进行操作;所谓嵌入式语言,就是SQL能够嵌入到高级语言程序中,供用户设计程序时使用。在这两种不同的使用方式下,其语法结构保持一致性,为用户提供了极大的灵活性与方便性。

5. 语言简捷、易学易用

SQL功能极强,实现核心功能只用了9个动词,如表3.1所列,且接近英语口语,易学易用。

表3.1 SQL的语言动词

功能	动词
数据定义	CREATE,DROP,ALTER
数据查询	SELECT
数据操纵	INSERT,UPDATE,DELETE
数据控制	GRANT,REVOKE

3.1.2 SQL语言的基本概念

数据库的体系结构分为三级,SQL也支持这三级模式结构,如图3.1所示。其中外模式对应视图,模式对应基本表,内模式对应存储文件。

1. 基本表(base table)

基本表是模式的基本内容。实际存储在数据库中的一个表对应一个实际存在的关系。

2. 视 图(view)

视图是外模式的基本单位,用户可以通过视图使用数据库中基于基本表的数据。

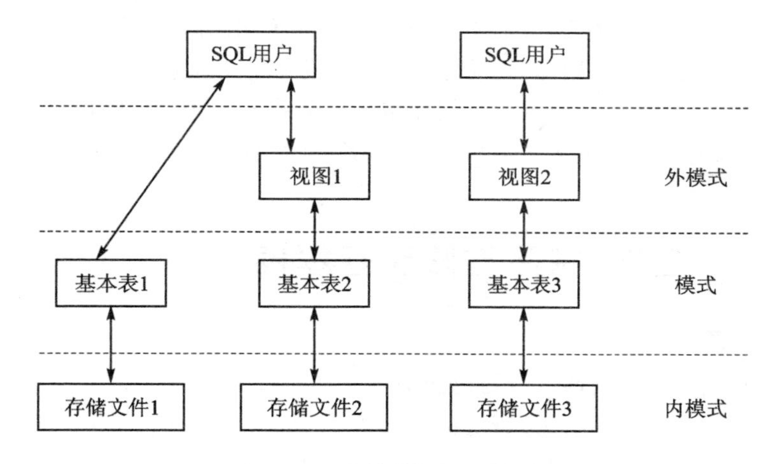

图 3.1　SQL 支持的数据库体系结构

视图是从其他表(包括其他视图)中导出的表,它仅是一种保存在数据字典中的逻辑定义,本身并不独立存储在数据库中,因此视图是一种虚表。

3. 存储文件(stored file)

存储模式是内模式的基本单位。一个基本表对应一个或多个存储文件,一个存储文件可以存放在一个或多个基本表中,一个基本表可以有若干个索引,索引同样存放在存储文件中。存储文件的存储结构对用户来说是透明的。

下面介绍 SQL 的基本语句。各厂商的 DBMS 实际使用的 SQL 语言,为保持其竞争力,与标准 SQL 都有所差异及扩充。因此,具体使用时,应参阅实际系统的参考手册。

3.2　数据定义

SQL 的数据定义功能包括定义表、定义视图和定义索引。在这三者中,只有表是确定存在的,视图是一个虚表,而索引也依附于表而存在。一般说来,SQL 不提供修改视图和索引的命令,如果用户确实要修改,只能将原来的删除,重新创建新的符合要求的视图和索引。表 3.2 列出了 SQL 的数据定义语句。

表 3.2　SQL 的数据定义语句

对　象	创　建	删　除	修　改
表	CREATE TABLE	DROP TABLE	ALTER TABLE
视图	CREATE VIEW	DROP VIEW	
索引	CREATE INDEX	DROP INDEX	

SQL 中,任何时候都可以执行一个数据定义语句,随时修改数据库结构。而在

非关系型的数据库系统中,必须在数据库的装入和使用前全部完成数据库的定义。若要修改已投入运行的数据库,则需停下一切数据库活动,把数据库卸出,修改数据库定义并重新编译,再按修改过的数据库结构重新装入数据。因此,数据库定义可以不断增长(不必一开始就定义完整),而且数据库定义可以随时修改(不必一开始就完全合理)。

3.2.1 定义、删除与修改基本表

1. 数据类型

由于基本表的每个属性都有自己的数据类型,所以首先要讨论一下SQL所支持的数据类型。各个厂家的SQL所支持的数据类型不完全一致。为了满足数据库在各方面应用的要求,下面介绍SQL-99规定的主要数据类型。

1) 数值型

(1) INTEGER:定义数据类型为整数类型,它的精度(总有效位)由执行机构确定。INTEGER可简写成INT。

(2) SMALLINT:定义数据类型为短整数类型,它的精度由执行机构确定。

(3) NUMERIC(p,s):定义数据类型为数值型,并给定精度p(总的有效位)或标度s(十进制小数点右面的位数)。

(4) FLOAT(p):定义数据类型为浮点数值型,其精度等于或大于给定的精度p。

(5) REAL:定义数据类型也为浮点数值型,它的精度由执行机构确定。

(6) DOUBLE PRECISION:定义数据类型为双精度浮点类型,它的精度由执行机构确定。

2) 字符类型

(1) CHARACTER(n):定义数据类型为字符串,并给定串长度(字符数)。CHARACTER可简写成CHAR。

(2) VARCHAR(n):定义可变长度的字符串,其最大长度为n。

3) 位串型

(1) BIT(n):定义数据类型为二进制位串,其长度为n。

(2) BIT VARYING(n):定义可变长的二进制位串,其最大长度为n。

4) 时间型

DATE/TIME:定义一个日期/时间类型,日期和时间数据由有效的日期或时间组成。

5) 布尔型

BOOLEAN:定义布尔数,其值可以是TRUE(真)、FALSE(假)。

对于数值型数据,可以执行算术运算和比较运算;但对其他类型数据,只可以执行比较运算,不能执行算术运算。这里只介绍常用的一些数据类型,许多SQL产品

还扩充了其他一些数据类型。用户在实际使用中应查阅数据库系统的参考手册。

2. 定义基本表

SQL 语言使用 CREATE TABLE 语句定义基本表。其一般格式为：

CREATE TABLE <基本表名>
(<列名 1>　<列数据类型>　[列完整性约束],
<列名 2>　<列数据类型>　[列完整性约束],
……
[表级完整性约束])

说明：

(1)“< >”中的内容是必选项,“[ ]”中的内容是可选项。本书以下各章节也遵循这个约定。

(2) 基本表名:规定了所定义的基本表的名字,在一个数据库中不允许有两个基本表同名。

(3) 列名:规定了该列(属性)的名称。一个表中不能有两列同名。

(4) 列数据类型:规定了该列的数据类型,即前面介绍的数据类型。

(5) 列完整性约束:指对某一列设置的约束条件,该列上的数据必须满足。最常见的有:

NOT NULL　　该列值不能为空
NULL　　该列值可以为空
UNIQUE　　该列值唯一
DEFAULT　　该列某值在未定义时的默认值

(6) 表级完整性约束:规定了关系主键、外键和用户自定义完整性约束。

SQL 语句只要求语句的语法正确就可以了,对关键字的大小写、语句的书写格式不作要求;但是语句中不能出现中文状态下的标点符号。

【例 3.1】 要求建立一个学生表 Student,它由学号 Sno、姓名 Sname、性别 Ssex、年龄 Sage、系名 Sdept 等属性组成。其中学号不能为空且取值唯一,姓名取值也唯一。

```
CREATE TABLE Student (
Sno CHAR(8) NOT NULL UNIQUE,
Sname CHAR(20) UNIQUE,
Ssex CHAR(1),
Sage INT,
Sdept CHAR(15),
)
```

3. 修改基本表

在数据库的实际应用中,随着应用环境和需求的变化,经常要修改基本表的结构,包括修改属性列的类型精度、增加新的属性列或删除属性列、增加新的约束条件或删除原有的约束条件。SQL 通过 ALTER TABLE 命令对基本表进行修改。其一般格式为:

ALTER TABLE <基本表名>
[ADD <新列名> <列数据类型> [列完整性约束]]
[DROP COLUMN <列名>]
[MODIFY <列名> <新的数据类型>]
[ADD CONSTRAINT <表级完整性约束>]
[DROP CONSTRAINT <表级完整性约束>]

说明:

(1) ADD:为一个基本表增加新列,但新列的值必须允许为空(除非有默认值)。

(2) DROP COLUMN:删除表中原有的一列。

(3) MODIFY:修改表中原有列的数据类型。通常,当该列上有列完整性约束时,不能修改该列。

(4) ADD CONSTRAINT 和 DROP CONSTRAINT 分别表示添加表级完整性约束和删除表级完整性约束。将在第 5 章完整性约束命名子句一节详细介绍。

(5) 以上命令格式在实际的 DBMS 中可能有所不同,用户在使用时应参阅实际系统的参考手册。

【例 3.2】 给上表增加“入学时间”列,类型为日期型。

```
ALTER TABLE Student ADD Scome DATE
```

【例 3.3】 将年龄的数据类型修改为半字长整数。

```
ALTER TABLE Student ALTER COLUMN Sage SMALLINT
```

【例 3.4】 删除学生姓名必须取唯一值的约束。

```
ALTER TABLE Student DROP UNIQUE(Sname)
```

注意:

(1) 第二个 DROP 可选项用于删除指定的完整性约束条件,而不是删除某一列;

(2) 不论基本表中原来是否有数据,新增加的列一律为空;

(3) 修改原来的列的定义可能会破坏已有的数据。

4. 删除基本表

格式:DROP TABLE <表名> ;

基本表一旦删除,表中的数据、此表上建立的索引和视图都将被自动删除。

3.2.2 建立和删除索引

基本表建立并存放数据后,就会在计算机上形成物理文件。当用户需要查询基本表当中的数据时，DBMS 就会顺序遍历整个基本表来查找用户所需要的数据，称为全扫描。如果基本表当中的数据相当多，则 DBMS 会在顺序扫描上花很长时间，这样将影响查询效率。为了改善查询性能，可以建立索引。

索引是根据表中一列或若干列按照一定顺序建立的列值与记录行之间的对应关系表。索引属于物理存储的路径概念，而不是用户使用的逻辑概念。建立在多个列上的索引被称为复合索引。

有两种重要的索引：聚集索引(clustered index)和非聚集索引(non - clustered index)。对这两种索引合理的使用能更好地提高数据库的查询效能。

聚集索引确定表中数据的物理顺序。聚集索引类似于按姓氏排列数据的电话簿。由于聚集索引规定数据在表中的物理存储顺序，因此一个表只能包含一个聚集索引。但该索引可以包含多个列(组合索引)，就像电话簿按姓氏和名字进行组织一样。聚集索引对于那些经常要搜索范围值的列特别有效。使用聚集索引找到包含第一个值的行后，便可以确保包含后续索引值的行在物理相邻。使用聚集索引能极大地提高查询性能。

非聚集索引与书本中的索引类似。数据存储在一个地方，索引存储在另一个地方，索引带有指针指向数据的存储位置。索引中的项目按索引键值的顺序存储，而表中的信息按另一种顺序存储(这可以由聚集索引规定)。如果在表中未创建聚集索引，则无法保证这些行具有任何特定的顺序。与使用书中索引的方式相似，DBMS 在搜索数据值时，先对非聚集索引进行搜索，找到数据值在表中的位置，然后从该位置直接检索数据。这使非聚集索引成为精确匹配查询的最佳方法。

建立索引的目的是为加快查询的速度，用户可以根据应用环境的需要，在基本表上建立一个或多个索引，以提供多种存取路径，加快查询的速度。一般来说，建立与删除索引只能由 DBA 或表的 OWNER 来完成，系统在存取数据时自动选择合适的索引作为存取的路径，用户不必也不可能选择索引。

1. 建立索引

在 SQL 语言中，建立索引使用 CREATE INDEX 语句。其一般格式为：

CREATE [UNIQUE] [CLUSTER] INDEX ＜索引名＞

ON ＜基本表名＞ (＜列名＞ [＜次序＞],[,＜列名＞ [＜次序＞]]…)；

说明：

(1) UNIQUE：规定索引的每一个索引值只对应于表中唯一的记录。

(2) CLUSTER：规定此索引为聚集索引。省略 CLUSTER，则表示创建的索引为非聚集索引。

(3) ＜次序＞：建立索引时指定列名的索引表是 ASC(升序)或 DESC(降序)。若不指定，默认为升序。

(4) 本语句建立的索引的排列方式为：先以第一个列名值排序；该列值相同的记录，按下一列名排序。

索引建立后,如果更新索引数据,会导致表中记录的物理顺序的变更,需要付出较大的代价,因此,对于经常更新的列不宜建立聚簇索引。索引可以建立在该表的一列或多列上,各列之间用逗号分隔。每个列名可以由用户规定索引的次序,有两种选择:ASC(升序)和 DESC(降序),默认值是 ASC。

2. 删除索引

格式:DROP INDEX ＜索引名＞;

建立索引的目的是为了减少查询操作的时间,但如果数据增加删改频繁,系统可能需要花费更多的时间来维护索引,这样,可以删除一些不必要的索引。

3.3 数据查询

查询是数据库的核心操作。SQL 语言提供 SELECT 语句进行数据库的查询。

3.3.1 SELECT 语句的一般格式

查询格式:

SELECT[ALL|DISTINCT] ＜目标列表达式＞ [,＜目标列表达式＞]…
FROM ＜表名或视图名＞[,＜表名或视图名＞]…
[WHERE ＜条件表达式＞]
[GROUP BY ＜列名 1＞ [HAVING ＜条件表达式＞]]
[ORDER BY ＜列名 2＞ [ASC|DESC]]

含义:根据 WHERE 子句的＜条件表达式＞,从 FROM 子句指定的基本表或视图中找出满足条件的元组,再按 SELECT 子句中的目标列表达式,选出元组中的属性值形成结果表。如果有 GROUP 子句,则将结果按＜列名 1＞的值进行分组,该属性列值相等的元组为一个组,每个组产生结果表中的一条记录。通常会在每组中作用聚集函数。如果 GROUP 子句带 HAVING 短语,则只有满足指定条件的组才予输出。如果有 ORDER 子句,则结果表还要按＜列名 2＞的值的升序或降序排序。

由于 SELECT 语句的成分多样,可以组合成非常复杂的查询语句。对于初学者来说,想要熟练地掌握和运用 SELECT 语句,必须下一番功夫。下面将通过大量的例子来介绍 SELECT 语句的功能。

在下面的例子中,将使用前面提到的学生_选课数据库及系_学生_选课_教授数据库。各表属性如下描述:

学生_选课数据库:

Student(Sno,Sname,Ssex,Sage,Sdept)

Course(Cno,Cname,Cpno,Ccredit)

SC(Sno,Cno,Grade)

系_学生_选课_教授数据库：
DEPT(DNO,DNAME,DEAN)
S(SNO,SNAME,SEX,AGE,DNO)
COURSE(CNO,CN,PCNO,CREDIT)
SC(SNO,CNO,SCORE)
PROF(PNO,PNAME,AGE,DNO,SAL)
PC(PCNO,CNO)

3.3.2　单表查询

1. 选择表中的若干列

选择表中的全部或部分列，相当于投影运算。

1）查询指定列

【例 3.5】　查询全体学生的学号和姓名。

```
SELECT Sno,Sname
FROM Student ;
```

【例 3.6】　查询全体学生的姓名、学号、所在系。

```
SELECT Sname,Sno,Sdept
FROM Student;
```

各个属性列的顺序与原来基本表中的顺序可以不一样，即查询结果与原来的存储顺序无关。

2）查询全部列

一种方法是在 SELECT 关键字后面列出所有的属性列，当然其顺序由用户自己确定；另一种方法是以 * 代表所有的属性列，属性列的显示顺序与原来存储顺序一样。

3）查询经过计算的值

用表达式代替 SELECT 关键字后面的属性列。

【例 3.7】　查询全体学生的姓名及其出生年份。

```
SELECT Sname,2016 - Sage
FROM Student ;
```

表达式既可以是算术表达式，也可以是字符串常量、函数等。

【例 3.8】　查询全体学生的姓名，出生年份和所在系名。其中系名以小写表示。

```
SELECT Sname,'出生年份',2016 - Sage,ISLOWER(Sdept)
FROM Student ;
```

执行结果：

Sname	出生年份	2016 - Sage	ISLOWER(Sdept)
赵一	出生年份	1996	cs
钱二	出生年份	1997	is
孙三	出生年份	1996	ma
李四	出生年份	1998	is

因此,用户可以通过指定别名来改变查询结果的列标题。如使用下面语句：

SELECT Sname NAME,‘出生年份:’ BIRTH ,2016 - Sage BIRTHDAY,ISLOWER(Sdept) DEPARTMENT FROM Student ;

执行结果：

NAME	BIRTH	BIRTHDAY	DEPARTMENT
赵一	出生年份	1996	cs
钱二	出生年份	1997	is
孙三	出生年份	1996	ma
李四	出生年份	1998	is

2. 选择表中若干元组

1) 消除取值重复的行

两个本来不相同的元组,通过投影操作,挑选出若干列后,可能变成相同的行。

【例 3.9】 查询选修了课程的学生学号。

```
SELECT Sno FROM SC ;
```

在得到的查询结果中,可能有很多重复的行。如果想去掉重复的行,必须指定DISTINCT 参数;如果不加本参数,系统默认为使用了 ALL 参数：

SELECT DISTINCT Sno FROM SC;

2) 查询满足条件的元组

使用参数 WHERE 来实现。WHERE 参数的语法成分如表 3.3 所列。

表 3.3 WHERE 参数的语法成分

运算符号	含 义
<、<=、>、>=、=、<> 、!>、!<	比较运算符
and,or,not	逻辑运算符
IN、NOT IN	判断属性值是否在一个集合内
BETWEEN…AND…、NOT BETWEEN…AND…	判断属性值是否在某个范围类
IS NUL、IS NOT NULL	判断属性值是否为空
LIKE、NOT LIKE	判断字符串是否匹配

(1) 比较大小。

【例 3.10】 查询计算机全体学生的名单。

```
SELECT Sname
FROM Student
WHERE Sdept = 'CS' ;
```

【例 3.11】 查询所有年龄在 20 岁以下的学生姓名及其年龄。

```
SELECT Sname,Sage
FROM Student
WHERE Sage<20 ;
```

上面的查询等同于：

```
SELECT Sname,Sage
FROM Student
WHERE NOT Sage> = 20 ;
```

【例 3.12】 查询考试成绩有不及格的学生学号(删去重复行)。

```
SELECT DISTINCT Sno
FROM SC
WHERE Grade<60 ;
```

(2) 确定范围。使用参数：BETWEEN(下限)…AND(上限)…和 NOT BETWEEN(上限)…AND(下限)…可以用来查询属性值在或不在指定范围的元组。

【例 3.13】 查询年龄在 20～23 岁之间的学生系别和年龄。

```
SELECT Sname,Sdept,Sage
FROM Student
WHERE Sage BETWEEN 20 AND 23 ;
```

(3) 确定集合。使用参数 IN 或 NOT IN 查找属于或不属于指定集合的元组。

【例 3.14】 查询信息系、数学系、计算机系的学生姓名和性别。

```
SELECT Sname,Ssex
FROM Student
WHERE Sdept IN ('IS','MA','CS') ;
```

(4) 字符匹配。使用参数 LIKE 来进行字符串的匹配。

格式：[NOT] LIKE <'匹配串'> [ESCAPE '<换码字符>']

功能：查找指定的属性列值与“匹配串”相匹配的元组。“匹配串”可以是一个完整的字符串，也可以含有通配符“%”和“_”。

“%”表示可以替换任意长度的字符串(≥0)；

“_”表示可以替换单个字符(=1)。

【例 3.15】 查询学号是16093101的学生详细情况。

```
SELECT *
FROM Student
WHERE Sno LIKE'16093101' ;
```

如果LIKE后面的匹配串中不含通配符,可以用“=”取代LIKE谓词,用“!=”或“<>”取代NOT LIKE谓词。

【例 3.16】 查询所有不姓刘的学生姓名。

```
SELECT Sname
FROM Student
WHERE Sname NOT LIKE '刘%' ;
```

如果要查询的字符串本身含有%或_,就要使用ESCAPE转义字符对通配符进行转义。

【例 3.17】 查询DB_Design课程的课程号和学分。

```
SELECT Cno,Cname
FROM Course
WHERE Cname LIKE'DB\_Design' ESCAPE '\' ;
```

意味着:换码字符“\”后面的“_”号不能理解为通配符,它是正常的“_”符号。

【例 3.18】 列出姓名以“张”打头的教师的所有信息。

```
SELECT * FROM PROF
WHERE PNAME LIKE“张%”
```

【例 3.19】 列出名称中含有4个字符以上,且倒数第3个字符是d,倒数第2个字符是_的教师的所有信息。

```
SELECT * FROM PROF
WHERE PNAME LIKE“% _D\__” ;
```

(5) 涉及空值的查询。

【例 3.20】 查询缺考的学号和相应的课程号。

```
SELECT Sno,Cno FROM SC
WHERE Grade IS NULL ;
```

上面语句中的IS不能用=代替。与查询条件相反的WHERE子句是:WHERE Grade IS NOT NULL。

(6) 多重条件查询。使用逻辑运算条款AND与OR可用来连接多个查询条件,AND的优先级高于OR。

【例 3.21】 查询年龄在20岁以下的计算机系的学生姓名。

```
SELECT Sname FROM Student
WHERE Sdept = 'CS' AND Sage<20 ;
```

3. 对查询结果进行排序

命令格式：ORDER BY 列名［ASC | DESC］默认为 ASC(升序)。

【例 3.22】 查询全体学生情况，查询结果按所在系的升序排列，同一系中的学生按年龄降序排列。

```
SELECT * FROM Student
ORDER BY Sdept (ASC),Sage DESC ;
```

【例 3.23】 按系名升序列出老师姓名，所在系名，同一系中老师按姓名降序排列。

```
SELECT DNAME,PNAME
FROM PROF,DEPT
WHERE PROF.DNO = DEPT.DNO
ORDER BY DNAME ASC,PNAME DESC ;
```

对于空值，若按升序排列，含空值的元组将排到最后；若按降序，则空值排到最前面，即认为空值为最大值。

4. 使用聚集函数

为了增强查询功能，SQL 提供了许多聚集函数。各实际 DBMS 提供的聚集函数不尽相同，但基本都提供以下几个：

COUNT(*)	统计查询结果中的元组个数
COUNT(<列名>)	统计查询结果中一个列上值的个数
MAX(<列名>)	计算查询结果中一个列上的最大值
MIN(<列名>)	计算查询结果中一个列上的最小值
SUM(<列名>)	计算查询结果中一个数值列上的总和
AVG(<列名>)	计算查询结果中一个数值列上的平均值

说明：

(1) 除 COUNT(*)外，其他聚集函数都会先去掉空值再计算。

(2) 在<列名>前加入 DISTINCT 保留字，会将查询结果的列去掉重复值再计算。

【例 3.24】 查询已选课的学生人数。

```
SELECT COUNT(DISTINCT Sno) FROM SC ;
```

【例 3.25】 查询选修了 1 号课程的学生最高分数。

```
SELECT MAX(Grade) FROM SC
WHERE Cno = '1' ;
```

5. 对查询结果进行分组

命令格式:GROUP BY 列名 [HAVING 条件表达式]

GROUP BY 将表中的元组按指定列上的值相等的原则分组,然后在每一分组上使用聚集函数,得到单一值。

HAVING 则对分组进行选择,只将聚集函数作用到满足条件的分组上。

【例 3.26】 求每个课程号及相应的选课人数。

```
SELECT Cno,COUNT(Sno)
FORM SC
GROUP BY Cno ;
```

【例 3.27】 列出各系老师的最高、最低、平均工资。

```
SELECT DNO,MAX(SAL),MIN(SAL),AVG(SAL)
FROM PROF
GROUP BY DNO
```

【例 3.28】 列出及格的学生的平均成绩。

```
SELECT Sno,AVG(Grade)
FROM SC
GROUP BY Sno HAVING MIN(Grade) > = 60
```

WHERE 子句与 HAVING 短语的区别在于作用对象不同。WHERE 子句作用于基本表或视图,从中选择满足条件的元组;HAVING 短语作用于组,从中选择满足条件的组。后者的作用粒度比前者要大。

3.3.3 连接查询

如果一个查询同时涉及两个以上的表,则称为连接查询。它包括:等值连接、自然连接、非等值连接查询、自身连接查询、外连接查询和复合条件连接查询。

1. 等值与非等值连接查询

用来连接两个表的条件称为连接条件或连接谓词。

格式:[<表名1>.]<列名1> <比较运算符> [<表名2>.]<列名2> 或:[<表名1>.]<列名1> BETWEEN [<表名2>.]<列名2> AND [<表名2>.]<列名3>

当连接运算符为"="时,称为等值连接,其他运算符称为非等值连接。

【例 3.29】 查询每个学生的选课情况。

因为涉及表 Student 和表 SC,通过公共属性 Sno 建立联系。

```
SELECT Student. * ,SC. *
FROM Student,SC
```

```
WHERE Student.Sno = SC.Sno ;
```

连接运算中有两种特殊的情况：自然连接和广义笛卡儿积（连接）。在等值连接中把目标列中重复的属性去掉，就称为自然连接。两个表的广义笛卡儿积是两个表中元组的交叉乘积，其结果中会产生一些没有意义的元组，所以这种运算在实际中很少使用。

2. 自身连接查询

连接操作既可以在两个不同的表之间进行，也可以将一个表与其自身进行连接，这种情况称为表的自身连接。为了区分两个表，需要给表取不同的别名。

【例 3.30】 查询每一门课的间接先行课（即先行课的先行课）。

```
SELECT First.Cno,Second.Cpno
FROM Course First,Course Second
WHERE First.Cpno = Second.Cno ;
```

3. 外连接查询

有时在两个表（A 和 B）间进行连接时，表 A 中的某元组 a 可能在表 B 中就没有对应的元组，但有时也需要将这些元组表示出来，这时可以采用外连接的方法来解决。外连接的表示方法为：在连接谓词的某一边加符号 * ，外连接就好象是为符号 * 所在一边的表增加了一个“万能行”，这个行全部由空值组成，它可以与另一个表中所有不满足连接条件的元组进行匹配。如果外连接符出现在连接条件的右边，则称其为右外连接；如果外连接符出现在连接条件的左边，则称其为左外连接。

【例 3.31】 查询所有已选课学生（无论是否有成绩）的学号、姓名、年龄、系别、课程号和成绩。

```
SELECT Student.Sno,Sname,Ssex,Sage,Sdept,Cno,Grade
FROM Student,SC
WHERE Student.Sno = SC.Sno( * ) ;
```

4. 复合条件连接查询

WHERE 子句后可以跟多个条件，这种跟多个条件的连接称为复合条件连接。使用连接词 AND 实现。

【例 3.32】 查询选修 2 号课程且成绩在 90 分以上的所有的学生。

```
SELECT Student.Sno,Sname
FROM Student,SC
WHERE Student.Sno = SC.Sno AND SC.Cno = '2' AND SC.Grade > 90 ;
```

【例 3.33】 找出工资低于 500 的职工的姓名、工资、系别。

```
SELECT PNAME,SAL,DNAME
FROM PROF,DEPT
```

```
WHERE SAL < 500 AND PROF.DNO = DEPT.DNO;
```

【例3.34】 列出教授“哲学”课程老师的教工号及姓名。

```
SELECT PROF. PNO,PNAME
FROM PROF,PC,COURSE
WHERE PROF.PNO = PC.PNO AND PC.CNO = COURSE.CNO AND COURSE.CNAME =“哲学”;
```

连接操作可以是两个不同表的连接、一个表与其自身的连接、多个表进行的连接(或称为多表连接)。

3.3.4 嵌套查询

在SQL语言中,一个SELECT-FROM-WHERE语句称为一个查询块。将一个查询块嵌套在另一个查询块的WHERE子句或HAVING短语中的查询称为嵌套查询或子查询。根据不同的场合使用不同的谓词实现。

【例3.35】 查询选修了课程号为2的学生的姓名。

```
SELECT Sname FROM Student
WHERE Sno IN
(SELECT Sno
FROM SC
WHERE Cno = '2');
```

说明:在这个例子中,下层查询块是嵌套在上层查询块的WHERE条件中的。上层的查询块又称为外层查询或父查询或主查询,下层查询块又称为内层查询或子查询。SQL语言允许多层嵌套查询,即一个子查询中还可以嵌套其他子查询。需要特别指出的是:子查询的SELECT语句中不能使用ORDER BY子句,ORDER BY子句永远只能对最终查询结果排序。

嵌套查询的求解方法是由里向外处理的。嵌套查询使得可以用一系列简单查询构成复杂的查询,从而明显地增强了SQL的查询能力。

1. 带有IN谓词的子查询

带有IN谓词的子查询是指父查询与子查询之间用IN进行连接,判断某个属性列值是否在子查询的结果中。在嵌套查询中,由于子查询的结果往往是一个集合,所以谓词IN是嵌套查询中最经常使用的谓词。

【例3.36】 查询选修了001号和002号课程的学生学号。

```
SELECT Sno
FROM SC
WHERE SC.Cno = '001' AND Sno IN
( SELECT Sno FROM SC WHERE Cno = '002');
```

【例 3.37】 查询与“刘晨”在同一个系学习的学生。

```
SELECT Sno,Sname,Sdept
FROM Student
WHERE Sdept IN
( SELECT Sdept FROM Student
WHERE Sname = '刘晨' );
```

本例中的查询也可以用表的自身连接查询来完成：

```
SELECT Sno,Sname,Sdept
FROM Student S1,Student S2
WHERE S1.Sdept = S2.Sdept AND S2.Sname = '刘晨' ;
```

因此,实现同一个查询可以用多种方法,不同的方法其执行效率可能会有差别,甚至会差别很大。

【例 3.38】 查询选修了课程名为“信息系统”的学生学号和姓名。

```
SELECT Sno,Sname
FROM Student
WHERE Sno IN
(SELECT Sno FROM SC
WHERE Cno IN
(SELECT Cno FROM Course
WHERE Cname = '信息系统'));
```

本查询同样可以用连接查询实现：

```
SELECT Sno,Sname
FROM Student,SC,Course
WHERE Student.Sno = SC.Sno AND SC.Cno = Course.Cno AND Course.Cname = '信息系统' ;
```

上例中的子查询都只执行一次,其结果作用于父查询,子查询的查询条件不依赖于父查询,这类子查询称为不相关子查询。不相关子查询是最简单的一类子查询。

2. 带有比较运算符的子查询

带有比较运算符的子查询是指父查询与子查询之间用比较运算符进行连接。当用户能确切地知道内层查询返回的是单值时,可以用＞、＜、＝、＞＝、＜＝、! ＝或＜＞等比较运算符。需要注意的是,子查询一定要跟在比较符之后。

【例 3.39】 查询比学号 16093101 大 3 岁的学生的学号、姓名和年龄。

```
SELECT Sno,Sname,Sage
FROM Student
WHERE (Sage - 3) =
(SELECT Sage
```

```
FROM Student
WHERE Sno = '16093101');
```

【例 3.40】 查询选修了课程名为“信息系统”的学生学号和姓名。

信息系统的课程号是唯一的,但选修该课程的学生并不只一个,所以也可以用=运算符和 IN 谓词共同完成。

```
SELECT Sno,Sname
FROM Student
WHERE Sno IN
(SELECT Sno FROM SC
WHERE Cno =
(SELECT Cno FROM Course WHERE Cname = '信息系统'));
```

3. 带有 ANY/ALL/SOME 谓词的子查询

子查询返回单值时可以用比较运算符;而使用 ANY 或 ALL 谓词时,则必须同时使用比较运算符。表 3.4 给出了这些谓词的使用说明。

表 3.4 ALL 和 ANY 的使用

谓 词	含 义
> ANY	只要大于其中一个即可
> ALL	必须大于所有结果
< ANY	只要小于其中一个即可
< ALL	必须小于所有结果
>= ANY	只要大于或等于其中一个即可
>= ALL	必须大于或等于所有结果
<= ANY	只要小于或等于其中一个即可
<= ALL	必须小于或等于所有结果
= ANY	只要等于其中一个即可
<> ANY	只要于其中一个不等即可
<> ALL	必须于所有结果都不等

【例 3.41】 查询成绩至少比选修了 C02 号课程的一个学生成绩低的学生学号。

```
SELECT sno
FRO MSC
WHEREGrade < ANY
    (SELECT Grade
    FROM SC
    WHERE Cno = 'c02')
```

```
ANDCno <> 'c02'/ * 注意这是父查询块中的条件 * /
```

ANY 运算符表示至少一或某一，因此使用“<ANY”就可表示至少比某集合其中一个少的含义。实际上，比最大的值小就等价于“<ANY”。该例子也可用聚合函数 MAX 来做：

```
SELECT Sno
FROM SC
WHERE Grade <
    (SELECT MAX(Grade)
    FROM SC
    WHERE Cno  = 'c02')
AND Cno <> 'c02'
```

【例 3.42】 查询成绩比所有选修了 C02 号课程的学生成绩低的学生学号。

```
SELECT Sno
FROM SC
WHERE Grade < ALL
    (SELECT Grade
    FROM SC
    WHERE Cno  = 'c02')
AND Cno <> 'c02'
```

ALL 运算符表示所有或者每个，因此使用“<ALL”就可表示至少比某集合所有都少的含义。实际上，比最小的值小就等价于“<ALL”。该例子也可用聚合函数 MIN 来做：

```
SELECT sno
FROM SC
WHERE Grade < ANY
    (SELECT Grade
    FROM SC
    WHERE Cno  = 'c02')
AND Cno<>'c02'   / * 注意这是父查询块中的条件 * /
```

事实上，用聚集函数实现子查询通常比直接用 ANY 或 ALL 查询效率要高。

4. 带有 EXISTS 谓词的子查询

带有 EXISTS 谓词的子查询不返回任何实际数据，它只产生逻辑真值“TRUE”或逻辑假值“FALSE”。

【例 3.43】 查询所有选修了 1 号课程的学生姓名。

查询所有选修了 1 号课程的学生姓名涉及 Student 关系和 SC 关系。我们可以在 Student 关系中依次取每个元组的 Sno 值，用此 Student. Sno 值去检查 SC 关系。

若 SC 中存在这样的元组,其 SC. Sno 值等于用来检查的 Student. Sno 值,并且其 SC. Cno='1',则取此 Student. Sname 送入结果关系。

将此想法写成 SQL 语句就是:

```
SELECT Sname
FROM Student
WHERE EXISTS
(SELECT * FROM SC
WHERE Sno = Student.Sno AND Cno = '1') ;
```

使用存在量词 EXISTS 后,若内层查询结果非空,则外层的 WHERE 子句返回真值,否则返回假值。

由 EXISTS 引出的子查询,其目标列表达式通常都用 *。因为带 EXISTS 的子查询只返回真值或假值,给出列名亦无实际意义。

这类查询与我们前面的不相关子查询不同。本例中子查询的查询条件依赖于外层父查询的某个属性值(在本例中是依赖于 Student 表的 Sno 值),这类查询称为相关子查询(correlated subquery)。相关子查询的内层查询由于与外层查询有关,因此必须反复求值。从概念上讲,相关子查询的一般处理过程是:首先取外层查询中 Student 表的第一个元组,根据它与内层查询相关的属性值(即 Sno 值)处理内层查询。若 WHERE 子句返回值为真(即内层查询结果非空),则取此元组放入结果表。然后,再检查 Student 表的下一个元组。重复这一过程,直至 Student 表全部检查完毕为止。

【例 3.44】 查询选修了 001 号和 002 号课程的学生学号。

```
SELECT Sno
FROM SC SC1
WHERE SC1.CNO = '001' AND EXISTS
( SELECT Sno
FROM SC SC2
WHERE SC2. Cno = '002' AND SC2.Sno = SC1.Sno) ;
```

IN 后的子查询与外层查询无关,每个子查询执行一次,而 EXISTS 后的子查询与外层查询有关,需要执行多次。与 EXISTS 谓词相对应的是 NOT EXISTS 谓词。使用存在量词 NOT EXISTS 后,若内层查询结果为空,则外层的 WHERE 子句返回真值;否则,返回假值。

【例 3.45】 查询所有未修 1 号课程的学生姓名。

```
SELECT Sname FROM Student
WHERE NOT EXISTS
( SELECT * FROM SC
WHERE Sno = Student.Sno AND Cno = '1');
```

一些带 EXISTS 或 NOT EXISTS 谓词的子查询不能被其他形式的子查询等价替换，但所有带 IN 谓词、比较运算符、ANY 和 ALL 谓词的子查询都能用带 EXISTS 谓词的子查询等价替换。

【例 3.46】 查询与“刘晨”在同一个系学习的学生。

```
SELECT Sno,Sname,Sdept
FROM Student S1
WHERE EXISTS
( SELECT * FROM Student S2
WHERE S2.Sdept = S1.Sdept AND S2.Sname = '刘晨' ) ;
```

由于带 EXISTS 量词的相关子查询只关心内层查询是否有返回值，并不需要查具体值，因此其效率并不一定低于不相关子查询，甚至有时是最高效的方法。

SQL 语言中没有全称量词 ∀ (For all)，因此必须利用谓词演算将一个带有全称量词的谓词转换为等价的带有存在量词的谓词。

【例 3.47】 查询选修了全部课程的学生姓名。

由于没有全称量词，可将题目的意思转换成等价的存在量词的形式：查询这样的学生姓名，没有一门课程是他不选的。该查询涉及三个关系：存放学生姓名的 Student 表、存放所有课程信息的 Course 表、存放学生选课信息的 SC 表。其 SQL 语句为：

```
SELECT Sname FROM Student
WHERE NOT EXISTS
(SELECT * FROM Course
WHERE NOT EXISTS
(SELECT * FROM SC
WHERE Sno = SC.Sno AND Cno = C.Cno )) ;
```

SQL 语言中也没有蕴函(Implication)逻辑运算，因此也必须利用谓词演算将一个逻辑蕴涵的谓词转换为等价的带有存在量词的谓词。

【例 3.48】 查询至少选修了学生 16093102 选修的全部课程的学生学号。

本题的查询要求可以作如下解释：查询这样的学生，凡是 16093102 选修的课，他都选修了。换句话说，若有一个学号为 x 的学生，对所有的课程 y，只要学号为 16093102 的学生选修了课程 y，则 x 也选修了 y；那么就将他的学号选出来。它所表达的语义为：不存在这样的课程 y，学生 16093102 选修了 y，而学生 x 没有选。用 SQL 语言可表示如下：

```
SELECT DISTINCT Sno FROM SC SCX
WHERE NOT EXISTS
( SELECT * FROM SC SCY
WHERE SCY.Sno = '16093102' AND NOT EXISTS
```

```
( SELECT * FROM SC SCZ
WHERE SCZ.Sno = SCX.Sno AND SCZ.Cno = SCY.Cno) );
```

3.4 数据更新

数据更新主要包括:插入数据、修改数据、删除数据。

3.4.1 插入数据

SQL 的数据插入利用谓词 INSERT 完成。插入有两种方式:插入一个元组和插入多个元组。

1. 插入元组

格式:INSERT INTO <表名> [<列名 1 [,<列名 2>]…] VALUES (<值 1> [,<值 2>]…) ;

功能:插入一个指定好值的元组。如果某些属性列在 INTO 子句中没有出现,则新记录在这些列上将取空值;但所有在表定义中注明为 NOT NULL 的属性列不能取空值,否则会出错。如果 INTO 子句中没有指明任何列名,则新插入的记录必须在每个属性列上均有值。

【例 3.49】 在教师表(PROF)中插入一条新记录(P123,“王明”,35,D08,498)。

```
INSERT INTO PROF VALUES ( P123,“王明”,35,D08,498 ) ;
```

【例 3.50】 在教师表(PROF)中插入只有教工号、姓名、系号的新记录(P123,“王明”,D08)。

```
INSERT INTO PROF (PNO,PNAME,DNO) VALUES ( P123,“王明”,D08 ) ;
```

2. 插入子查询结果

格式:INSERT INTO <表名>[(列名 1 [,列名 2]…] (子查询)

功能:插入子查询结果中的若干个元组。

【例 3.51】 将平均成绩大于 90 的学生加入到表 EXCELLENT 中(假设 EXCELLENT 表结构已建好)。

```
INSERT INTO EXCELLENT ( SNO,GRADE)
SELECT Sno,AVG(Grade)
FROM SC
GROUP BY (Sno) HAVING AVG(Grade) > 90
```

3.4.2 修改数据

格式:

UPDATE ＜表名＞
SET ＜列名 1＞=＜表达式 1＞ [,＜列名 2＞=＜表达式 2＞]…
[WHERE ＜条件＞] ;

功能:修改指定表中满足 WHERE 子句条件的元组。其中 SET 子句用于指定修改的属性列,＜表达式＞的值用于取代相应的属性列的值。如果省略 WHERE 子句,则表示要修改表中的所有元组。

1. 修改某一个元组的值

【例 3.52】 将学生 16093103 的年龄改为 22 岁。

```
UPDATE Student SET Sage = 22 WHERE Sno = '16093103';
```

2. 修改多个元组的值

【例 3.53】 将所有学生的年龄增加 1 岁。

```
UPDATE Student SET Sage = Sage + 1;
```

【例 3.54】 将每个老师的工资上调 5%。

```
UPDATE PROF SET SAL = SAL * 1.05;
```

3. 带子查询的修改语句

子查询也可以嵌套在 UPDATE 语句中,用以构造执行修改操作的条件。

【例 3.55】 将 D01 系系主任的工资改为该系的平均工资。

```
UPDATE PROF
SET SAL =
( SELECT AVG(SAL)
FROM PROF WHERE DNO = 'D01')
WHERE PNAME =
( SELECT DEAN FROM DEPT
WHERE DNO = 'D01') ;
```

4. 修改操作与数据库的一致性

UPDATE 语句一次只能操作一个表,这会引起一些问题。

例如,学号为 16093104 的学生因病休学了一年,复学后需要将其学号改为 16093184。由于 Student 表和 SC 表都有关于 16093104 的信息,因此两个表都需要修改,这种修改需要通过两条 UPDATE 语句进行。

第一条 UPDATE 语句修改 Student 表:

UPDATE Student SET Sno='16093184' WHERE Sno='16093104' ;

第二条 UPDATE 语句修改 SC 表:

UPDATE SC SET Sno='16093184' WHERE Sno='16093104';

在执行了第一条UPDATE语句之后,数据库中的数据已处于不一致状态,因为这时实际上已没有学号为16093104的学生了,但SC表中仍然记录着关于16093104学生的选课信息,即数据的参照完整性受到破坏。只有执行了第二条UPDATE语句之后,数据才重新处于一致状态。但如果执行完一条语句之后,机器突然出现故障,无法再继续执行第二条UPDATE语句,则数据库中的数据将永远处于不一致状态。因此必须保证这两条UPDATE语句要么都做,要么都不做。

为解决这一问题,数据库系统通常都引入了事务(transaction)的概念,我们将在第8章详细介绍。

3.4.3 删除数据

SQL提供了DELETE语句用于删除每一个表中的一行或多行记录。要注意区分DELETE语句与DROP语句。DROP是数据定义语句,作用是删除表或索引的定义。当删除表定义时,连同表所对应的数据都被删除;DELETE是数据操纵语句,只是删除表中的某些记录,不能删除表的定义。

格式:

DELETE FROM <表名>

[WHERE 条件表达式]

功能:从表中删除符合条件的元组,如果没有WHERE语句,则删除所有元组。使用这种方法可以删除表中的所有数据,但并不能删除表的结构。因为表结构的定义存放在数据字典中。

1. 删除某一个元组的值

【例3.56】 删除学号为16093105的学生记录。

```
DELETE FROM Student WHERE Sno = '16093105' ;
```

DELETE操作一次只能操作一个表,因此同样会遇到UPDATE操作中提到的数据不一致问题。比如16093105学生被删除后,有关他的选课信息也应同时删除,而这必须另用一条独立的DELETE语句来完成。

2. 删除多个元组的值

【例3.57】 删除所有的学生选课记录。

```
DELETE FROM SC ;
```

这条DELETE语句将使SC成为空表,它删除了SC的所有元组。

3. 带子查询的删除语句

子查询同样也可以嵌套在DELETE语句中,用以构造执行删除操作的条件。

【例3.58】 删除计算机科学系所有学生的选课记录。

```
DELETE FROM SC
WHERE 'CS' =
( SELETE Sdept FROM Student,SC
WHERE Student.Sno = SC.Sno );
```

【例 3.59】 删除王明老师所有的任课记录。

```
DELETE FROM PC WHERE PNO IN
(SELECT PNO FROM PROF
WHERE PNAME =“王明”);
```

小　结

SQL 是关系数据库标准语言，已在众多的 DBMS 产品中得到支持。SQL 的主要功能包括：数据定义、数据查询、数据操纵和数据控制。

SQL 数据定义包括对基本表、视图、索引的创建和删除。

SQL 数据查询可以分为单表查询和多表查询。多表查询的实现方式有连接查询和子查询，其中子查询可分为相关子查询和非相关子查询。在查询语句中可以利用表达式、函数，以及分组操作 GROUP BY、HAVING、排序操作 ORDER BY 等进行处理。查询语句是 SQL 的重要语句，它内容复杂，功能丰富，读者要通过上机实践才能逐步掌握。

SQL 数据操纵包括数据的插入、删除、修改等操作。SQL 还提供了完整性约束机制。

习　题

1. 试述 SQL 语言的特点。
2. 试述 SQL 的定义功能。
3. 用 SQL 语句建立第 2 章习题 6 中的 4 个表。
4. 针对上题中建立的 4 个表，试用 SQL 语言完成第 2 章习题 6 中的查询。
5. 针对习题 4 中的 4 个表，试用 SQL 语言完成下列各项操作：

(1) 找出所有供应商的姓名和所在城市。
(2) 找出所有零件名称、颜色、重量。
(3) 找出使用供应商 S1 所供应零件的工程号码。
(4) 找出工程项目 J2 使用的各种零件的名称及其数量。
(5) 找出上海厂商供应的所有零件号码。
(6) 找出使用上海产的零件的工程名称。
(7) 找出没有使用天津产的零件的工程号码。

(8) 把全部红色零件的颜色改成蓝色。

(9) 由S5供给J4的零件P6改为由S3供应,请作必要的修改。

(10) 从供应商关系中删除S2的记录,并从供应情况关系中删除相应的记录。

6. 设有工资表GZ、部门表DM,如表3.5和表3.6所列。请用SQL语言编写程序计算出每人的实发工资,并将该单位的各部门各项工资合计和不分部门各项工资总合计存放于另一个表SGZ中,如表3.7所列。

表3.5 GZ表

部门号	职工编号	姓 名	工 资	补 贴	其 他	补发工资
02	01	A				
01	02	B				
…	…					
02	02					
…	…					

表3.6 DM表

部门号	部门名
01	A部门
02	B部门
…	

表3.7 SGZ表

部门号	部门名	工 资	补 贴	其 他	补发工资
01					
02					
…					
总合计					

7. 设在图书应用系统中有三个基本表,表结构分别为:

BORROWER(借书证号,姓名,系名,班级)

BOOKS(索书号,书名,作者,图书馆登记号,出版社,价格)

LOANS(借书证号,图书馆登记号,借书日期)

请用SQL语句完成下列两个查询:

(1) 检索至少借了5本书的同学的借书证号、姓名、系名和借书数量。

(2) 检索借书与王丽同学所借图书中的任意一本相同的学生姓名、系名、书名和借书日期。

第4章　数据库的安全性

【学习内容】

1. 计算机系统的安全性
2. 计算机系统评测标准
3. 数据库安全控制技术

安全性问题是计算机系统中普遍存在的一个问题，在数据库系统中显得尤为突出。原因在于数据库系统中大量数据集中存放，而且被许多最终用户直接共享。数据库系统建立在操作系统之上，操作系统是计算机系统的核心，因此数据库系统的安全性与计算机系统的安全性息息相关。

数据库的安全性和计算机系统的安全性，包括计算机软件、操作系统、网络系统等的安全性，是紧密联系、相互支持的，因此在讨论数据库的安全性之前，要先讨论计算机系统安全性的一些问题。

4.1　安全性概述

4.1.1　计算机系统的安全性

所谓计算机系统的安全性，是指为计算机系统建立和采取的各种安全保护措施，以保护计算机系统中的硬件、软件及数据，防止其因偶然或恶意的原因使系统遭到破坏，数据遭到更改或泄露等。计算机安全不仅涉及计算机系统本身的技术问题、管理问题，还涉及法学、犯罪学、心理学的问题。其内容包括计算机安全理论与策略；计算机安全技术、安全管理、安全评价、安全产品以及计算机犯罪与侦察、计算机安全法律、安全监察等。概括起来，计算机系统的安全性问题可分为三大类，即技术安全类、管理安全类和政策法律类。

技术安全是指计算机系统中采用具有一定安全性的硬件和软件来实现对计算机系统及其所存数据的安全保护。当计算机系统受到无意或恶意的攻击时仍能保证系统正常运行，保证系统内的数据不增加、不丢失不泄露。

技术安全之外的，如软硬件意外故障、场地的意外事故以及管理不善导致的计算机设备和数据介质的物理破坏、丢失等安全问题，视为管理安全。

政策法律类指政府部门建立的有关计算机犯罪、数据安全保密的法律道德准则和政策法规、法令。本书只讨论技术安全类。

4.1.2 可信计算机系统评测标准

随着计算机资源共享和网络技术应用的日益广泛和深入,特别是网络技术的发展,计算机安全性问题越来越得到人们的重视。对各种计算机及其相关产品和信息系统的安全性要求越来越高。为降低进而消除对系统的安全攻击,尤其是弥补原有系统在安全保护方面的缺陷,在计算机安全技术方面逐步发展建立了一套可信(trusted)计算机系统的概念和标准。只有建立了完善的、可信的安全标准,才能规范并指导安全计算机系统部件的生产,比较准确地测定产品的安全性能指标,满足民用和国防的需要。

在目前各国所引用或制定的一系列安全标准中,最重要的当推1985年美国国防部(DoD)正式颁布的《DoD可信计算机系统评估标准》(*Trusted Computer System Evaluation Criteria*,简记为TCSEC或DoD85,又称桔皮书)。制定这个标准的目的主要有:

(1) 提供一种标准,使用户可以对其计算机系统内敏感信息安全操作的可信程度作出评估;

(2) 给计算机行业的制造商提供一种可循的指导规则,使其产品能够更好地满足敏感应用的安全需求。

1991年4月,美国NCSC(国家计算机安全中心)颁布了《可信计算机系统评估标准——关于可信数据库系统的解释》(*Trusted Database Interpretation* 简记为TDI,即紫皮书),将TCSEC扩展到数据库管理系统。TDI中定义了数据库管理系统的设计与实现中需满足和用以进行安全性级别评估的标准。

根据计算机系统对各项指标的支持情况,TCSEC(TD1)将系统划分为四组七个等级,依次是D、C(C1、C2)、B(B1、B2、B3)、A(A1),按系统可靠或可信程度逐渐增高,如表4.1所列。

表4.1 TCSEC/TDI安全级别划分

安全级别	定 义
A1	验证设计(verified design)
B3	安全域(security domains)
B2	结构化保护(structural protection)
B1	标记安全保护(labeled security protection)
C2	受控的存取保护(controlled access protection)
C1	自主安全保护(discretionary security protection)
D	最小保护(minimal protection)

D 级，最低级别。保留 D 级的目的是为了将一切不符合更高标准的系统，统统归于 D 组，如 DOS 就是操作系统中安全标准为 D 的典型例子。它具有操作系统的基本功能，如文件系统、进程调度等，但在安全性方面几乎没有什么专门的机制来保障。

C1 级，只提供了非常初级的自主安全保护。能够实现对用户和数据的分离，进行自主存取控制(DAC)，保护或限制用户权限的传播。现有的商业系统往往稍作改进即可满足要求。

C2 级，实际是安全产品的最低档次，提供受控的存取保护，即将 C1 级的 DAC 进一步细化，以个人身份注册负责，并实施审计和资源隔离。很多商业产品已得到该级别的认证。达到 C2 级的产品在其名称中往往不突出“安全”(security)这一特色，如操作系统中 Microsoft 的 Windows NT 3.5，数字设备公司的 Open VMS VAX 6.0 和 6.1。数据库产品有 Oracle 公司的 Oracle 7，Sybase 公司的 Sceure SQL Server 11.0.6 等。在 SQL 中，受控的存取保护通过授权语句 GRANT 和 REVOKE 来实现。

B1 级，标记安全保护。对系统的数据加以标记，并对标记的主体和客体实施强制存取控制(MAC)以及审计等安全机制。B1 级能够较好地满足大型企业或一般政府部门对于数据的安全需求，这一级别的产品才认为是真正意义上的安全产品。满足此级别的产品前一般多冠以“安全”(security)或“可信的”(trusted)字样，作为区别于普通产品的安全产品出售。例如，操作系统方面，典型的有数字设备公司的 SEVMS VAX Version6.0、惠普公司的 HP－UX BLS release 9.0.9＋；数据库方面则有 Oracle 公司的 Trusted Oracle 7、Sybase 公司的 SQL Server 2000、Informix 公司的 Incorporated INFOIUMIX－OnLine/Secure 5.0 等。

B2 级，结构化保护。建立形式化的安全策略模型并对系统内的所有主体和客体实施 DAC 和 MAC。例如，符合 B2 标准的操作系统有 Trusted Information Systems 公司的 Trusted XENIX 产品，符合 B2 标准的网络产品有 Cryptek Secure Communications 公司的 LLC VSLAN 产品。

B3 级，安全域。该级的 TCB 必须满足访问监控器的要求，审计跟踪能力更强，并提供系统恢复过程。

A1 级，验证设计，即提供 B3 级保护的同时给出系统的形式化设计说明和验证，以确信各安全保护真正实现。

B2 级以上的系统标准更多地还处于理论研究阶段，产品化以至商品化的程度都不高，其应用也多限于一些特殊的部门，如军队等。但美国正在大力发展安全产品，试图将目前仅限于少数领域应用的 B2 级安全级别或更高安全级别下放到商业应用中来，并逐步成为新的商业标准。

可以看出，支持自主存取控制的 DBMS 大致属于 C 级，而支持强制存取控制的 DBMS 则可以达到 B1 级。当然，存取控制仅是安全性标准的一个重要方面(即安全策略方面)，不是全部。为了使 DBMS 达到一定的安全级别，还需要在其他三个方面提供相应的支持。例如,审计功能就是DBMS达到C2以上安全级别必不可少的一项指标。

国际标准化组织提出的CC(Common Criteria for IT Security Evaluation,ISO标准,1999)标准,其文本由三部分组成:简介及一般模型、安全功能要求、安全保证要求。

我国也于1999年颁布了国家标准,其标准与TCSEC标准相似。

4.1.3 数据库安全性控制

数据库的安全性是指保护数据库以防止不合法的使用所造成的数据泄露、更改或破坏。对数据库不合法的使用称为数据库的滥用。数据库的滥用可分为无意滥用和恶意滥用。无意滥用主要是指经过授权的用户操作不当引起的系统故障和数据库异常等现象。恶意滥用主要是指未经授权的读取数据(即偷窃信息)和未经授权的修改数据(即破坏数据)。

数据库的完整性尽可能地避免对数据库的无意滥用。数据库的安全性尽可能地避免对数据库的恶意滥用。

为了防止数据库的恶意滥用,可以在下述不同的安全级别上设置各种安全措施:

(1) 环境级。对计算机系统的机房和设备加以保护,防止物理破坏。

(2) 职员级。对数据库系统工作人员,加强劳动纪律和职业道德教育,并正确地授予其访问数据库的权限。

(3) 操作系统级。防止未经授权的用户从操作系统层着手访问数据库。

(4) 网络级。由于数据库系统允许用户通过网络访问,因此,网络软件内部的安全性对数据库的安全是很重要的。

(5) 数据库系统级。检验用户的身份是否合法,检验用户数据库操作权限是否正确。

系统安全保护措施是否有效是数据库系统的主要指标之一。数据库的安全性和计算机系统的安全性,包括操作系统、网络系统的安全性是紧密联系、相互支持的。数据库系统中一般采用视图、存取控制和数据加密等技术进行安全控制。本书将在下面三个小节一一叙述。

4.2 视　图

视图技术是当前数据库技术中保持数据库安全性的重要手段之一。通过为不同的用户定义不同的视图,可以将要保密的数据对无权存取的用户隐藏起来,从而自动给数据提供一定程度的安全保护。例如,给某个用户定义了一个只读视图,并且这个视图的数据来源于关系R,则此用户只能读R中的有关信息。

下面的例子将说明怎样应用视图技术,实现安全性要求。

【例 4.1】 允许一个用户查询学生表 STUDENT 的记录，但是只允许他查询计算机专业学生的情况。

```
CREATE VIEW STUDENT_SUBJECT
AS  SELECT 借书证号，姓名，专业名，性别，出生时间，借书数
From STUDENT
WHERE Sdept = 'CS'
```

使用这个视图 STUDENT_SUBJECT 的用户所能查询到的只是基本表 STUDENT 的一个“水平子表”，或称行子集。

视图是命名的、从基本表中导出的虚表，它在物理上并不存在，存在的只是它的定义。数据库只存放视图的定义，而不存放对应的数据，这些数据仍存放于原来的基本表中。视图中的数据是从基本表中导出的，每次对视图查询都要重新计算。同样，如果基本表中的数据发生了变化，从视图中查询出的数据也就随之发生变化。视图就如同一个窗口，透过这个窗口，用户可以看到数据库中自己感兴趣的数据及其变化。视图之上可以再定义视图。视图可以像基本表一样被查询和删除，但对于视图的更新操作有一定的限制。

视图有以下三个优点：

(1) 个性化服务。简化了用户观点，使不同用户可以从不同角度观察同一数据。

(2) 安全性。“知必所需”，限制用户数据的访问范围。

(3) 逻辑独立性。视图充作基本表与外模式之间的映象。

4.2.1 视图的定义

格式：CREATE VIEW <视图名>[（列名 1 [，列名 2] …）]

AS <子查询> [WITH CHECK OPTION]；

其中：<子查询>可以是任意复杂的 SELECT 语句，但通常不允许含有 ORDER BY 子句和 DISTINCT 短语。WITH CHECK OPTION 表示对视图进行 UPDATE、INSERT 和 DELETE 操作时，要保证更新、插入或删除的行应满足视图定义中的谓词条件（即子查询中的条件表达式）。

说明：

(1) 如果 CREATE VIEW 语句仅指定了视图名，省略了组成视图的各个属性列名，则隐含该视图由子查询中 SELECT 子句目标列中的诸字段组成。但在下列三种情况下必须明确指定组成视图的所有列名：

① 其中某个目标列不是单纯的属性名，而是聚集函数或列表达式；

② 多表连接时选出了几个同名列作为视图的字段；

③ 需要在视图中为某个列启用新的更合适的名字。

(2) 组成视图的属性列名必须依照上面的原则，或者全部省略或者全部指定，没

有第三种选择。

1. 在一个基本表上定义视图

【例4.2】 建立信息系学生的视图。

```
CREATE VIEW IS_Student
AS SELECT Sno,Sname,Sage
FROM Student
WHERE Sdept = 'IS' ;
```

实际上,DBMS执行CREATE VIEW语句的结果只是把对视图的定义存入数据字典,并不执行其中的SELECT语句。只有在对视图进行查询时,才按视图的定义从基本表中取出数据。

【例4.3】 建立信息系学生的视图,并要求进行修改和插入操作时仍保证该视图只有信息系的学生。

```
CREATE VIEW IS_Student AS SELECT Sno,Sname,Sage
FROM Student
WHERE Sdept = 'IS' WITH CHECK OPTION ;
```

由于在定义IS_Student视图时加上了WITH CHECK OPTION子句,以后对该视图进行插入、修改和删除操作时,DBMS会自动加上Sdept='IS'的条件。

【例4.4】 将Student表中所有女生记录定义为一个视图。

```
CREATE VIEW F_Student(stdnum,name,sex,age,dept) AS
SELECT *
FROM Student WHERE Ssex = '女' ;
```

这里视图F_Student是由子查询“SELECT *”建立的。该视图一旦建立,Student表就构成了视图定义的一部分。如果以后修改了基本表Student的结构,则Student表与F_Student视图的映像关系就受到破坏,因而该视图就不能正确工作了。为避免出现这类问题,可以采用下列两种方法:

(1) 建立视图时明确指明属性列名,而不是简单地用“SELECT *”,即:

```
CREATE VIEW F_Student(stdnum,name,sex,age,dept)
AS SELECT Sno,Sname,Ssex,Sage,Sdept
FROM Student
WHERE Ssex = '女' ;
```

这样,如果为Student表增加新列,原视图仍能正常工作,只是新增的列不在视图中而已。

(2) 在修改基本表之后删除原来的视图,然后重建视图。这是最保险的方法。

2. 在多个表上定义视图

【例4.5】 建立信息系选修了1号课程的学生的视图。

```
CREATE VIEW IS_S1(Sno,Sname,Grade) AS
SELECT Student.Sno,Sname,Grade
FROM Student,SC
WHERE Sdept = 'IS' AND Student.Sno = SC.Sno AND SC.Cno = '1';
```

【例 4.6】 建立计算机系的教师情况视图。

```
CREATE VIEW COMPUTER_PROF AS
SELECT PNO,PNAME,SAL
FROM PROF,DEPT
WHERE PROF.PNO  =  DEPT.PNO AND DEPT.DNAME  =“计算机系”;
```

3. 在视图上定义视图

【例 4.7】 建立信息系选修了 1 号课程且成绩在 90 分以上的学生的视图。

```
CREATE VIEW IS_S2 AS
SELECT Sno,Sname,Grade
FROM IS_S1
WHERE Grade> = 90;
```

本例中的视图 IS_S2 就是建立在视图 IS_S1 之上的。

4. 带虚拟列的视图

由于视图中的数据并不实际存储，所以定义视图时可以根据应用的需要，设置一些派生属性列。这些派生属性由于在基本表中并不实际存在，所以有时也称它们为虚拟列。带虚拟列的视图我们称为带表达式的视图。

【例 4.8】 定义一个反映学生出生年份的视图。

```
CREATE VIEW BT_S(Sno,Sname,Sbirth)
AS
SELECT Sno,Sname,2016 - Sage
FROM Student ;
```

由于 BT_S 视图中的出生年份值是通过一个表达式计算得到的，不是单纯的属性名，所以定义视图时必须明确定义该视图的各个属性列名。这时 Sbirth 就是一个虚拟列，BT_S 视图是一个带表达式的视图。

5. 带有聚集函数的视图

我们还可以用带有聚集函数和 GROUP BY 子句的查询来定义视图。这种视图称为分组视图。

【例 4.9】 将学生的学号及他的平均成绩定义为一个视图。

我们假设 SC 表中“成绩”列 Grade 为数字型，否则无法求平均值。

```
CREAT VIEW S_G(Sno,Gavg) AS
```

```
SELECT Sno,AVG(Grade)
FROM SC GROUP BY Sno;
```

【例 4.10】 建立一个按系别分列的包括全体教师的最低工资、最高工资、平均工资和工资总和的工资汇总视图。

```
CREATE VIEW DEPTSAL( DNO,LOW,HIGH,AVERAGE,TOTAL ) AS
SELECT DNO,MIN(SAL),MAX(SAL),AVG(SAL),SUM(SAL)
FROM PROF GROUP BY DNO;
```

4.2.2 删除视图

格式:DROP VIEW <视图名> ;

一个视图被删除后,由此视图导出的其他视图也将失效,用户应该使用 DROP VIEW 语句将它们一一删除。

【例 4.11】 删除视图 IS_S1。

```
DROP VIEW IS_S1 ;
```

执行此语句后,IS_S1 视图的定义将从数据字典中删除。由 IS_S1 视图导出的 IS_S2 视图的定义虽仍在数据字典中,但该视图已无法使用了,因此应该同时删除。

4.2.3 视图的查询

视图在定义之后,用户就可以对视图进行查询了。DBMS 执行对视图的查询时,首先进行有效性检查,检查在查询时所涉及的表、视图等是否在数据库中存在。如果存在,则从数据字典中取出查询所涉及的视图的定义,把定义中的子查询和用户对视图的查询结合起来,转换成对基本表的查询,然后再执行这个经过修正的查询。将对视图的查询转换为对基本表的查询的过程称为视图消解(view resolution)。

【例 4.12】 在信息系学生的视图中找出年龄小于 20 岁的学生。

```
SELECT Sno,Sage
FROM IS_Student
WHERE Sage<20 ;
```

DBMS 执行此查询时,将其与 IS_Student 视图定义中的子查询“SELECT Sno,Sname,Sage FROM Student WHERE Sdept="IS" ;”结合起来,转换成对基本表 Student 的查询,修正后的查询语句为:

```
SELECT Sno,Sage
FROM Student
WHERE Sdept = "IS" AND Sage<20。
```

视图是定义在基本表上的虚表,它可以和其他基本表一起使用,实现连接查询或嵌套查询。

【例 4.13】　查询信息系选修了 1 号课程的学生。

```
SELECT Sno,Sname
FROM IS_Student,SC
WHERE IS_Student.Sno = SC.Sno AND SC.Cno = '1' ;
```

本查询涉及虚表 IS_Student 和基本表 SC,通过这两个表的连接来完成用户请求。

4.2.4　更新视图

更新视图包括插入(INSERT)、删除(DELETE)和修改(UPDATE)三类操作。由于视图是不实际存储数据的虚表,因此对视图的更新,最终要转换为对基本表的更新。为防止用户通过视图对数据进行增加、删除和修改时无意或故意操作不属于视图范围内的基本表数据,可在定义视图时加上 WITH CHECK OPTION 子句。这样在视图上增加、删除和修改数据时,DBMS 会进一步检查视图定义中的条件。若不满足条件,则拒绝执行该操作。

【例 4.14】　将信息系学生视图 IS_Student 中学号为 16093106 的学生姓名改为“刘辰”。

```
UPDATE IS_Student SET Sname = '刘辰'
WHERE Sno = '16093106' ;
```

与查询视图类似,DBMS 执行此语句时,首先进行有效性检查,检查所涉及的表、视图等是否在数据库中存在。如果存在,则从数据字典中取出该语句涉及的视图的定义,把定义中的子查询和用户对视图的更新操作结合起来,转换成对基本表的更新,然后再执行这个经过修正的更新操作。转换后的更新语句为:

```
UPDATE Student
SET Sname = '刘辰'
WHERE Sno = '16093106' AND Sdept = 'IS' ;
```

【例 4.15】　向信息系学生视图 IS_Student 中插入一个新的学生记录,其中学号为 16093149,姓名为赵新,年龄为 20 岁。

```
INSERT INTO IS_Student VALUES( '16093149','赵新',20 ) ;
```

DBMS 将其转换为对基本表的更新:

```
INSERT INTO Student( Sno,Sname,Sage,Sdept )
VALUES( '16093149','赵新',20,'IS' );
```

这里系统自动将系名“IS”放入 VALUES 子句中。

【例 4.16】 删除学生视图 IS_Student 中学号为 16093149 的记录。

```
DELETE FROM IS_Student WHERE Sno = '16093149' ;
```

DBMS 将其转换为对基本表的更新:

```
DELETE FROM Student
WHERE Sno = '16093149' AND Sdept = 'IS' ;
```

注意:在 DBMS 中,并不是所有的视图都是可更新的,因为有些视图的更新不能唯一地有意义地转换成对相应基本表的更新。

如 DB2 中规定:

(1) 若视图是由两个以上基本表导出的,则此视图不允许更新。

(2) 若视图的属性来自表达式或常数,则不允许对此视图执行 INSERT 和 UPDATE 操作,但允许执行 DELETE 操作。

(3) 若视图的属性来自聚集函数,则此视图不允许更新。

(4) 若视图定义中含有 GROUP BY 子句,则此视图不允许更新。

(5) 若视图定义中含有 DISTINCT 短语,则此视图不允许更新。

(6) 若视图定义中有嵌套查询,并且内层查询的 FROM 子句中涉及的表也是导出该视图的基本表,则此视图不允许更新。

【例 4.17】 将成绩在平均成绩之上的元组定义成一个视图 GOOD_SC。

```
CREATE VIEW GOOD_SC AS
SELECT Sno,Cno,Grade FROM SC
WHERE Grade >
( SELECT AVG(Grade) FROM SC) ;
```

导出视图 GOOD_SC 的基本表是 SC,内层查询中涉及的表也是 SC,所以视图 GOOD_SC 是不允许更新的。

(7) 一个不允许更新的视图上定义的视图也不允许更新。

应该指出的是,不可更新的视图与不允许更新的视图是两个不同的概念。前者指理论上已证明其是不可更新的视图;后者指实际系统中不支持其更新,但它本身有可能是可更新的视图。

4.2.5 视图的作用

视图最终是定义在基本表之上的,对视图的一切操作最终也要转换为对基本表的操作,而且对于非行列子集视图进行查询或更新时还有可能出现问题。既然如此,为什么还要定义视图呢?这是因为合理使用视图能够带来许多好处:

(1) 视图能够简化用户的操作。视图机制使用户可以将注意力集中在所关心的数据上。如果这些数据不是直接来自基本表,则可以通过定义视图,使数据库结构简单、清晰，并且可以简化用户的数据查询操作。例如，那些定义了若干张表连接的视图，就将表与表之间的连接操作对用户隐蔽起来了。

(2) 视图使用户能以多种角度看待同一数据。视图机制能使不同的用户以不同的方式看待同一数据。当许多不同种类的用户使用同一个数据库时，这种灵活性是非常重要的。

(3) 视图对重构数据库提供了一定程度的逻辑独立性。数据的物理独立性是指用户和用户程序不依赖于数据库的物理结构。数据的逻辑独立性是指当数据库重构造时，如增加新的关系或对原有关系增加新的属性等，用户和用户程序不会受影响。在关系数据库中，数据库的重构造往往是不可避免的。重构数据库最常见的是将一个表"垂直"地分成多个表。

【例 4.18】 将学生关系：

Student(Sno,Sname,Ssex,Sage,Sdept)

分为两个关系：SX(Sno,Sname,Sage) 和 SY(Sno,Ssex,Sdept)。

这时原表 Student 为 SX 表和 SY 表自然连接的结果。如果我们建立一个视图 Student：

```
CREATE VIEW Student( Sno,Sname,Ssex,Sage,Sdept)
AS
SELECT SX.Sno,SX.Sname,SY.Ssex,SX.Sage,SY.Sdept
FROM SX,SY
WHERE SX.Sno = SY.Sno ;
```

这样尽管数据库的逻辑结构改变了，但应用程序并不必修改。因为新建立的视图定义了用户原来的关系，使用户的外模式保持不变，用户的应用程序通过视图仍然能够查找数据。

(4) 视图能够对机密数据提供安全保护。有了视图机制，就可以在设计数据库应用系统时，对不同的用户定义不同的视图，使机密数据不出现在不应看到这些数据的用户视图上，这样就由视图的机制自动提供了对机密数据的安全保护功能。例如，Student 表涉及三个系的学生数据，可以在其上定义三个视图，每个视图只包含一个系的学生数据，并只允许每个系的学生查询自己所在系的学生视图。

4.3 存取控制

数据库的安全性所关心的主要是 DBMS 的存取控制机制。数据库安全最重要的一点就是确保只授权给有资格的用户访问数据库的权限，同时令所有未被授权的人员无法接近数据。这主要通过数据库系统的存取控制机制实现。

存取控制机制主要包括两部分：

(1) 定义用户权限，并将用户权限登记到数据字典中。

(2) 合法权限检查。每当用户发出存取数据库的操作请求后(请求一般应包括操作类型、操作对象和操作用户等信息),DBMS就查找数据字典,根据安全规则进行合法权限检查。若用户的操作请求超出了定义的权限,系统将拒绝执行此操作。

用户权限定义和合法权检查机制一起组成了DBMS的安全子系统。

当前大型的DBMS一般都支持C2级中的自主存取控制(DAC),有些DBMS同时还支持B1级中的强制存取控制(MAC)。

在自主存取控制中,用户对于不同的数据对象有不同的存取权限;不同的用户对同一对象也有不同的权限,而且用户还可将其拥有的存取权限转授给其他用户,因此自主存取控制非常灵活。

在强制存取控制中,每一个数据对象被标以一定的密级,每一个用户也被授予某一个级别的许可证。对于任意一个对象,只有具有合法许可证的用户才可以存取,因此强制存取控制相对比较严格。

4.3.1 自主存取控制方法

大型数据库管理系统几乎都支持自主存取控制(Discretionary Access Control,简称DAC),目前的SQL标准也对自主存取控制提供支持。这主要通过SQL的GRANT语句和REVOKE语句来实现。

用户权限是由两个要素组成的:数据对象和操作类型。定义一个用户的存取权限就是要定义这个用户可以在哪些数据对象上进行哪些类型的操作。在数据库系统中,定义存取权限称为授权(authorization)。

用户权限定义中,数据对象范围越小,授权子系统就越灵活。例如,上面的授权定义可精细到属性,而有的系统只能对关系授权。授权粒度越细,授权子系统就越灵活;但系统定义与检查权限的开销也会相应地增大。衡量授权子系统精巧程度的另一个尺度是,能否提供与数据值有关的授权。上面的授权定义是独立于数据值的,即用户能否达到对某类数据对象执行的操作与数据值无关完全由数据名决定。反之,若授权依赖于数据对象的内容,则称为是与数据值有关的授权。

有的系统还允许存取谓词中引用系统变量,如一天中的某个时刻、某台终端设备号。这样用户只能在某台终端、某段时间内存取有关数据,这就是与时间和地点有关的存取权限。

自主存取控制能够通过授权机制有效地控制其他用户对敏感数据的存取。但是,由于用户对数据的存取权限是“自主”的,用户可以自由地决定将数据的存取权限授予何人,决定是否也将“授权”的权限授予别人。在这种授权机制下,仍可能存在数据的“无意泄露”。

4.3.2 强制存取控制方法

所谓强制存取控制(Mandatory Access Control,简称MAC)是指系统为保证更高程度的安全性，按照 TDI/TCSEC 标准中安全策略的要求，所采取的强制存取检查手段。它不是用户能直接感知或进行控制的。MAC 方法适用于那些对数据有严格而固定密级分类的部门，例如军事部门或政府部门。

在 MAC 中，DBMS 所管理的全部实体被分为主体和客体两大类。

主体是系统中的活动实体，既包括 DBMS 所管理的实际用户，也包括代表用户的各进程。客体是系统中的被动实体，是受主体操纵的，包括文件、基表、索引、视图等。对于主体和客体，DBMS 为它们每个实例（值）指派一个敏感度标记（label）。敏感度标记被分成若干级别，例如绝密（top secret）、机密（secret）、可信（confidential）、公开（public）等。主体的敏感度标记称为许可证级别（clearance level），客体的敏感度标记称为密级（classification level）。MAC 机制就是通过对比主体的 label 和客体的 label，最终确定主体是否能够存取客体。

当某一用户（或一主体）以标记 label 注册入系统时，系统要求他对任何客体的存取必须遵循如下规则：

（1）仅当主体的许可证级别大于或等于客体的密级时，该主体才能读取相应的客体。

（2）仅当主体的许可证级别等于客体的密级时，该主体才能写相应的客体。

规则 1 的意义是明显的，而规则 2 需要解释一下。在某些系统中，第 2 条规则与这里的规则有些差别。这些系统规定：仅当主体的许可证级别小于或等于客体的密级时，该主体才能写相应的客体，即用户可以为写入的数据对象赋予高于自己的许可证级别的密级。这样一旦数据被写入，该用户自己也不能再读该数据对象了。这两种规则的共同点在于它们均禁止了拥有高许可证级别的主体更新低密级的数据对象，从而防止了敏感数据的泄漏。强制存取控制（MAC）是对数据本身进行密级标记，无论数据如何复制，标记与数据是一个不可分的整体，只有符合密级标记要求的用户才可以操纵数据，从而提供了更高级别的安全性。

前面已经提到，较高安全性级别提供的安全保护要包含较低级别的所有保护，因此在实现 MAC 时要首先实现 DAC，即 DAC 与 MAC 共同构成 DBMS 的安全机制。系统首先进行 DAC 检查，对通过 DAC 检查的允许存取的数据对象再由系统自动进行 MAC 检查，只有通过 MAC 检查的数据对象方可存取。

4.3.3 SQL 存取控制机制

存取控制是通过某种途径允许或限制用户访问能力及范围的一种方法，存取控制的目的是使用户只能进行经过授权的相关数据库操作。

SQL 标准对自主存取控制提供了支持，主要是通过 GRANT（授权）语句和 REVOKE（回收）语句实现。

1. 关系中的用户权限

用户权限主要包括数据对象和操作类型两个要素。定义用户的存取权限称为授权,通过授权规定用户可以对哪些数据进行什么样的操作。表4.2列出了不同类型的数据对象的操作权限。

表4.2 数据对象类型和操作权限

数据对象	操作权限
表、视图、列	SELECT,INSERT,UPDATE,DELETE,ALL PRIVILEGE
基本表(TABLE)	ALTER,INDEX
数据库(DATABASE)	CREATE TABLE
表空间(TABLESPACE)	USE
系统	CREATE DATABASE

从表4.2可知,对于基本表、视图及表中的列,其操作权限有查询(SELECT)、插入(INSERT)、更新(UPDATE)、删除(DELETE)以及它们的总和ALL PRIVILEGE。对于基本表有修改其模式(ALTER)和建立索引(INDEX)的操作权限。对于数据库有建立基本表(CREATE TABLE)的权限,用户有了此权限就可以建立基本表,因此称该用户为表的所有者(OWNER),他拥有对此基本表的全部操作权限。对于表空间有使用(USE)数据库空间存储基本表的权限。系统权限(CREATE DATABASE)有建立新数据库的权限。

2. 授权(GRANT)语句

格式:GRANT<权限1>[,权限2,…]

[ON 对象类型 对象名称]

TO<用户1>[,用户2,…]

[WITH GRANT OPTION]

功能:将指定数据对象的指定权限授予指定的用户。

说明:WITH GRANT OPTION选项的作用是允许获得指定权限的用户把权限再授予其他用户;但是不允许循环授权,即不允许将得到的权限授予其祖先,如图4.1所示。

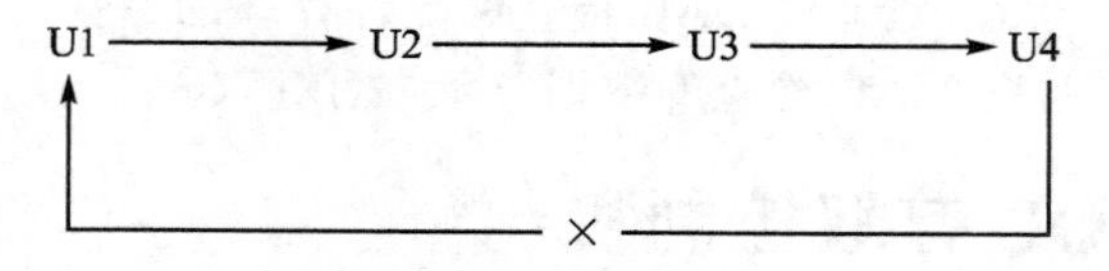

图4.1 不允许循环授权图示

下面通过例子来理解GRANT语句的数据控制功能。

【例4.19】 把对读者信息表(readers)中的列“姓名”修改和查询表的权限授予用户user1。

```
GRANT UPDATE(姓名),SELECT
ON TABLE readers
TO user1;
```

【例 4.20】 把对读者信息表 readers、图书表 books、借阅信息表 borrowinf 的查询、修改、插入和删除等全部权限授予用户 user1 和用户 user2。

```
GRANT ALL   PRIVILIGES
ON TABLE   readers,books,borrowinf
TO user1,user2;
```

【例 4.21】 把对表 books 的查询权限授予所有用户。

```
GRANT SELECT
ON TABLE books
TO PUBLIC;
```

【例 4.22】 把在数据库 MyDB 中建立表的权限授予用户 user2。

```
GRANT CREATE TABLE
ON DATABASE MyDB
TO user2;
```

【例 4.23】 把对表 readers 的查询权限授予用户 user3,并给用户 user3 有再授予的权限。

```
GRANT SELECT
ON TABLE readers
TO user3   WITH GRANT OPTION;
```

【例 4.24】 用户 user3 把查询 readers 表的权限授予用户 user4。

```
GRANT SELECT
ON TABLE readers
TO user4;
```

3. 回收(REVOKE)语句

格式:REVOKE 权限 1[,权限 2…]　[ON 对象类型对象名]

FROM 用户 1[,用户 2…];

功能:把已经授予指定用户的指定权限收回。

【例 4.25】 把用户 user1 修改读者姓名的权限收回。

```
REVOKE UPDATE(姓名)ON TABLE readers FROM user1;
```

【例 4.26】 把用户 user3 查询 readers 表的权限收回。

```
REVOKE SELECT ON TABLE readers FROM user3;
```

在例 4.23 中授予用户 user3 可以将获得的权限再授予的权限,而在例 4.24 中用户 user3 将对 readers 表的查询权限又授予了用户 user4,因此,例 4.26 中把用户 user3 的查询权限收回时,系统将自动地收回用户 user4 对 readers 表的查询权限。

注意,系统只收回由用户 user3 授予用户 user4 的那些权限,而用户 user4 仍然具有从其他用户那里获得的权限。

4. 数据库角色

数据库角色是被命名的一组与数据库操作相关的权限,角色是权限的集合。因此,可以为一组具有相同权限的用户创建一个角色,使用角色来管理数据库权限可以简化授权的过程。

在 SQL 中首先用 CREATE ROLE 语句创建角色,然后用 GRANT 语句给角色授权。

1) 角色的创建

创建角色的 SQL 语句格式:

CREATE ROLE ＜角色名＞

刚刚创建的角色是空的,没有任何内容。可以用 GRANT 为角色授权。

2) 给角色授权

授权的 SQL 语句格式:

GRANT ＜权限＞[,＜权限＞]…

ON ＜对象类型＞对象名

TO ＜角色＞[,＜角色＞]…

DBA 和用户可以利用 GRANT 语句将权限授予某一个或几个角色。

3) 将一个角色授予其他的角色或用户

将一个角色授予其他的角色或用户的 SQL 语句格式:

GRANT ＜角色 1＞[,＜角色 2＞]…

TO ＜角色 3＞[,＜用户 1＞]…

[WITH ADMIN OPTION]

该语句把角色授予某用户,或授予另一个角色。这样,一个角色(例如角色 3)所拥有的权限就是授予它的全部角色(例如角色 1 和角色 2)所包含的权限的总和。

授予者或者是角色的创建者,或者拥有在这个角色上的 ADMIN OPTION。

如果指定了 WITH ADMIN OPTION 子句,则获得某种权限的角色或用户还可以把这种权限再授予其他的角色。

一个角色包含的权限包括直接授予这个角色的全部权限加上其他角色授予这个角色的全部权限。

4) 角色权限的收回

权限收回的 SQL 语句格式:

REVOKE ＜权限＞[,＜权限＞]…

ON ＜对象类型＞ ＜对象名＞

FROM ＜角色＞ [,＜角色＞]…

用户可以回收角色的权限,从而修改角色拥有的权限。

REVOKE 动作的执行者或者是角色的创建者,或者拥有在这个(些)角色上的 ADMIN OPTION。

【例 4.27】 通过角色来实现将一组权限授予一个用户。步骤如下:

① 创建一个角色 R1:

```
CREATE ROLE R1;
```

② 使用 GRANT 语句,使角色 R1 拥有 Student 表的 SELECT、UPDATE、INSERT 权限:

```
GRANT SELECT,UPDATE,INSERT
ON TABLE Student
TO R1;
```

③ 将这个角色授予王平、张明、赵玲,使他们具有角色 R1 所包含的全部权限:

```
CRANT R1
TO 王平,张明,赵玲;
```

④ 当然,也可以一次性地通过 R1 来回收王平的这 3 个权限:

```
REVOKE R1
FROM 王平;
```

【例 4.28】 角色权限的增加。

```
GRANT DELETE
ON TABLE Student
FROM R1
```

使角色 R1 在原来的基础上增加了 Student 表的 DELETE 权限。

【例 4.29】 角色权限的减少。

```
REVOKE SELECT
ON TABLE Student
FROM R1;
```

使 R1 减少了 SELECT 权限。

可以看出,通过角色的使用可以使自主授权的执行更加灵活、方便。

4.4 其他方法

4.4.1 数据加密

对于高度敏感数据,例如财务数据、军事数据、国家机密,除了以上安全性措施外,还可以采用数据加密技术。

数据加密技术是防止数据库中的数据在存储或者传输中失密的有效手段。加密的基本思想是伪装明文以隐藏它的真实内容,即将明文 X 伪装成密文 Y。伪装的操作称为加密,加密时所使用的信息变换规则称为密码算法。通常所说的密码体制是指一个加密系统所采用的基本工作方式,它的两个基本构成要素是密码算法和密钥。

密码算法是一些公式、法则或程序,密钥可以看作是密码算法中的可变参数。从数学的角度看,改变了密钥,实际上也就改变了明文与密文之间等价的数学函数关系。密码算法总是设计成相对稳定的。在这种意义上,可以把密码算法视为常量;反之,密钥则是一个变量,可以根据事先的约定来安排,或者每逢一个新信息改变一次密钥,或者定时更换一次密钥等。由于种种原因,密码算法实际上很难做到绝对保密,因此现代密码学的一个基本原则是:一切秘密存于密钥之中,在设计加密系统时,总是假定密码算法是可以公开的,真正需要保密的是密钥。

数据加密的主要方法有两种:

(1) 替换方法。该方法使用密钥将明文中的每一个字母转换为加密文中的字符。

(2) 置换方法。该方法仅将明文的字符按不同的顺序重新排列。

单独使用这两种方法的任意一种都是不够安全的,但是将这两种方法结合起来就能达到相当高的安全程度。例如,美国国家数据加密标准 DES 是一种将两种方法结合的技术。它把待加密的明文分割成最大为 64 位的块,每一块用 56 位的密钥加密。方法是首先/用置换方法加密,再连续进行 16 次复杂的替换,最后再对其实行初始置换的逆。但是,其中第 i 步的替换并不是直接利用原始的密钥 K,而是用由 K 和 i 计算得到的密钥 K_i。DES 方法的安全性很强,使用很广泛。

数据加密和解密是比较费时的操作,而且数据加密与解密程序会占用大量的系统资源,增加了系统的开销,降低了数据库的性能。因此,在一般数据库系统中,数据与加密作为可选的功能,允许用户自由选择,只有对那些保密要求特别高的数据库,才采用此方法。

4.4.2 数据库审计

前面讲到的安全性措施不可能是完美无缺的,蓄意盗窃、破坏数据的人总是想方设法企图打破这些控制。审计跟踪是一种监视措施,在数据库运行中,DBMS 跟踪用户对一些敏感数据的存储活动,把用户对数据库的操作自动记录下来放入审计日志中,有许多 DBMS 的跟踪审计记录文件与系统的运行日志合在一起。系统能利用这些审计跟踪的信息,重现导致数据库现状的一系列事件,以找出非法存取数据的人。一旦发现有窃取的企图,有的 DBMS 会发出警报信息,多数 DBMS 虽无警报功能,但也可在事后根据记录进行分析,从中发现问题,找出原因,追究责任,采取防范措施。

审计跟踪(audit trail)是系统活动的流水记录。该记录按事件从始至终的途径，顺序检查审计跟踪记录、审查并检验每个事件的环境及活动。审计跟踪通过书面方式提供责任人员的活动证据以支持职能的实现。审计跟踪记录系统活动和用户活动。系统活动包括操作系统和应用程序进程的活动，用户活动包括用户在操作系统中和应用程序中的活动。通过借助适当的工具和规程，审计跟踪可以发现违反安全策略的活动、影响运行效率的问题以及程序中的错误。

跟踪审计的记录一般包括以下内容：请求(原文本)、操作类型(如修改、查询等)、操作终端标识与操作者标识、操作日期和时间、操作所涉及的对象(表、视图、属性等)、数据的前映像和后映像。DBMS提供相应的语句供施加和撤销跟踪审计之用。审计通常是很费时间和空间的，所以DBMS往往将其作为可选的，允许DBA和数据的拥有者选择。数据库审计对于被多个事务和用户更新的敏感型数据库是非常重要的，一般用于安全性要求较高的部门。

审计的作用体现在：

(1) 调查可疑的数据库活动，如被非法用户删除了的记录。

(2) 监视和收集特定活动的数据，如监视数据库运行高峰期间的总计会话个数。

最后应指明一点，尽管数据库系统提供了上面提到的很多保护措施，但事实上，没有哪一种措施是绝对可靠的。安全性保护措施越复杂、越全面，系统的开销就会越大，用户的使用也会变得越困难，因此，在设计数据库系统安全性保护时，应权衡使用方法。

小 结

数据库系统中的数据是由DBMS统一管理和控制的。为了适应数据共享环境，DBMS必须提供数据的安全性、完整性、并发控制和数据库恢复等数据控制与保护的能力，以保证数据库中数据的安全可靠和正确有效。

计算机以及信息安全技术方面有一系列的安全标准，最有影响的当推TCSEC和CC这两个标准。目前CC已经基本取代了TCSEC，成为评估信息产品安全性的主要标准。

实现数据库系统安全性的技术和方法有多种，数据库系统中一般采用视图、存取控制和数据加密等技术进行安全控制。C2级的DBMS必须具有自主存取控制功能和初步的审计功能，B1的DBMS必须具有强制存取控制和增强的审计功能。自主存取控制功能一般是通过SQL的GRANT语句和REVOKE语句来实现的。

习 题

1. 什么是数据库的安全性？
2. 数据库安全性和计算机系统的安全性有什么关系？

3. 试述实现数据库安全性控制的常用方法和技术。

4. 什么是数据库中的自主存取控制方法和强制存取控制方法?

5. SQL 语言中提供了哪些数据控制(自主存取控制)的语句?请试举几例说明它们的使用方法。

6. 什么是基本表?什么是视图?两者的区别和联系是什么?

7. 试述视图的优点。

8. 所有的视图是否都可以更新?为什么?

9. 现有两个关系模式:

职工(职工号,姓名,年龄,职务,工资,部门号)

部门(部门号,名称,经理名,地址,电话号)

请用 SQL 的 GRANT 和 REVOKE 语句(加上视图机制)实现以下授权定义或存取控制功能:

(1) 用户王明对两个表有 SELECT 权力。

(2) 用户李勇对两个表有 INSERT 和 DELETE 权力。

(3) 每个职工只对自己的记录有 SELECT 权力。

(4) 用户刘星对职工表有 SELECT 权力,对工资字段具有更新权力。

(5) 用户张新具有修改这两个表的结构的权力。

(6) 用户周平具有对两个表所有权力(读、插、改、删数据),并具有给其他用户授权的权力。

(7) 用户杨兰具有从每个部门职工中 SELECT 最高工资、最低工资、平均工资的权力,它不能查看每个人的工资。

10. 对习题 9 中(1)~(7)的每一种情况,撤销各用户所授予的权力。

11. 为什么强制存取控制提供了更高级别的数据库安全性?

12. 设在图书应用系统中有三个基本表,表结构分别为:

BORROWER(借书证号,姓名,系名,班级)

BOOKS(索书号,书名,作者,图书馆登记号,出版社,价格)

LOANS(借书证号,图书馆登记号,借书日期)

请用 SQL 语句建立信息系学生借书的视图 SSP。该视图的属性列由借书证号、姓名、班级、图书馆登记号、书名、出版社和借书日期组成。

第5章　数据库的完整性

【学习内容】

1. 数据库的完整性分类及约束条件
2. DBMS 的完整性控制
3. SQL Server 的完整性实现

5.1　数据库完整性定义及分类

5.1.1　数据库完整性的定义

数据库的完整性是指数据的正确性和相容性，它反映了现实世界中实体的本来面貌。数据库是否具备完整性关系到数据库系统能否真实地反映现实世界，因此，维护数据库的完整性非常重要。其作用主要体现在以下四个方面：

(1) 数据库完整性约束能够防止合法用户使用数据库时向数据库中添加不合语义的数据。

(2) 利用基于 DBMS 的完整性控制机制来实现业务规则，易于定义，容易理解，而且可以降低应用程序的复杂性，提高应用程序的运行效率。同时，基于 DBMS 的完整性控制机制是集中管理的，因此比应用程序更容易实现数据库的完整性。

(3) 合理的数据库完整性设计，能够同时兼顾数据库的完整性和系统的效能。比如装载大量数据时，只要在装载之前临时使基于 DBMS 的数据库完整性约束失效，此后再使其生效，就能保证既不影响数据装载的效率，又能保证数据库的完整性。

(4) 在应用软件的功能测试中，完善的数据库完整性有助于尽早发现应用软件的错误。

为了维护数据库的完整性，DBMS 须提供一种机制来检查数据库中的数据，看它们是否满足完整性约束条件。完整性约束条件是完整控制机制的核心，根据作用对象的不同，可以分为列级、元组级和关系级三种粒度(即对象的大小)。其中对列的约束主要指取值类型、范围、精度、排序等约束条件。例如：学生的年龄必须是整数，性别只能是男或女，学生的学号一定是唯一的。

为维护数据库的完整性，DBMS 必须能够：

(1) 提供定义完整性约束条件的机制。完整性约束条件也称为完整性规则，是数据库中的数据必须满足的语义约束条件。SQL 标准使用了一系列概念来描述完整性,包括关系模型的实体完整性、参照完整性和用户定义的完整性。这些完整性一般由DDL(数据库定义语言)语句来实现,并作为数据库模式的一部分存入数据字典中。

(2) 提供完整性检查的方法。完整性检查是指DBMS中检查数据是否满足完整性约束条件的机制。一般在INSERT、UPDATE、DELETE语句执行后开始检查,但也可以在事务提交时检查。检查这些操作执行后数据库的数据是否违背了完整性约束条件。

(3) 违约处理。DBMS若发现用户的操作违背了完整性约束条件,就采取一定的动作,如拒绝执行该操作,或级联执行其他操作,即进行违约处理,以保证数据的完整性。

目前商用的DBMS产品都支持完整性控制,即完整性定义和检查控制由DBMS实现,不必由应用程序来完成,从而减轻了应用程序员的负担。

5.1.2 数据库完整性分类

数据库的完整性主要分为三类:实体完整性、参照完整性和用户定义的完整性。

1. 实体完整性

在关系数据库中,一个关系对应现实世界的一个实体集,关系中的每一个元组对应一个实体。在关系中用主关键字来唯一标识一个实体,实体具有独立性。关系中的这种约束条件称为实体完整性。

【例5.1】 将Student表中的属性Sno定义为码。

```
CREATE  TABLE  Student
(Sno  CHAR(10)  PRIMARY KEY,      /*在列级定义主码*/
Sname  CHAR(10)  NOT  NULL,
Ssex  CHAR(2),
Sage  SMALLINT,
Sdept  CHAR(20)
);
```

【例5.2】 将SC表中的Sno、Cno属性组定义为码。

```
CREATE  TABLE  SC
( Sno  CHAR(10)  NOT  NULL,
Cno  CHAR(5)   NOT  NULL,
Grade  SMALLINT,
PRIMARY  KEY (Sno,Cno)
);
```

2. 参照完整性

参照完整性是相关联的两个表之间的约束。具体地说,就是从表中每条记录外码的值必须是主表中存在的，因此，如果在两个表之间建立了关联关系，则对一个关系进行的操作会影响到另一个表中的记录。

当更新、删除、插入一个表中的数据时，参照完整性通过参照引用相互关联的另一个表中的数据，来检查对表的数据操作是否正确。

参照完整性属于表间规则。对于永久关系的相关表，在更新、插入或删除记录时，如果只改其一不改其二，就会影响数据的完整性。例如，修改父表中关键字值后，子表关键字值未作相应改变；删除父表的某记录后，子表的相应记录未删除，致使这些记录成为孤立记录；对于子表插入的记录，父表中没有相应关键字值的记录，等等。对于这些设计表间数据的完整性，统称为参照完整性。

例如，如果在学生表和选修课之间用学号建立关联，学生表是主表，选修课是从表，那么在向从表中输入一条新记录时，系统要检查新记录的学号是否在主表中已存在。如果存在，则允许执行输入操作；否则，拒绝输入。这就是参照完整性。

参照完整性还体现在对主表中的删除和更新操作。例如，如果删除主表中的一条记录，则从表中凡是外码的值与主表的主码值相同的记录也会被同时删除，将此称为级联删除；如果修改主表中主关键字的值，则从表中相应记录的外码值也随之被修改，将此称为级联修改。

【例 5.3】 定义 SC 表中的参照完整性。

```
CREATE  TABLE SC
  ( Sno  CHAR(10) NOT  NULL,
    Cno  CHAR(5)  NOT  NULL,
    Grade  SMALLINT,
PRIMARY KEY (Sno,Cno),
FOREIGN KEY (Sno) REFERENCES Student(Sno),
FOREIGN KEY (Cno) REFERENCES Student(Cno)
);
```

3. 用户定义的完整性

任何关系数据库系统都应该支持实体完整性和参照完整性。除此之外，不同的关系数据库系统根据其应用环境的不同，往往还需要一些特殊的约束条件。用户定义的完整性就是针对某一关系数据库的具体的约束条件。它反映某一具体应用所涉及的数据必须满足的语义要求。

n 用户定义完整性的定义一般在建表时用 CREATE TABLE 语句实现。用户可定义三类完整性约束：

1）列值非空（NOT NULL 短语）

【例 5.4】 在定义 SC 表时，说明 Sno、Cno、Grade 属性不允许取空值。

```
CREATE TABLE SC
(Sno  CHAR(10)  NOT NULL,
```

```
Cno  CHAR(5)  NOT NULL,
Grade  SMALLINT NOT NULL,
PRIMARY KEY (Sno, Cno),
```

说明:如果在表级定义实体完整性,隐含了 Sno,Cno 不允许取空值,则在列级不允许取空值的定义就不必写了。

2) 列值唯一(UNIQUE 短语)

【例 5.5】 建立部门表 DEPT,要求部门名称 Dname 列取值唯一,部门编号 Deptno 列为主码。

```
CREATE TABLE DEPT
(Deptno NUMERIC(2)PRIMARY KEY,
Dname CHAR(9) UNIQUE,
Loc  CHAR(10),
);
```

3) 检查列值是否满足一个布尔表达式(CHECK 短语)

【例 5.6】 建立学生登记表 Student,要求 Ssex 只允许取"男"或"女"。

```
CREATE TABLE Student
(Sno  CHAR(10) PRIMARY KEY,
  Sname CHAR(10) NOT NULL,
  Ssex  CHAR(2)  CHECK (Ssex IN ('男','女')),
      /* 性别属性 Ssex 只允许取"男"或"女" */
  Sage  SMALLINT,
  Sdept  CHAR(20)
);
```

5.2 完整性约束条件

完整性约束条件是指数据库中的数据应该满足的语义约束条件。为了保证数据库的完整性,DBMS 必须提供一种功能来保证数据库中的数据是正确的,避免由于不符合语义的错误数据的输入和输出,即"垃圾进垃圾出"(garbage in garbage out)所造成的无效操作或错误操作。检查数据库中数据是否满足规定的条件称为"完整性检查"。数据库中数据应满足的条件称为"完整性约束条件",有时也称为完整性规则。

完整性约束条件作用的对象可以是关系、元组、列三种。其中列约束主要是列的类型、取值范围、精度和排序等的约束条件。元组的约束是元组中各个字段间的联系的约束。关系的约束是若干元组间、关系集合上以及关系之间的联系的约束。

完整性约束条件涉及的这三类对象,其状态可以是静态的,也可以是动态的。

所谓静态约束是指数据库每一确定状态时的数据对象所应满足的约束条件。它是反映数据库状态合理性的约束，是最重要的一类完整性约束。

动态约束是指数据库从一种状态转变为另一种状态时，新、旧值之间所应满足的约束条件。它是反映数据库状态变迁的约束。

综合上述两个方面，可以将完整性约束条件分为表 5.1 所列的六种类型。

表 5.1　完整性约束条件的分类及含义

状　态	粒度类型		
	列　级	元组级	关系级
静态	对一个列的取值域的约束定义。它是最常见、最简单、最易实现的一类，包括对数据类型的约束、对数据格式的约束、对取值范围的约束和对空值的约束等	规定元组的各个列值之间应满足的条件的约束	在一个关系的各个元组之间或若干个关系之间存在的各种联系或约束，主要有实体完整性约束、参照完整性约束、函数依赖约束、统计约束等
动态	修改列定义或列值时的约束	在修改某个元组时元组的新、旧值之间应满足的约束	关系的新、旧状态之间应满足的约束

5.2.1　静态约束条件

1. 静态列级约束

静态列级约束是对一个列的取值域的说明，是最常用也是最容易实现的一类完整性约束，包括以下五个方面：

(1) 对数据类型的约束(包括数据的类型、长度、单位、精度等)。例如，中国人民大学数据库中学生姓名的数据类型规定为字符型，长度为 8。中央民族大学数据库中学生姓名的数据类型规定为字符型，长度为 20，因为少数民族的姓名较长。

(2) 对数据格式的约束。例如，规定学号的前两位表示入学年份，中间四位表示所在学院、所在专业及所在班级的编号，后二位为学号。出生日期的格式为 YY. MM. DD。

(3) 对取值范围或取值集合的约束。例如，规定学生成绩的取值范围为 0～100，大学本科学生年龄的取值范围为 14～29，性别的取值集合为{男，女}。

(4) 对空值的约束。空值表示未定义或未知的值，它与零值和空格不同。有的列允许空值，有的则不允许。例如，学生学号不能取空值，成绩可以为空值。

(5) 其他约束。例如，关于列的排序说明、组合列等。

2. 静态元组约束

一个元组是由若干个列值组成的，静态元组约束就是规定元组的各个列之间的约束关系。

例如,订货关系中,发货量≤订货量;教师关系中,教授的工资≥700元。

静态元组约束只局限在元组上。

3. 静态关系约束

在一个关系的各个元组之间或者若干关系之间常常存在各种联系或约束。常见的静态关系约束有:

1) 实体完整性约束

【规则1】 若属性A是基本关系R的主属性,则属性A不能取空值。

现实世界的实体是可用值标识区分的。关系模型用主码的值作为值标识,所以不能为NULL。

注意: 实体完整性规则规定基本关系的所有主码的各属性都不能取空值,而不仅是主码整体不能取空值。

2) 参照完整性约束

现实世界中的实体之间往往存在某种联系,在关系模型中实体及实体间的联系都是用关系来描述的。这样就自然存在着关系与关系之间的引用。

【例5.7】 学生(学号,姓名,性别,专业号,年龄)
专业(专业号,专业名)

这两个关系之间存在着属性的引用,如图5.1所示,学生关系引用了专业关系的主码"专业号"。显然,学生关系中的"专业号"值必须是确实存在的专业的专业号,即专业关系中有该专业的记录。也就是说,学生关系中的某个属性的取值需要参照专业关系的属性取值。

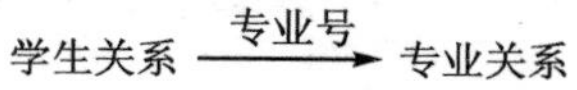

学生关系 —专业号→ 专业关系

图5.1 学生关系与专业关系的引用

【例5.8】 学生(学号,姓名,性别,专业号,年龄)
课程(课程号,课程名)
选修(学号,课程号,成绩)

这三个关系之间也存在着属性的引用,如图5.2所示,选修关系引用了学生关系的主码"学号"和课程关系的主码"课程号"。同样,选修关系中的"学号"值必须是确实存在的学生的学号,即学生关系中有该学生的记录。选修关系中的"课程号"值也必须是确实存在的课程的课程号,即课程关系中有该课程的记录。换句话说,选修关系中的某个属性的取值需要参照其他关系的属性取值。

不仅两个或两个以上的关系间可以存在引用关系,如图5.3所示,同一关系内部属性间也可能存在引用关系。

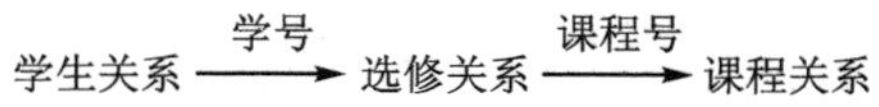

学生关系 $\xrightarrow{\text{学号}}$ 选修关系 $\xrightarrow{\text{课程号}}$ 课程关系

图 5.2　选修关系引用了学生关系和课程关系

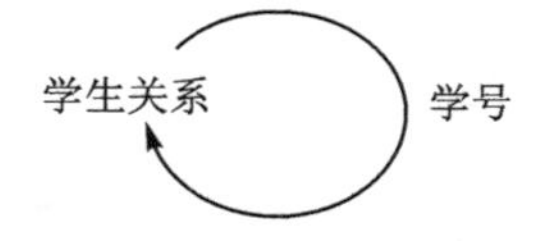

图 5.3　同一关系内部属性间的引用

【例 5.9】　学生(学号,姓名,性别,专业号,年龄,班长)关系中,“学号”属性是主码,“班长”属性表示该学生所在班级的班长的学号。它引用了本关系“学号”属性,即“班长”必须是确实存在的学生的学号。

这三个例子说明关系与关系之间存在着相互引用、相互约束的情况。

根据第 2 章中外码的定义,在例 5.8 中,学生关系中的“专业号”不是主码,专业关系中的“专业号”是主码,而且前者参照后者取值,构成参照完整性。前者是外码,后者是主码。学生是参照关系,专业是被参照关系。

需要指出的是,外码并不一定要与对应主码同名。如例 5.9 中,学生关系的主码名为学号,外码名为班长。不过,在实际应用中,为了便于识别,当外码与相应的主码属于不同关系时,往往给它们取相同的名字。

参照完整性规则定义了外码与主码之间的引用规则。

【规则 2】　若属性(或属性组)F 是基本关系 R 的外码,它与基本关系 S 的主码 K_S 相对应(基本关系 R 和 S 不一定是不同的关系),则对于 R 中每个元组在 F 上的值必须为:或者取空值(F 的每个属性值均为空值),或者等于 S 中某个元组的主码值 。

在实现参照完整性时要考虑以下几个方面:

(1) 外码是否可以接受空值。

(2) 删除被参照关系的元组时系统可能采取的作法有三种:级联删除、受限删除和置空值删除。

(3) 在参照关系中插入元组时的问题,这时系统可能采取的作法有:受限插入和递归插入。

(4) 修改关系中主码时,一般不能用 UPDATE 语句修改。如果需要修改主码值,只能先删除该元组,然后再把具有新主码值的元组插入到关系中。如果允许修改主码,则首先要保证主码的唯一性和非空,否则拒绝修改。然后要区分是参照关系还是被参照关系。

3) 函数依赖约束

大部分函数依赖约束都在关系模式中定义。

【例 5.10】　在学生_课程_教师关系 SJT(S,J,T)中,存在函数依赖:((S,J)→T,T→J)。主码为(S,J)。

4）统计约束

统计约束即属性值与关系中多个元组的统计值之间的约束关系。例如：

职工平均工资的2倍≤部门经理的工资≤职工平均工资的5倍

其中，职工平均工资值为统计值。

5.2.2 动态约束条件

1. 动态列级约束

动态列级约束是修改列定义或列值时应满足的约束条件。

(1) 修改列定义时的约束。例如，将允许空值的列改为不允许空值时，如果该列目前已存在空值，则拒绝这种修改。

(2) 修改列值时的约束。修改列值有时需要参照其旧值，并且新旧值之间需要满足某种约束条件。例如，职工工资调整不得低于其原来工资，学生年龄只能增长，职工婚姻状态的变化只能是由未婚到已婚、已婚到离异、离异到再婚等几种情况。

2. 动态元组约束

动态元组约束是指修改元组的值时元组中各个属性间需要满足某种约束条件。例如职工工资调整时新工资不得低于原工资＋工龄×1.5。

3. 动态关系约束

动态关系约束是加在关系变化前后状态上的限制条件，例如事务一致性、原子性等约束条件。

例如，在集成电路芯片设计数据库中，一个设计中用到的所有单元的工艺必相同，因此，在更新某个设计单元时，设计单元的新老工艺必须保持一致。

5.2.3 完整性约束命名子句

1. 完整性约束命名子句格式

CONSTRAINT ＜完整性约束条件名＞

[PRIMARY KEY 短语

|FOREIGN KEY 短语

|CHECK 短语]

【例5.11】 建立部门表DEPT，要求部门名称Dname列取值唯一，部门编号Deptno列为主码。

```
CREATE TABLE DEPT
(Deptno NUMERIC(2)PRIMARY KEY,
Dname CHAR(9) CONSTRAINT U1 UNIQUE,
Loc   CHAR(10)
```

```
);
```

其中 CONSTRAINT U1 UNIQUE 表示约束名为 U1,该约束要求 Dname 列值唯一。

【例 5.12】 建立学生登记表 Student,要求学号在 900000 至 999999 之间,年龄<29,性别只能是"男"或"女",姓名非空。

```
CREATE TABLE Student
(Sno   NUMERIC(8)
CONSTRAINT C1 CHECK (Sno BETWEEN 900000 AND 999999),
  Sname VARCHAR(20)
  CONSTRAINT C2 NOT NULL,
  Sage    NUMERIC (3) CONSTRAINT C3   CHECK (Sage < 29),
  Ssex    VARCHAR(2) CONSTRAINT C4 CHECK (Ssex IN ('男','女'))
CONSTRAINT StudentKey PRIMARY KEY(Sno));
```

例 5.8 在 Student 表上建立了 5 个约束条件,包括主码约束(命名为 StudentKey)以及 C1、C2、C3、C4 四个列级约束。

【例 5.13】 建立职工表 EMP,要求每个职工的应发工资不得超过 3 000 元。应发工资实际上就是实发工资列 Sal 与扣除项 Deduct 之和。

```
CREATE TABLE EMP
     (Eno            NUMERIC (4),
    Ename            CHAR(10),
    Job              CHAR(8),
    Sal              NUMERIC (7,2),
    Deduct           NUMERIC (7,2)
    Deptno           NUMERIC (2),
    CONSTRAINTS C1 CHECK (Sal + Deduct <= 3000));
```

2. 修改表中的完整性限制

我们可以使用 ALTER TABLE 语句修改表中的完整性限制。

【例 5.14】 去掉例 5.8 Student 表中对性别的限制。

```
ALTER TABLE Student
DROP CONSTRAINT C4;
```

5.3　DBMS 的完整性控制

根据完整性约束条件的作用对象和状态,完整性约束条件包括六大类。DBMS 如何定义、检查并保证这些约束条件得到满足,就是本节要讨论的完整性控制问题。

一个完善的完整性控制机制应该允许用户定义所有这六类完整性约束条件,且

应具有以下三个方面的功能:

(1) 定义功能。为用户提供定义完整性约束条件的命令或工具。

(2) 检查功能。能够自动检查用户发出的操作请求是否违背了完整性约束条件。

(3) 保护功能。当发现用户的操作请求使数据违背了完整性约束条件时,能够自动采取一定的措施确保数据的完整性不遭破坏。

根据DBMS检查用户的操作请求是否违背完整性约束条件的时机,完整性约束又可分为立即执行(immediate constraints)和延迟执行(deferred constraints)两种。当一条语句执行完后立即检查完整性约束条件,称这类约束为立即执行的约束。而有的完整性约束条件需要延迟到整个事务执行结束后,正式提交前的时间进行检查,称这类约束为延迟执行的约束。

例如,在银行数据库中"借贷总金额平衡"的约束就是延迟执行的约束:从账号A转一笔钱到账号B为一个事务,刚从账号A转出一笔款项后账目就不平衡了,必须等到这笔款项转入账号B后,账目才重新得到平衡。因此,这个约束就必须等到事务执行完成后再进行完整性检查。

如果发现用户操作请求使数据违背了完整性约束条件,系统将拒绝该操作;但对于延迟执行的约束,系统将拒绝整个事务,把数据库恢复到该事务执行前的一致状态。

在5.2节所讨论的六种类型的完整性约束条件中,实体完整性和参照完整性这二种静态关系约束是最重要的两个约束。因此,DBMS都应该自动支持并控制管理这两个完整性约束,而把其他的完整性约束条件原则上都归入用户定义的完整性之中。

目前许多商品化DBMS都提供了定义和检查实体完整性、参照完整性和用户定义的完整性的功能。对于违反实体完整性和用户定义的完整性的操作,一般采用拒绝执行的方式进行处理;而对于违反参照完整性的操作,并不都是简单地拒绝执行,有时要根据应用语义执行一些附加的操作,以保证数据库的正确性。

5.3.1 实体完整性控制

1. 实体完整性定义

关系模型的实体完整性在CREATE TABLE中用PRIMARY KEY定义。单属性构成的码有两种说明方法:一种是定义为列级约束条件,另一种是定义为表级约束条件。对多个属性构成的码只有一种说明方法,即定义为表级约束条件。

2. 实体完整性检查和违约处理

用PRIMARY KEY短语定义了关系的主码后,每当用户程序对基本表插入一条记录或对主码列进行更新操作时,RDBMS按照实体完整性规则自动进行检查,从而保证实体完整性。检查包括：

(1) 检查主码值是否唯一，如果不唯一则拒绝插入或修改；

(2) 检查主码的各个属性是否为空，只要有一个为空就拒绝插入或修改。

检查记录中主码值是否唯一的一种方法是进行全表扫描。全表扫描是十分耗时的。为了避免对基本表进行全表扫描，DBMS 核心一般都在主码上自动建立一个索引。通过索引查找基本表是否已经存在新的主码值，大大地提高了效率。

5.3.2　参照完整性控制

1. 参照完整性定义

关系模型的参照完整性在 CREATE TABLE 中用 FOREIGN KEY 短语定义哪些列为外码，用 REFERENCES 短语指明这些外码参照哪些表的主码。

例如，关系 SC 中一个元组表示一个学生选修的某门课程的成绩，(Sno，Cno)是主码。Sno、Cno 分别参照引用 Student 表的主码和 Course 表的主码。

2. 参照完整性检查和违约处理

一个参照完整性将两个表中的相应元组联系起来了。因此，对被参照表和参照表进行增、删、改操作时有可能破坏参照完整性，必须进行检查。表 5.2 列出了可能破坏参照完整性的四种情况及违约处理方式。

表 5.2　可能破坏参照完整性的情况及违约处理

被参照表(如 Student)	参照表(如 SC)	违约处理
可能破坏参照完整性	插入元组	拒绝
可能破坏参照完整性	修改外码值	拒绝
删除元组	可能破坏参照完整性	拒绝/级连删除/设置为空值
修改主码值	可能破坏参照完整性	拒绝/级连修改/设置为空值

当上述的不一致发生时，系统可以采用以下策略加以处理：

(1) 拒绝(NO ACTION)执行。该策略一般设置为默认策略。

(2) 级联(CASCADE)操作。若删除或修改被参照表的一个元组造成了与参照表的不一致，则删除或修改参照表中的所有造成不一致的元组。例如，要删除 Student 关系中 Sno 是 16093101 元组，则 SC 关系中所有 SC. Sno=16093101 的元组将一起级联删除。

(3) 设置为空值(SET - NULL)。若删除或修改被参照表的一个元组造成了不一致，则将参照表中的所有造成不一致的元组的对应属性设置为空值。

根据实际情况的不同，一个关系的外码有时可以取空值，有时又不能取空值，这是数据库设计人员必须考虑的外码空值问题。下面通过例子来说明这类问题如何解决。

【例5.15】 设一个企业的数据库中有职工关系Empl和部门关系Depa。其中,Depa的主码为部门号Dno,关系Empl的主码为职工号Eno,外码为部门号Dno,因此,关系Depa为被参照关系或目标关系,Empl是参照关系。

在关系Empl中,当某一元组的Dno列值为空值时,表示该职工尚未分配到任何具体的部门工作。这和实际应用的语义是相符的,因此,关系Empl的外码Dno列可以取空值。

【例5.16】 在学生_选课数据库中,关系Students为被参照关系,其主码为Sno。关系SC为参照关系,外码为Sno。若关系SC的外码Sno为空值,则表明尚不存在的某个学生,或者某个不知学号的学生选修了某门课程,其成绩记录在Score列中。这显然与学校的实际管理是不相符的,因此,关系SC的外码Sno列值不能取空值。

从以上例子可知,在实现参照完整性时,DBMS除了应该提供定义外码的机制以外,还应提供定义外码列值是否允许为空值的机制。

(4) 对于参照完整性,除了应该定义外码外,还应定义外码列是否允许空值。

一般地,当对参照表和被参照表的操作违反了参照完整性时,系统选用默认策略,即拒绝执行。如果想让系统采用其他的策略,就必须在创建表的时候显式地加以说明。而选择哪种策略,要根据应用环境的要求确定。

5.3.3 用户定义的完整性控制

用户定义的完整性就是针对某一具体应用的数据必须满足的语义要求。目前的DBMS都提供了定义和检验这类完整性的机制,使用了和实体完整性、参照完整性相同的技术和方法来处理它们,而不必由应用程序承担这一功能。

1. 属性上的约束条件的定义

在CREATE TABLE语句中定义属性的同时可以根据应用要求,定义属性上的约束条件,即属性值限制,包括列值非空(NOT NULL)、列值唯一(UNIQUE)和检查列值是否满足一个布尔表达式(CHECK)。

2. 属性上的约束条件检查和违约处理

当插入元组或修改属性的值时,DBMS就检查属性上的约束条件是否被满足。如果不满足,则操作被拒绝执行。

3. 元组上的约束条件的定义

与属性上的约束条件的定义类似,在CREATE TABLE语句中可以用CHECK短语定义元组上的约束条件,即元组级的限制。同属性值限制相比,元组级的限制可以设置不同属性之间的取值的相互约束条件。

【例 5.17】　当学生的性别是男时，其名字不能以 Ms. 打头。

```
CREATE TABLE Student
(Sno        NUMERIC(8),
  Sname     VARCHAR(20),
  Sage      NUMERIC (3),
  Ssex      CHAR(2),
  PRIMARY KEY(Sno)
  CHECK(Ssex = ' 女 'OR Sname NOT LIKE 'Ms. % ')
);
```

性别是女性的元组都能通过该项检查，因为 Ssex＝' 女 ' 成立；当性别是男性时，要通过检查，名字一定不能以 Ms. 打头。因为 Ssex＝' 男 ' 时，条件要想为真，Sname NOT LIKE 'Ms. %' 必须为真。

4. 元组上的约束条件检查和违约处理

当往表中插入元组或修改属性的值时，DBMS 检查元组上的约束条件是否被满足。如果不满足，则操作被拒绝执行。

5.4　SQL Server 的数据完整性

SQL Server 具有较健全的数据完整性控制机制，它使用约束（constraint）、默认对象（default）、规则对象（rule）、触发器（trigger）、标识列（identity column）、数据类型（data type）、索引（index）和存储过程（stored procedure）等数据库对象来保证数据的完整性。

5.4.1　SQL Server 数据完整性的种类与实现方式

1. SQL Server 数据完整性的种类

SQL Server 2000 中的数据完整性包括域完整性、实体完整性和参照完整性三种：

(1) 域完整性。域完整性为列级和元组级完整性。它为列或列组指定一个有效的数据集，并确定该列是否允许为空值（NULL）。

(2) 实体完整性。实体完整性为表级完整性。它要求表中所有的元组都有一个唯一标识，即主关键字。

(3) 参照完整性。参照完整性是表级完整性，它维护从表中的外码与主表中主码的相容关系。如果在主表中某一元组被外码参照，那么这个元组既不能被删除，也不能更改其主码。

2. SQL Server 实现数据完整性的方式

SQL Server 使用声明数据完整性和过程数据完整性两种方式实现数据完整性：

(1) 声明数据完整性。声明数据完整性通过在对象定义中定义和系统本身自动强制来实现。声明数据完整性包括各种约束、默认和规则。

(2) 过程数据完整性。过程数据完整性通过使用脚本语言(Transact - SQL)定义,系统在执行这些语言时强制实现数据完整性。过程数据完整性包括触发器和存储过程等。

5.4.2 SQL Server 实现数据完整性的具体方法

SQL Server 实现数据完整性的主要方法有四种:约束、默认、规则和触发器。

1. 约 束

约束通过限制列中的数据、行中的数据和表之间的数据来保证数据的完整性。表 5.3列出了 SQL Server2000 约束的五种类型和其完整性功能。

表 5.3 约束类型和完整性功能

完整性类型	约束类型	完整性功能描述
域完整性	DEFAULT(默认)	插入数据时,如果没有明确提供列值,则用默认值作为该列的值
	CHECK(检查)	指定某个列或列组可以接受值的范围,或指定数据应满足的条件
实体完整性	PRIMARY KEY(主码)	指定主码,确保主码不重复,不允许主码为空值
	UNIQUE(唯一值)	指出数据应具有唯一值,防止出现冗余
参照完整性	FOREIGN KEY(外码)	定义外码、被参照表和其主码

使用 CREATE 语句创建约束的语法形式如下:

CREATE TABLE ＜表名＞

(,＜列名＞＜类型＞[＜列级约束＞][,…]

[,＜表级约束＞[,…]])

其中,＜列级约束＞的格式和内容为:

[CONSTRAINT＜约束名＞]

{PRIMARY KEY[CLUSTERED | NONCLUSTERED]

| UNIQUE[CLUSTERED|NONCLUSTERED]

| [FOREIGN KEY]REFERENCES＜被参照表＞[(＜主码＞)]

|DEFAULT＜常量表达式＞ | CHECK＜逻辑表达式＞ |

＜表级约束＞的格式和内容为:

CONSTRAINT＜约束名＞

{{PRIMARY KEY[CLUSTERED|NONCLUSTERED](＜列名组＞)

|UNIQUE[CLUSTERED|NONCLUSTERED](＜列名组＞)

|FOREIGN KEY(<外码>)REFERENCES(被参照表)(<主码>)
|CHECK(<约束条件>)}

2. 默认和规则

默认(default)和规则(rule)都是数据库对象。当它们被创建后,可以绑定到一列或几列上,并可以反复使用。当使用 INSERT 语句向表中插入数据时,如果有绑定 DEFAULT 的列,系统就会将 DEFAULT 指定的数据插入;如果有绑定 RULE 的列,则所插入的数据必须符合 RULE 的要求。

下面介绍用默认对象和规则对象实现数据完整性:

默认是一种数据库对象,可以绑定到一列或多列上,也可以绑定到用户自定义的数据类型上。其作用类似于 DEFAULT 约束,能为 INSERT 语句中没有指定数据的列提供事先定义的默认值。默认值可以是常量、内置函数或数学表达式。

默认对象在功能上与默认约束是一样的,但在使用上有所区别。默认约束在 CREATE TABLE 或 ALTER TABLE 语句中定义后,被嵌入到定义的表的结构中。也就是说,在删除表的时候默认约束也将随之被删除。而默认对象需要用 CREATE DEFAULT 语句进行定义,作为一种单独存储的数据库对象,它是独立于表的,删除表并不能删除默认对象,需要使用 DROP DEFAULT 语句删除默认对象。

规则也是一种数据库对象,与默认的使用方法类似。规则可以绑定到表的一列或多列上,也可以绑定到用户定义的数据类型上。它的作用与 CHECK 约束的部分功能相同,为 INSERT 和 UPDATE 语句限制输入数据的取值范围。

规则与 CHECK 约束的不同之处在于:

(1) CHECK 约束是在使用 CREATE TABLE 语句建表时指定的,而规则是作为独立于表的数据库对象,通过与指定表或数据类型绑定来实现完整性约束。

(2) 在一列上只能使用一个规则,但可以使用多个 CHECK 约束。

(3) 规则可以应用于多个列,还可以应用于用户自定义的数据类型,而 CHECK 约束只能应用于它定义的列。

3. 触发器

触发器(trigger)的含义是枪的扳机,具有一触即发的感觉。它是一个能由系统自动执行对数据库修改的语句。触发器技术是保证数据完整性的高级技术,是一种功能强、开销高的数据完整性方法。触发器具有 INSERT、UPDATE 和 DELETE 三种类型。一个表可以具有多个触发器。

触发器的用途是维护行级数据的完整性。与 CHECK 约束相比,触发器能强制实现更加复杂的数据完整性,能执行操作或级联操作,能实现多行数据间的完整性约束,能按定义动态地、实时地维护相关的数据。

触发器还可以用于对系统的高级监测,确保系统在正常的工作环境中运行。

一个触发器由两部分组成:触发事件及触发条件和动作。

触发事件是指对数据库的插入、删除、修改等操作，在这些操作进行时，触发器被激发。另外，触发事件中还包含有两种时间关键字：

(1) AFTER：在触发事件完成之后，测试触发条件，如满足则执行触发动作。

(2) INSTEAD OF：在触发事件发生时，测试触发条件，如满足则执行触发器动作，从而替代触发器事件的操作。

触发器被激活时，只有当触发条件为真时触发动作体才执行；否则，触发动作体不执行。如果省略触发条件，则触发动作体在触发器动作激活后立即执行。

如果触发动作体执行失败，激活触发器的事件就会终止执行，触发器的目标表或触发器可能影响的其他对象不发生任何变化。

1) 触发器的创建

触发器由 CREATE TRIGGER 语句创建，一般格式为：

```
CREATE TRIGGER <触发器名>
ON <表名>
FOR | AFTER | INSTEAD OF
{[DELETE ,INSERT ,UPDATE]}
AS
[IF UPDATE(<列名>)[{AND | OR} UPDATE(<列名>)]…]
SQL 语句[…]
```

其中：

(1) 触发器名是要建立的触发器名字；表名是该触发器的操作对象；AFTER 和 INSTEAD OF 是触发事件的两种时间选项，如果仅指定 FOR 关键字，则 AFTER 是默认设置；{[DELETE ,INSERT ,UPDATE]}是激活触发器的触发事件。

(2) 必须至少指定一个选项，其顺序可以任意组合。如果指定的选项多于一个，则需要用逗号分割这些选项。

(3) [IF UPDATE(<列名>)[{AND | OR} UPDATE(<列名>)]…]测试在指定的列上进行的 INSERT 或 UPDATE 操作，不能用于 DELETE 操作。用 AND 或 OR 可以组合指定多列。在 INSERT 操作中，IF UPDATE 将返回 TRUE 值，因为这些列插入了显式值或隐性(NULL)值。

(4) SQL 语句[…]是触发器的条件和操作。

触发器旨在根据数据修改语句检查或更新数据，它不应将数据返回各用户。触发器可以查询其他表，而且可以包含复杂的 SQL 语句。它们主要用于强制服从复杂的业务规则或要求。例如：可以根据客户当前的帐户状态，控制是否允许插入新订单。

触发器也可用于实现比较复杂的完整性约束，以便在多个表中添加、更新或删除行时，保留在这些表之间所定义的关系。然而，完整性约束的最好方法是在相关表中定义主键和外键约束。如果使用数据库关系图，则可以在表之间创建关联，以自动创建外键约束。

【例 5.18】 定义一个 BEFORE 行级触发器，为教师表 Teacher 定义完整性规则“教授的工资不得低于 4 000 元，如果低于 4 000 元，自动改为 4 000 元”。

```
CREATE TRIGGER Insert_Or_Update_Sal      /＊在教师表 Teacher 上定义触发器＊/
BEFORE INSERT OR UPDATE ON Teacher       /＊触发事件是插入或更新操作＊/
FOR EACH ROW                             /＊这是行级触发器＊/
AS BEGIN                                 /＊定义触发动作体，这是一个 PL/SQL 过程块＊/
IF(new.job = ‘教授’)AND(new.Sal<4000)THEN      /＊因为是行级触发器，可在＊/
New.Sal: = 4000;                         /＊过程体中使用插入或更新操作后的新值＊/
          END IF;
          END;                           /＊触发动作体结束＊/
```

【例 5.19】 定义 AFTER 行级触发器，当教师表 Teacher 的工资发生变化后就自动在工资变化表 Sal_log 中增加一条相应记录。

首先建立工资变化表 Sal_log。

```
CREATE TABLE Sal_log
    (Eno NUMERIC(4)REFERENCES teacher(Eno),
     Sal NUMERIC(7,2),
     Username char(10),
     Date TIMESTAMP
    );
CREATE   TRIGGER Insert_Sal                   /＊建立了一个触发器＊/
    AFTER INSERT ON Teacher                   /＊触发事件是 INSERT ＊/
    FOR EACH ROW
    AS BEGIN
        INSERT INTO Sal_log VALUES(
            new. Eno,new.Sal,CURRENT_USER,CURRENT_TIMESTAMP);
        END;
CREATE TRIGGER Update_Sal                     /＊建立了一个触发器＊/
    AFTER UPDATE ON Teacher                   /＊触发事件是 UPDATE ＊/
    FOR EACH ROW
    AS BEGIN
IF(new.Sal<>old.Sal)THEN INSERT INTO Sal_log VALUES(
            new. Eno,new.Sal,CURRENT_USER,CURRENT_TIMESTAMP);
        END IF;
    END;
```

2) *激活触发器*

触发器的执行，是由触发事件激活的，并由数据库服务器自动执行。一个数据表上可能定义了多个触发器，比如多个 BEFORE 触发器、多个 AFTER 触发器等。同一个表上的多个触发器激活时遵循如下的执行顺序：

(1) 执行该表上的BEFORE触发器;

(2) 激活触发器的SQL语句;

(3) 执行该表上的AFTER触发器。

对于同一个表上的多个BEFORE(AFTER)触发器,遵循“谁先创建谁先执行”的原则,即按照触发器创建的时间先后顺序执行。有些RDBMS是按照触发器名称的字母排列顺序执行触发器。

【例5.20】 执行修改某个教师工资的SQL语句,激活上述定义的触发器。

UPDATE Teacher SET Sal=800 WHERE Ename='陈平';

执行顺序是:

(1) 执行触发器Insert_Or_Update_Sal;

(2) 执行SQL语句“UPDATE Teacher SET Sal=800 WHERE Ename='陈平';”;

(3) 执行触发器Insert_Sal;

(4) 执行触发器Update_Sal。

3) 删除触发器

删除触发器的SQL语法如下:

DROP TRIGGER <触发器名> ON <表名>;

触发器必须是一个已经创建的触发器,并且只能由具有相应权限的用户删除。

【例5.21】 删除教师表Teacher上的触发器Insert_Sal。

DROP TRIGGER Insert_Sal ON Teacher;

5.5 存储过程

存储过程(stored procedure)是为了实现特定功能利用SQL Server所提供的Transact-SQL语言所编写的SQL语句的集合。Transact-SQL语言是SQL Server提供的专为设计数据库应用程序的语言,它是应用程序和SQL Server数据库间的主要程序式设计界面。这类语言主要提供以下功能,让用户可以设计出符合引用需求的程序:

(1) 变量说明;

(2) ANSI兼容的SQL命令(如Select、Update…);

(3) 一般流程控制命令(if…else…、while…);

(4) 内部函数。

存储过程是由流控制和SQL语句书写的过程。这个过程经编译和优化后存储在数据库服务器中,应用程序使用时用户通过指定存储过程的名字并给出参数(如果该存储过程带有参数)来执行它。

存储过程可由应用程序通过一个调用来执行,而且允许用户声明变量。同时,存储过程可以接收和输出参数、返回执行存储过程的状态值，也可以嵌套调用。

5.5.1　存储过程的优点

使用存储过程有以下优点：

(1) 模块化程序设计。存储过程可以用流控制语句编写，有很强的灵活性，可以完成复杂的判断和较复杂的运算。只需创建过程一次并将其存储在数据库中，以后即可在程序中调用该存储过程任意次。存储过程的能力大大增强了 SQL 语言的功能和灵活性。

(2) 可保证数据的安全性和完整性。通过存储过程可以使没有权限的用户在控制之下间接地存取数据库。这些复杂的业务操作对用户是不可见的，用户可以调用存储过程直接执行，从而保证数据的安全。这种安全性缘于用户对存储过程只有执行权限，没有查看权限。

同时通过存储过程还可以使相关的动作在一起发生，便于集中控制同时可以维护数据库的完整性。

(3) 执行速度快。在运行存储过程前，数据库已对其进行了语法和句法分析，并给出了优化执行方案。这种已经编译好的过程极大地改善了 SQL 语句的性能。由于执行 SQL 语句的大部分工作已经完成，所以存储过程执行速度极快。

(4) 可以降低网络的通信量。由于存储过程与数据一般在一个服务器中，存储过程仅在服务器端执行，客户端只接收结果，因此可以大大减少网络通信量。

(5) 企业规则发生变化时，在服务器中改变存储过程即可。将体现企业规则的运算程序放入数据库服务器中，当企业规则发生变化时在服务器中改变存储过程即可，无须修改任何应用程序。企业规则的特点是要经常变化，如果把体现企业规则的运算程序放入应用程序中，则当企业规则发生变化时，就需要修改应用程序，工作量很大(修改、发行和安装应用程序)。如果把体现企业规则的运算放入存储过程中，则当企业规则发生变化时，只要修改存储过程就可以了，应用程序无须任何变化。

5.5.2　存储过程的种类

存储过程分三种：系统存储过程、扩展存储过程和用户自定义的存储过程。

(1) 系统存储过程。以 sp_开头，用来进行系统的各项设定、取得信息及相关管理工作。例如：

sp_adduser：为当前数据库中的新用户添加安全账户。

sp_help：取得指定对象的相关信息。

(2) 扩展存储过程。以 XP_开头，常用来调用操作系统提供的功能。例如：

xp_deletemail：删除 Microsoft SQL Server 收件箱中的邮件。

(3) 用户自定义的存储过程。这就是我们平时所指的存储过程，在自定义存储过程中可以调用系统存储过程。

5.5.3 存储过程的书写格式

存储过程的书写格式如下：

CREATE PROCEDURE [拥有者.]存储过程名[;程序编号]

[(参数1,…,参数1024)]

[WITH

{RECOMPILE | ENCRYPTION | RECOMPILE,ENCRYPTION}

]

[FOR REPLICATION]

AS 程序行；

说明：

(1) 存储过程名不能超过128个字。

(2) 每个存储过程中最多设定1024个参数(SQL Server 7.0以上版本)。参数的使用方法如下：

格式:@参数名 数据类型 [VARYING] [=内定值] [OUTPUT]

每个参数名前要有一个"@"符号,每一个存储过程的参数仅为该程序内部使用,参数的类型除了IMAGE外,其他SQL Server所支持的数据类型都可使用。

[=内定值]相当于在建立数据库时设定一个字段的默认值,这里是为这个参数设定默认值。

[OUTPUT]是用来指定该参数是既有输入又有输出值的。也就是在调用了这个存储过程时,如果所指定的参数值是需要输入的参数,同时也需要在结果中输出的,则该项必须为OUTPUT;而如果只是做输出参数用,可以用CURSOR,同时在使用该参数时,必须指定VARYING和OUTPUT这两个语句。

(3) RECOMPILE:说明所创建的存储过程不在高速缓存中保存,每次执行前需要重新编译。

(4) ENCRYPTION:对存储在系统syscomments表中的存储过程定义文本进行加密,避免他人查看或修改。

(5) 程序行:定义存储过程中具体操作的SQL语句,可以包含任意多的SQL语句。

【例5.22】 建立一个存储过程order_tot_amt,这个存储过程根据用户输入的定单ID号码(@o_id),由定单明细表(orderdetails)中计算该定单销售总额[单价(Unitprice) * 数量(Quantity)],这一金额通过@p_tot这一参数输出给调用这一存储过程的程序。

```
CREATE PROCEDURE order_tot_amt
```

```
(@o_id int,
@p_tot int output)
AS
SELECT @p_tot = sum(Unitprice * Quantity)
FROM orderdetails
WHERE ordered = @o_id
GO
```

5.5.4　存储过程的执行

存储过程就是编译好了的 SQL 语句,用的时候直接执行就可以了。

在 SQL Server 的查询分析器中,输入以下代码:

```
declare @tot_amt int
execute order_tot_amt 1,@tot_amt output
select @tot_amt
```

以上代码是执行 order_tot_amt 这一存储过程,以计算出定单编号为 1 的定单销售金额。我们定义@tot_amt 为输出参数,用来承接所要的结果。

【例 5.23】 表 book 的内容如表 5.4 所列。

表 5.4　表 book 内容

编　号	书　名	价格/美元
001	C 语言入门	30
002	PowerBuilder 报表开发	52

试建立查询表 Book 内容的存储过程。

```
create proc query_bookas
select * from book
go
exec query_book
```

【例 5.24】 若要加入一笔记录到表 book,并查询此表中所有书籍的总金额,请建立存储过程。

```
    (Create proc insert_book
    @param1 char(10),@param2 varchar(20),@param3 money,@param4 money output with en-
cryption)      /* 加密 */
    as
    insert into book(编号,书名,价格) Values(@param1,@param2,@param3)
select @param4 = sum(价格) from book
    go
```

执行上述存储过程:

```
declare @total_price money   /* money 为数据类型 */
exec insert_book '003','Delphi 控件开发指南',$100,@total_price
print '总金额为'+ convert(varchar,@total_price)
go
```

小　结

数据库控制主要包括数据库完整性控制和数据库安全性控制两方面。

数据库完整性(database integrity)是指数据库中数据的正确性和相容性。数据库的完整性主要分为三类:实体完整性、参照完整性和用户定义的完整性。在关系系统中,最重要的完整性约束是实体完整性和参照完整性,其他完整性约束条件可以归入用户定义的完整性。

为维护数据库的完整性,DBMS 必须能够:

(1) 提供定义完整性约束条件的机制;

(2) 提供完整性检查的方法;

(3) 违约处理。

SQL Server 使用约束、默认对象、规则对象、触发器和存储过程等数据库对象来保证数据的完整性。

习　题

1. 什么是数据库的完整性?
2. 数据库的完整性概念与数据库的安全性概念有什么区别与联系?
3. 什么是数据库的完整性约束条件? 可分为哪几类?
4. DBMS 的完整性机制应具有哪些功能?
5. RDBMS 在实现参照完整性时需要考虑哪些方面?
6. 假设有两个关系模式:

   职工(职工号,姓名,年龄,职务,工资,部门号),其中职工号为主码;

   部门(部门号,名称,经理名,地址,电话号),其中部门号为主码。

用 SQL 语言定义这两个关系模式,要求在模式中完成以下完整性约束条件的定义:

定义每个模式的主码;定义参照完整性;定义职工年龄不得超过 60 岁。

7. 设有教师表(教师号,姓名,所在部门号,职称)和部门表(部门号,部门名,高级职称人数)。请编写满足下列要求的后触发型触发器:触发器名字为 tri_zc,每当在教师表中插入一名具有高级职称("教授"或"副教授")的教师时,或者将非高级职称教师的职称更改为高级职称时,均修改部门表中相应部门的高级职称人数。(假设一次操作只插入或更改一名教师的职称)

第 6 章　关系数据库理论

【学习内容】

1. 函数依赖的定义
2. 关系模式的规范化形式
3. 关系模式的规范化处理

6.1　规范化问题的提出

6.1.1　规范化理论的主要内容

关系数据库的规范化理论最早是由关系数据库的创始人 E. F. Codd 提出的，后经许多专家学者的深入研究，有了进一步发展，形成了一整套有关关系数据库设计的理论。

在该理论出现以前，层次和网状数据库的设计只是遵循其模型本身固有的原则，而无具体的理论依据，因而带有盲目性，可能会在以后的运行和使用中发生许多预想不到的问题。

在关系数据库系统中，关系模型包括一组关系模式，各个关系不是完全孤立的，数据库的设计较层次和网状模型更为重要。

如何设计一个适合的关系数据库系统，关键是关系数据库模式的设计。一个好的关系数据库模式应该包括多少关系模式，而每一个关系模式又应该包括哪些属性，又如何将这些相互关联的关系模式组建一个适合的关系模型。这些工作决定了整个系统运行的效率，也是系统成败的关键所在，所以必须在关系数据库的规范化理论的指导下逐步完成。关系数据库的规范化理论主要包括三个方面的内容：函数依赖、范式(normal form)、模式设计。其中，函数依赖起着核心的作用，是模式分解和模式设计的基础，范式是模式分解的标准。

6.1.2　关系模式的存储异常问题

数据库的逻辑设计为什么要遵循一定的规范化理论？

什么是好的关系模式？

某些不好的关系模式可能导致哪些问题？

下面通过例子进行分析。

例如,要求设计教学管理数据库,其关系模式 SCD 如下:

SCD(SNO,SN,AGE,DEPT,MN,CNO,SCORE)

其中,SNO 表示学生学号,SN 表示学生姓名,AGE 表示学生年龄,DEPT 表示学生所在的系别,MN 表示系主任姓名,CNO 表示课程号,SCORE 表示成绩。

根据实际情况,可知这些数据有如下语义规定:

(1) 一个系有若干个学生,但一个学生只属于一个系;

(2) 一个系只有一名系主任,一名系主任只属于一个系;

(3) 每个学生可以选修多门功课,每门课程可有若干学生选修;

(4) 每个学生学习课程有一个成绩。

在此关系模式中填入一部分具体的数据,可得到 SCD 关系模式的实例,即一个教学管理数据库,如表 6.1 所列。

表 6.1 教学管理数据库部分具体数据

SNO	SN	AGE	DEPT	MN	CNtO	SCORE
S1	赵亦	17	计算机	刘伟	C1	90
S1	赵亦	17	计算机	刘伟	C2	85
S2	钱尔	18	信息	王平	C5	57
S2	钱尔	18	信息	王平	C6	80
S2	钱尔	18	信息	王平	C7	70
S2	钱尔	18	信息	王平	C5	70
S3	孙珊	20	信息	王平	C1	0
S3	孙珊	20	信息	王平	C2	70
S3	孙珊	20	信息	王平	C4	85
S4	李思	男	自动化	刘伟	C1	93

根据上述的语义规定,并分析以上关系中的数据可以看出:(SNO,CNO)属性的组合能唯一标识一个元组,所以(SNO,CNO)是该关系模式的主码。但在进行数据库的操作时,会出现以下四方面的问题:

1. 数据冗余

每个系名和系主任的名字存储的次数等于该系的学生人数乘以每个学生选修的课程门数,同时学生的姓名、年龄也都要重复存储多次,数据的冗余度很大,浪费了存储空间。

2. 插入异常

如果某个新系没有招生,尚无学生,则系名和系主任的信息无法插入到数据库中。因为在这个关系模式中,(SNO,CNO)是主码。根据关系的实体完整性约束,主关系键的值不能为空,而这时没有学生,SNO 和 CNO 均无值,因此不能进行插入操作。另外,当某个学生尚未选课,即 CNO 未知,而实体完整性约束还规定,主码的值不能部分为空,同样不能进行插入操作。

3. 删除异常

某系学生全部毕业而没有招生时,删除全部学生的记录,则系名、系主任名也随之删除;而这个系依然存在,在数据库中却无法找到该系的信息。另外,如果某个学生不再选修 C1 课程,本应该只删去 C1;但 C1 是主码的一部分,为保证实体完整性,必须将整个元组一起删掉,这样,有关该学生的其他信息也随之丢失。

4. 更新异常

如果学生改名,则该学生的所有记录都要逐一修改 SN 属性值;又如某系更换系主任,则属于该系的学生记录都要修改 MN 的内容,稍有不慎,就有可能漏改某些记录。这就会造成数据的不一致性,破坏数据的完整性。

由于存在以上问题,我们说,SCD 是一个不好的关系模式。产生上述问题的原因,直观地说,是因为关系中“包罗万象”,内容太杂了。

那么,怎样才能得到一个好的关系模式呢?我们把关系模式 SCD 分解为下面三个结构简单的关系模式,如表 6.2(a)、(b)、(c)所列。

表 6.2 关系模式 SCD 分解为下面三个结构简单的关系模式

SNO	SN	AGE	DEPT
S1	赵亦	17	计算机
S2	钱尔	18	信息
S3	孙珊	20	信息
S4	李思	21	自动化

DEPT	MN
计算机	刘伟
信息	王平
自动化	刘伟

SNO	CNO	SCORE
S1	C1	90
S1	C2	85
S2	C5	57
S2	C6	80
S2	C7	
S2	C5	70
S3	C1	0
S3	C2	70
S3	C4	85
S4	C1	93

学生关系 *S*(SNO,SN,AGE,DEPT)

选课关系 SC(SNO,CNO,SCORE)

系关系 *D*(DEPT,MN)

在以上三个关系模式中,实现了信息的某种程度的分离:

S 中存储学生基本信息，与所选课程及系主任无关；

D 中存储系的有关信息，与学生无关；

SC 中存储学生选课的信息，与学生及系的有关信息无关。

与 SCD 相比，分解为三个关系模式后，数据的冗余度明显降低。

当新插入一个系时，只要在关系 D 中添加一条记录；当某个学生尚未选课，只要在关系 S 中添加一条学生记录，而与选课关系无关，这就避免了插入异常；当一个系的学生全部毕业时，只需在 S 中删除该系的全部学生记录，而关系 D 中有关该系的信息仍然保留，从而不会引起删除异常。同时，由于数据冗余度的降低，数据没有重复存储，也不会引起更新异常。

经过上述分析，我们说分解后的关系模式是一个好的关系数据库模式。从而得出结论，一个好的关系模式应该具备以下四个条件：

(1) 尽可能少的数据冗余；

(2) 没有插入异常；

(3) 没有删除异常；

(4) 没有更新异常。

但要注意，一个好的关系模式并不是在任何情况下都是最优的。比如，查询某个学生选修课程名及所在系的系主任时，要通过连接；而连接所需要的系统开销非常大，因此要从实际设计的目标出发进行设计。

如何按照一定的规范设计关系模式，将结构复杂的关系分解成结构简单的关系，从而把不好的关系数据库模式转变为好的关系数据库模式，这就是关系的规范化。

规范化又可以根据不同的要求而分成若干级别。我们要设计的关系模式中的各属性是相互依赖、相互制约的，这样才构成了一个结构严谨的整体。因此在设计关系模式时，必须从语义上分析这些依赖关系。数据库模式的好坏和关系中各属性间的依赖关系有关，因此，我们先讨论属性间的依赖关系，然后再讨论关系规范化理论。

6.2 函数依赖

6.2.1 函数依赖的定义及性质

关系模式中的各属性之间相互依赖、相互制约的联系称为数据依赖。数据依赖一般分为函数依赖、多值依赖和连接依赖。其中，函数依赖是最重要的数据依赖。

函数依赖(functional dependency)是关系模式中属性之间的一种逻辑依赖关系。例如在 6.1 节介绍的关系模式 SCD 中，SNO 与 SN、AGE、DEPT 之间都有一种依赖关系。由于一个 SNO 只对应一个学生，而一个学生只能属于一个系，所以当 SNO 的值确定之后，SN、AGE、DEPT 的值也随之被唯一地确定了。

这类似于变量之间的单值函数关系。设单值函数 $Y=F(X)$，自变量 X 的值可以决定一个唯一的函数值 Y。

在这里，SNO 决定函数(SN，AGE，DEPT)，或者说(SN，AGE，DEPT)函数依赖于 SNO。

下面给出函数依赖的形式化定义。

1. 函数依赖的定义

【定义 6.1】 设关系模式 $R(U,F)$，U 是属性全集，F 是 U 上的函数依赖集，X 和 Y 是 U 的子集。如果对于 $R(U)$ 的任意一个可能的关系 r，对于 X 的每一个具体值，Y 都有唯一的具体值与之对应，则称 X 决定函数 Y，或 Y 函数依赖于 X，记作 $X \rightarrow Y$。我们称 X 为决定因素，Y 为依赖因素。

当 Y 不函数依赖于 X 时，记作：$X \nrightarrow Y$。

当 $X \rightarrow Y$ 且 $Y \rightarrow X$ 时，则记作：$X \longleftrightarrow Y$。

对于关系模式 SCD：

$U=\{$SNO，SN，AGE，DEPT，MN，CNO，SCORE$\}$

$F=\{$SNO→SN，SNO→AGE，SNO→DEPT$\}$

一个 SNO 有多个 SCORE 的值与其对应，因此 SCORE 不能唯一地确定，即 SCORE 不能函数依赖于 SNO，所以有 SNO $\nrightarrow$ SCORE。

但是 SCORE 可以被(SNO，CNO)唯一地确定，所以可表示为(SNO，CNO)→SCORE。

有关函数依赖的几点说明：

(1) 平凡的函数依赖与非平凡的函数依赖。当属性集 Y 是属性集 X 的子集时，必然存在着函数依赖 $X \rightarrow Y$，这种类型的函数依赖称为平凡的函数依赖。如果 Y 不是 X 的子集，则称 $X \rightarrow Y$ 为非平凡的函数依赖。若不特别声明，我们讨论的都是非平凡的函数依赖。

(2) 函数依赖是语义范畴的概念。我们只能根据语义来确定一个函数依赖，而不能按照其形式化定义来证明一个函数依赖是否成立。例如，对于关系模式 S，当学生不存在重名的情况下，可以得到：

SN→AGE，　　SN→DEPT

这种函数依赖关系，必须是在没有重名的学生条件下才成立的，否则就不存在函数依赖了。所以函数依赖反映了一种语义完整性约束。

(3) 函数依赖与属性之间的联系类型有关：

① 在一个关系模式中，如果属性 X 与 Y 有 1∶1联系，则存在函数依赖 $X \rightarrow Y$、$Y \rightarrow X$，即 $X \longleftrightarrow Y$。例如，当学生无重名时，SNO⟷SN。

② 如果属性 X 与 Y 有 1∶m 的联系时，则只存在函数依赖 $X \rightarrow Y$。例如，SNO 与 AGE、DEPT 之间均为 1∶m 联系，所以有 SNO→AGE、SNO→DEPT。

③ 如果属性 X 与 Y 有 m∶n 的联系，则 X 与 Y 之间不存在任何函数依赖关系。例如，一个学生可以选修多门课程，一门课程又可以为多个学生选修，所以 SNO 与

CNO 之间不存在函数依赖关系。

由于函数依赖与属性之间的联系类型有关,所以在确定属性间的函数依赖关系时,可以从分析属性间的联系类型入手,确定属性间的函数依赖。

(4) 函数依赖关系的存在与时间无关。因为函数依赖是指关系中的所有元组应该满足的约束条件,而不是指关系中某个或某些元组所满足的约束条件。当关系中的元组增加、删除或更新后,都不能破坏这种函数依赖。因此,必须根据语义来确定属性之间的函数依赖,而不能单凭某一时刻关系中的实际数据值来判断。例如,对于关系模式 S,假设没有给出无重名的学生这种语义规定,则即使当前关系中没有重名的记录,也只能存在函数依赖 SNO→SN,而不能存在函数依赖 SN→SNO。因为如果新增加一个重名的学生,函数依赖 SN→SNO 必然不成立。所以函数依赖关系的存在与时间无关,而只与数据之间的语义规定有关。

(5) 函数依赖可以保证关系分解的无损连接性。设 $R(X,Y,Z)$,X、Y、Z 为不相交的属性集合,如果 $X \to Y$ 或 $X \to Z$,则有 $R(X,Y,Z)=R[X,Y] \bowtie R[X,Z]$。其中,$R[X,Y]$表示关系 R 在属性(X,Y)上的投影,即 R 等于其投影在 X 上的自然连接,这样便保证了关系 R 分解后不会丢失原有信息。这种连接称为关系分解的无损连接性。例如,对于关系模式 SCD,有 SNO→(SN,AGE,DEPT,MN),SCD(SNO,SN,AGE,DEPT,MN,CNO,SCORE) = SCD[SNO,SN,AGE,DEPT,MN] ⋈ SCD[SNO,CNO,SCORE]。也就是说,用其投影在 SNO 上的自然连接可复原关系模式 SCD。

这一性质非常重要,在后一节的关系规范化中要用到。

2. 函数依赖的基本性质

1) 投影性

根据平凡的函数依赖的定义可知,一组属性函数决定它的所有子集。

例如,在关系 SCD 中,(SNO,CNO)→SNO 和(SNO,CNO)→CNO。

2) 扩张性

若 $X \to Y$ 且 $W \to Z$,则$(X,W) \to (Y,Z)$。

例如,若 SNO→(SN,AGE),DEPT→MN,则有(SNO,DEPT)→(SN,AGE,MN)。

3) 合并性

若 $X \to Y$ 且 $X \to Z$,则必有 $X \to (Y,Z)$。

例如,在关系 SCD 中,SNO→(SN,AGE),SNO→(DEPT,MN),则有 SNO→(SN,AGE,DEPT,MN)。

4) 分解性

若 $X \to (Y,Z)$,则 $X \to Y$ 且 $X \to Z$。很显然,分解性为合并性的逆过程。

由合并性和分解性,很容易得到以下事实:

$X \to (A_1,A_2,\cdots,A_n)$成立的充分必要条件是 $X \to A_i(i=1,2,\cdots,n)$成立。

6.2.2　完全函数依赖与部分函数依赖

【定义 6.2】　设关系模式 $R(U)$，U 是属性全集，X 和 Y 是 U 的子集。如果 $X \to Y$，并且对于 X 的任何一个真子集 X'，都有 $X' \not\to Y$，则称 Y 对 X 完全函数依赖(full functional dependency)，记作：$X \xrightarrow{F} Y$。如果对 X 的某个真子集 X'，有 $X' \to Y$，则称 Y 对部分函数依赖(partial functional dependency)，记作：$X \xrightarrow{P} Y$。

例如，在关系模式 SCD 中，因为 SNO $\not\to$ SCORE，且 CNO $\not\to$ SCORE，所以有 (SNO，CNO) $\xrightarrow{F}$ SCORE。而 SNO→AGE，所以(SNO，CNO) $\xrightarrow{P}$ AGE。

由定义 6.2 可知：只有当决定因素是组合属性时，讨论部分函数依赖才有意义。当决定因素是单属性时，只能是完全函数依赖。

例如，在关系模式 S(SNO，SN，AGE，DEPT)，决定因素为单属性 SNO，有 SNO→(SN，AGE，DEPT)，不存在部分函数依赖。

6.2.3　传递函数依赖

【定义 6.3】　设有关系模式 $R(U)$，U 是属性全集，X、Y、Z 是 U 的子集。若 $X \to Y$ $(Y \not\subset X)$，但 $Y \not\to X$，而 $Y \to Z$ $(Z \not\subset Y)$，则称 Z 对 X 传递函数依赖(transitive functional dependency)，记作：$X \xrightarrow{传递} Z$。

如果 $Y \to X$，则 $X \leftarrow\rightarrow Y$，这时称 Z 对 X 直接函数依赖，而不是传递函数依赖。

例如，在关系模式 SCD 中，SNO→DEPT，但 DEPT $\not\to$ SNO，而 DEPT→MN，则有 SNO $\xrightarrow{传递}$ MN。

在学生不存在重名的情况下，有 SNO→SN、SN→SNO、SNO←→SN、SN→DEPT，这时 DEPT 对 SNO 是直接函数依赖，而不是传递函数依赖。

综上所述，函数依赖分为完全函数依赖、部分函数依赖和传递函数依赖三类，它们是规范化理论的依据和规范化程度的准则. 下面以介绍的这些概念为基础，进行数据库的规范设计。

6.3　范　式

规范化的基本思想是消除关系模式中的数据冗余，消除数据依赖中的不合适的部分，解决数据插入、删除时发生的异常现象。这就要求关系数据库设计出来的关系模式要满足一定的条件。我们把关系数据库的规范化过程中为不同程度的规范化要求设立的不同标准称为范式(normal form)。

由于规范化的程度不同，就产生了不同的范式。满足最基本规范化要求的关系模式叫第一范式,在第一范式中进一步满足一些要求的关系模式为第二范式,以此类推就产生了第三范式等概念。每种范式都规定了一些限制约束条件。

范式的概念最早由E.F.Codd提出。从1971年起,Codd相继提出了关系的三级规范化形式,即第一范式(1NF)、第二范式(2NF)、第三范式(3NF)。

1974年,Codd和Boyce又共同提出了一个新的范式的概念,即Boyce-Codd范式,简称BC范式。

1976年Fagin提出了第四范式,后来又有人定义了第五范式。

至此在关系数据库规范中建立了一个范式系列——1NF、2NF、3NF、BCNF、4NF、5NF,一级比一级有更严格的要求。

各个范式之间的联系可以表示为:

$$1NF \supset 2NF \supset 3NF \supset BCNF \supset 4NF \supset 5NF$$

如图6.1所示。

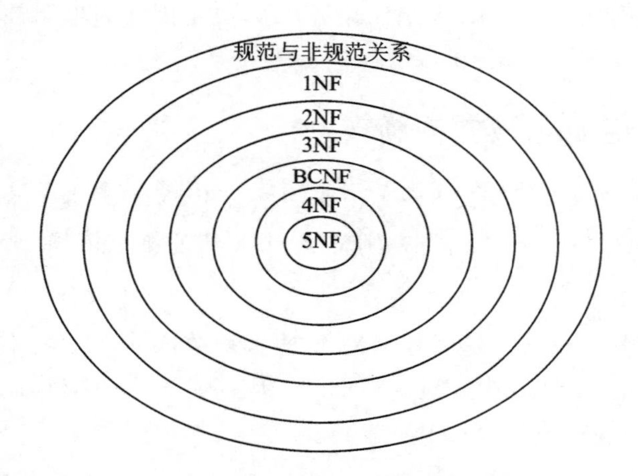

图6.1　各种范式之间的联系

下面逐一介绍各级范式及其规范化。

6.3.1　第一范式

第一范式(first normal form)是最基本的规范形式,即关系中每个属性都是不可再分的简单项。

【定义6.4】　如果关系模式R,其所有的属性均为简单属性,即每个属性都是不可再分的,则称R属于第一范式,简称1NF,记作$R \in 1NF$。

我们把满足这个条件的关系称为规范化关系。在关系数据库系统中只讨论规范化的关系,凡是非规范化的关系模式必须化成规范化的关系。在非规范化的关系中,去掉组合项就能化成规范化的关系。

每个规范化的关系都属于1NF,这也是它之所以称为“第一”的原因;然而,一个关系模式仅仅属于第一范式是不适用的。

在6.1节中给出的关系模式SCD属于第一范式，但其具有大量的数据冗余，具有插入异常、删除异常、更新异常等弊端。

为什么会存在这种问题呢？下面分析一下SCD中的函数依赖关系，它的主键是(SNO，CNO)的属性组合，所以有：

$(SNO, CNO) \xrightarrow{F} SCORE$

$SNO \rightarrow SN, (SNO, CNO) \xrightarrow{P} SN$

$SNO \rightarrow AGE, (SNO, CNO) \xrightarrow{P} AGE$

$SNO \rightarrow DEPT, (SNO, CNO) \xrightarrow{P} DEPT$

$SNO \xrightarrow{传递} MN, (SNO, CNO) \xrightarrow{P} MN$

可以用函数依赖图表示以上函数依赖关系，如图6.2所示。

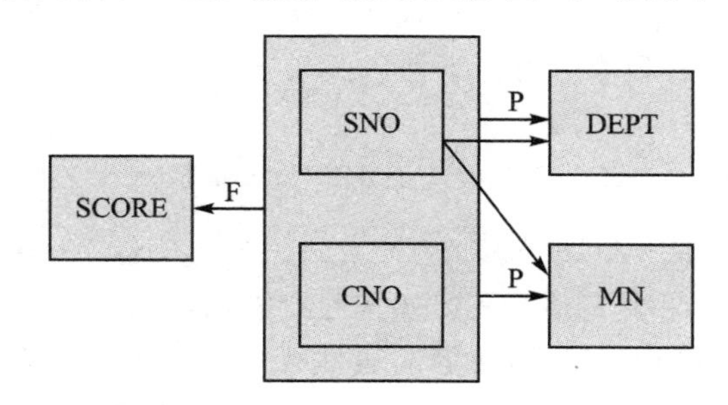

图6.2　SCD中的函数依赖关系

由此可见，在SCD中，既存在完全函数依赖，又存在部分函数依赖和传递函数依赖。这种情况往往在数据库中是不允许的。也正是由于关系中存在着复杂的函数依赖，才导致数据操作中出现了种种弊端。克服这些弊端的方法是用投影运算将关系分解，去掉过于复杂的函数依赖关系，向更高一级的范式进行转换。

6.3.2　第二范式

1. 第二范式的定义

【定义6.5】　如果关系模式$R \in 1NF$，且每个非主属性都完全函数依赖于R的每个码，则称R属于第二范式(second normal form)，简称2NF，记作$R \in 2NF$。

在关系模式SCD中，SNO、CNO为主属性，AGE、DEPT、MN、SCORE均为非主属性，经上述分析，存在非主属性对关系键的部分函数依赖，所以$SCD \notin 2NF$。

而表6.2所列的由SCD分解的三个关系模式S、D、SC，其中S的主键为SNO，D的主键为DEPT，都是单属性，不可能存在部分函数依赖。而对于SC，$(SNO, CNO) \xrightarrow{F} SCORE$。所以SCD分解后，消除了非主属性对码的部分函数依赖，S、D、

SC均属于2NF。

设关系模式TCS(T,C,S),T表示教师,C表示课程,S表示学生。语义假设是,一个教师可以讲授多门课程,一门课程可以为多个教师讲授;同样,一个学生可以选听多门课程,一门课程可以为多个学生选听,(T,C,S)三个属性的组合是码(全码),T、C、S都是主属性,而无非主属性,所以也就不可能存在非主属性对关系键的部分函数依赖,TCS∈2NF。

经以上分析,可以得到两个结论:

(1) 从1NF关系中消除非主属性对关系键的部分函数依赖,则可得到2NF关系。

(2) 如果R的码为单属性,或R的全体属性均为主属性,则R∈2NF。

2. 2NF规范化

2NF规范化是指把1NF关系模式通过投影分解转换成2NF关系模式的集合。分解时遵循的基本原则是:一个关系只描述一个实体或者实体间的联系。如果多于一个实体或联系,则进行投影分解。下面以关系模式SCD为例,来说明2NF规范化的过程:

【例6.1】 将SCD(SNO,SN,AGE,DEPT,MN,CNO,SCORE)规范到2NF。

由SNO→SN、SNO→AGE、SNO→DEPT、(SNO,CNO)$\xrightarrow{F}$SCORE,可以判断,关系SCD至少描述了两个实体:一个为学生实体,属性有SNO、SN、AGE、DEPT、MN;另一个是学生与课程的联系(选课),属性有SNO、CNO和SCORE。

根据分解的原则,可以将SCD分解成如下两个关系,如表6.3和表6.4所列。

SD(SNO,SN,AGE,DEPT,MN),描述学生实体;

SC(SNO,CNO,SCORE),描述学生与课程的联系。

表6.3 SD关系

SNO	SN	AGE	DEPT	MN
S4	李思	21	自动化	刘伟
S3	孙珊	20	信息	王平
S2	钱尔	18	自动化	刘伟
S1	赵亦	17	计算机	刘伟

对于分解后的两个关系SD和SC,主键分别为SNO和(SNO,CNO),非主属性对主键完全函数依赖。因此,SD∈2NF,SC∈2NF,而且前面已经讨论,SCD的这种分解没有丢失任何信息,具有无损连接性。

分解后,SD和SC的函数依赖分别如图6.3和图6.4所示。

1NF的关系模式经过投影分解转换成2NF后,消除了一些数据冗余。

分析表6.3和表6.4中SD和SC中的数据,可以看出,它们存储的冗余度比关系模式 SCD 有了较大幅度的降低。

表 6.4　SC 关系

SNO	CNO	SCORE
S1	C1	90
S1	C2	85
S2	C5	57
S2	C6	80
S2	C7	
SNO	CNO	SCORE
S2	C5	70
S3	C1	0
S3	C2	70
S3	C4	85
S4	C1	93

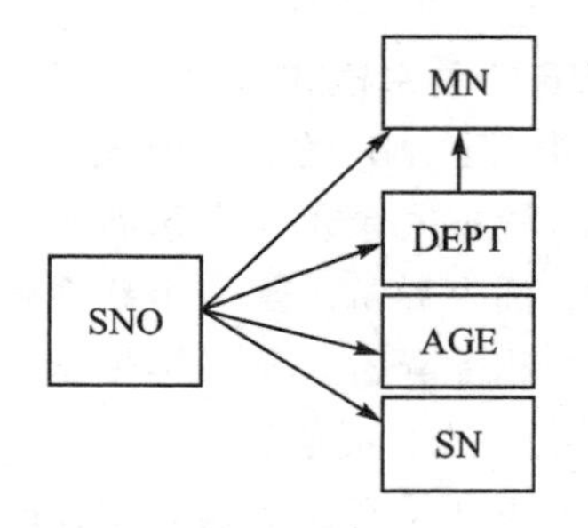

图 6.3　SD 中的函数依赖关系

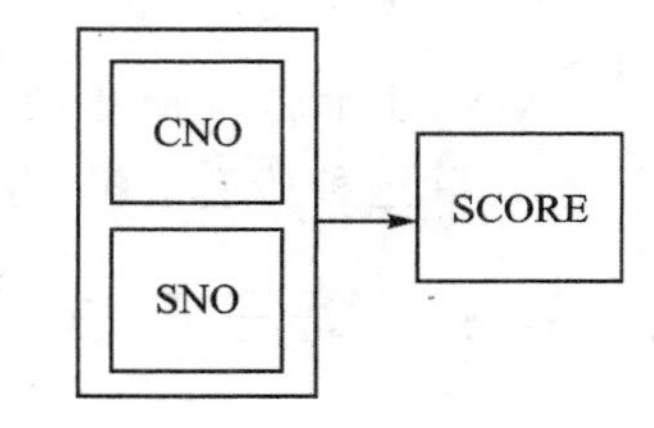

图 6.4　SC 中的函数依赖关系

学生的姓名、年龄不需要重复存储多次。这样便可在一定程度上避免数据更新所造成的数据不一致性的问题。

由于把学生的基本信息与选课信息分开存储，因此学生基本信息因没选课而不能插入的问题得到了解决，插入异常现象得到了部分改善。同样，如果某个学生不再选修 C1 课程，只在选课关系 SC 中删去该学生选修 C1 的记录即可；而 SD 中有关该学生的其他信息不会受到任何影响，也解决了部分删除异常问题。因此可以说关系模式 SD 和 SC 在性能上比 SCD 有了显著提高。

下面对 2NF 规范化作形式化的描述：

设关系模式 $R(X,Y,Z)$，$R\in$ 1NF，但 $R\notin$ 2NF。其中，X 是码属性，Y、Z 是非码属性，且存在部分函数依赖，$X\xrightarrow{P}Y$。设 X 可表示为 X_1、X_2，其中 $X_1\xrightarrow{F}Y$，则 $R(X,Y,Z)$ 可以分解为 $R[X_1,Y]$ 和 $R[X,Z]$。

因为 $X_1\rightarrow Y$，所以 $R(X,Y,Z)=R[X_1,Y]\bowtie R[X_1,X2,Z]=R[X_1,Y]\bowtie R[X,Z]$，即 R 等于其投影 $R[X_1,Y]$ 和 $[X,Z]$ 在 X_1 上的自然连接，R 的分解具有无损连接性。

由于 $X1\xrightarrow{F}Y$，因此 $R[X_1,Y]\in$ 2NF。若 $R[X,Z]\notin$ 2NF，可以按照上述方法继续进行投影分解，直到将 $R[X,Z]$ 分解为属于 2NF 关系的集合，且这种分解必定是有限的。

3. 2NF的缺点

2NF的关系模式解决了1NF中存在的一些问题,2NF规范化的程度比1NF前进了一步,但2NF的关系模式在进行数据操作时,仍然存在着一些问题:

(1) 数据冗余。每个系名和系主任的名字存储的次数等于该系的学生人数。

(2) 插入异常。当一个新系没有招生时,有关该系的信息无法插入。

(3) 删除异常。某系学生全部毕业而没有招生时,删除全部学生的记录也随之删除了该系的有关信息。

(4) 更新异常。更换系主任时,仍需改动较多的学生记录。

之所以存在这些问题,是由于在SCD中存在着非主属性对主码的传递依赖。分析SCD中的函数依赖关系,SNO→SN,SNO→AGE,SNO→DEPT,DEPT→MN,SNO $\xrightarrow{\text{传递}}$ MN,非主属性MN对主码SNO传递依赖。为此,对关系模式SCD还需进一步简化,消除这种传递依赖,得到3NF。

6.3.3 第三范式

1. 第三范式的定义

【定义6.6】 如果关系模式 $R \in$ 2NF,且每个非主属性都不传递依赖于 R 的每个关系键,则称 R 属于第三范式(third normal form),简称3NF,记作 $R \in$ 3NF。

第三范式具有如下性质:

(1) 如果 $R \in$ 3NF,则 R 也是2NF。

证明:3NF的另一种等价描述是:对于关系模式 R,不存在如下条件的函数依赖,$X \rightarrow Y (Y \nrightarrow X)$,$Y \rightarrow Z$,其中 X 是码属性,Y 是任意属性组,Z 是非主属性,$Z \not\subset Y$。在此定义下,令 $Y \subseteq X$,Y 是 X 的真子集,则以上条件 $X \rightarrow Y$,$Y \rightarrow Z$ 就变成了非主属性对码 X 的部分函数依赖,$X \xrightarrow{\text{P}} Z$。但由于3NF中不存在这样的函数依赖,所以 R 中不可能存在非主属性对码 X 的部分函数依赖,R 必定是2NF。

(2) 如果 $R \in$ 2NF,则 R 不一定是3NF。

例如,前面由关系模式SCD分解而得到的SD和SC都为2NF,其中,SC∈3NF,但在SD中存在着非主属性MN对主码SNO传递依赖,SD∉3NF。对于SD,应该进一步进行分解,使其转换成3NF。

2. 3NF规范化

3NF规范化是指把2NF关系模式通过投影分解转换成3NF关系模式的集合。与2NF的规范化时遵循的原则相同:让一个关系只描述一个实体或者实体间的联系。

下面以2NF关系模式SD为例,来说明3NF规范化的过程。

【例 6.2】 将 SD(SNO,SN,AGE,DEPT,MN)规范到 3NF。

分析 SD 的属性组成可以判断,关系 SD 实际上描述了两个实体。根据分解的原则,可以将 SD 分解成如下两个关系,如表 6.5 和表 6.6 所列。

S(SNO,SN,AGE,DEPT),描述学生实体;*D*(DEPT,MN),描述系的实体。

对于分解后的两个关系 *S* 和 *D*,主码分别为 SNO 和 DEPT,不存在非主属性对主码的传递函数依赖。因此,$S\in 3NF$,$D\in 3NF$。

表 6.5　关系 *S*

SNO	SN	AGE	DEPT
S1	赵亦	17	计算机
S2	钱尔	18	信息
S3	孙珊	20	信息
S4	李思	21	自动化

表 6.6　关系 *D*

DEPT	MN
计算机	刘伟
信息	王平
自动化	刘伟

分解后,*S* 和 *D* 的函数依赖分别如图 6.5 和 6.6 所示。

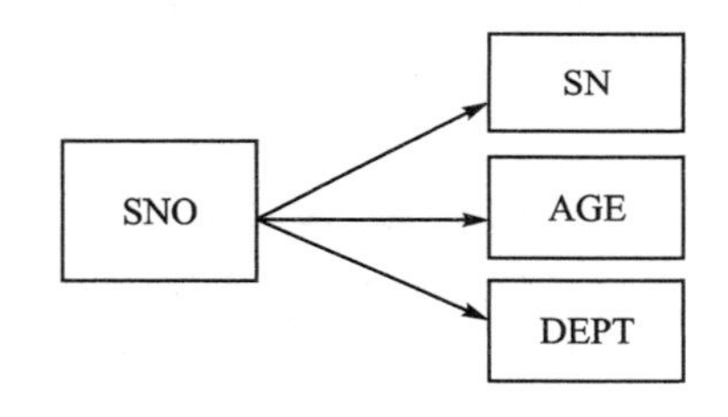

图 6.5　*S* 中的函数依赖关系

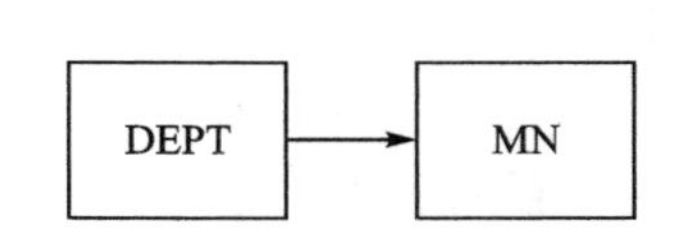

图 6.6　*D* 中的函数依赖关系

一个为学生实体,属性有 SNO、SN、AGE、DEPT;另一个实体是系,其属性有 DEPT 和 MN。

SCD 规范到 3NF 后,所存在的异常现象已经全部消失。表现在以下四个方面:

(1) 数据冗余降低。系主任的名字存储的次数与该系的学生人数无关,只在关系 *D* 中存储一次。

(2) 不存在插入异常。当一个新系没有学生时,该系的信息可以直接插入到关系 *D* 中,而与学生关系 *S* 无关。

(3) 不存在删除异常。要删除某系的全部学生而仍然保留该系的有关信息时,可以只删除学生关系 *S* 中的相关学生记录,而不影响系关系 *D* 中的数据。

(4) 不存在更新异常。更换系主任时,只需修改关系 *D* 中一个相应元组的 MN 属性值,从而不会出现数据的不一致现象。

但是,3NF 只限制了非主属性对码的依赖关系,而没有限制主属性对码的依赖关系。如果发生了这种依赖,仍有可能存在数据冗余、插入异常、删除异常和修改异常。这时,需对 3NF 进一步规范,消除主属性对码的依赖关系。为了解决这种问题,

Boyce与Codd共同提出了一个新范式的定义,这就是Boyce-Codd范式,通常简称BCNF或BC范式。它弥补了3NF的不足。

6.3.4 BC范式

1. BC范式的定义

【定义6.7】 如果关系模式$R\in 1NF$,且所有的函数依赖$X\rightarrow Y(Y\not\subset X)$,决定因素$X$都包含了$R$的一个码,则称$R$属于BC范式(Boyce-Codd Normal Form),记作$R\in BCNF$。

BCNF具有如下性质:

(1) 满足BCNF的关系将消除任何属性(主属性或非主属性)对码的部分函数依赖和传递函数依赖。也就是说,如果$R\in BCNF$,则R也是3NF。

证明:采用反证法。设R不是3NF,则必然存在如下条件的函数依赖,$X\rightarrow Y$ $(Y\not\rightarrow X)$,$Y\rightarrow Z$。其中X是码属性,Y是任意属性组,Z是非主属性,$Z\not\subset Y$。这样$Y\rightarrow Z$函数依赖的决定因素Y不包含候选码,这与BCNF范式的定义相矛盾,所以如果$R\in BCNF$,则R也是3NF。

(2) 如果$R\in 3NF$,则R不一定是BCNF。

举例说明:设关系模式SNC(SNO,SN,CNO,SCORE),其中SNO代表学号,SN代表学生姓名并假设没有重名,CNO代表课程号,SCORE代表成绩。可以判定,SNC有两个候选码(SNO,CNO)和(SN,CNO)。其函数依赖如下:SNO$\longleftrightarrow$SN,(SNO,CNO)$\rightarrow$SCORE,(SN,CNO)$\rightarrow$SCORE。

唯一的非主属性SCORE对码不存在部分函数依赖,也不存在传递函数依赖。所以SNC$\in$3NF。

但是,因为SNO$\longleftrightarrow$SN,即决定因素SNO或SN不包含候选码。从另一个角度说,存在着主属性对码的部分函数依赖:(SNO,CNO)$\xrightarrow{P}$SN,(SN,CNO)$\xrightarrow{P}$SNO,所以SNC不是BCNF。

正是存在着这种主属性对码的部分函数依赖关系,造成了关系SNC中存在着较大的数据冗余,学生姓名的存储次数等于该生所选的课程数,从而会引起修改异常。

比如,当要更改某个学生的姓名时,必须搜索出现该姓名的每个学生记录,并对其姓名逐一修改,这样容易造成数据的不一致问题。解决这一问题的办法仍然是通过投影分解进一步提高SNC的范式等级,将SNC规范到BCNF。

2. BCNF规范化

BCNF规范化是指把3NF关系模式通过投影分解转换成BCNF关系模式的集合。下面以3NF关系模式SNC为例,来说明BCNF规范化的过程。

【例6.3】 将SNC(SNO,SN,CNO,SCORE)规范到BCNF。

分析 SNC 数据冗余的原因，是因为在这一个关系中存在两个实体，一个为学生实体，属性有 SNO、SN；另一个是选课实体，属性有 SNO、CNO 和 SCORE。

根据分解的原则，可以将 SNC 分解成如下两个关系：

S_1(SNO,SN)，描述学生实体；

S_2(SNO,CNO,SCORE)，描述学生与课程的联系。

对于 S_1，有两个候选码 SNO 和 SN；对于 S_2，主码为(SNO,CNO)。在这两个关系中，无论主属性还是非主属性都不存在对码的部分依赖和传递依赖，$S_1 \in$ BCNF，$S_2 \in$ BCNF。

分解后，S_1 和 S_2 的函数依赖分别如图 6.7 和图 6.8 所示。

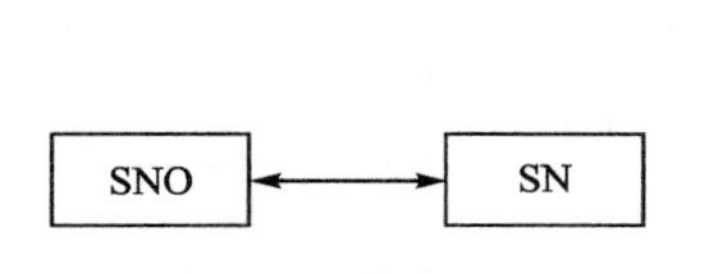

图 6.7　S_1 中的函数依赖关系

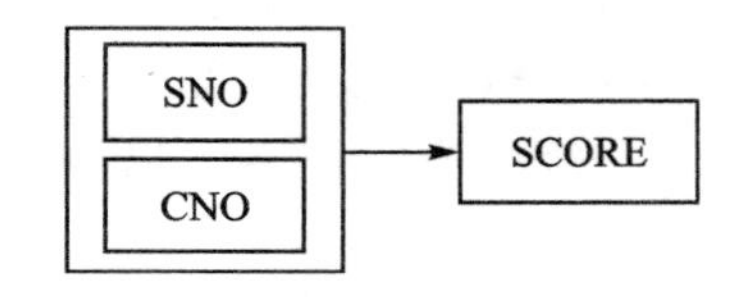

图 6.8　S_2 中的函数依赖关系

关系 SNC 转换成 BCNF 后，数据冗余度明显降低。

学生的姓名只在关系 S_1 中存储一次，学生要改名时，只需改动一条学生记录中的相应的 SN 值，从而不会发生修改异常。

【例 6.4】　设关系模式 TCS(T,C,S)，T 表示教师，C 表示课程，S 表示学生。若语义假设是，每一位教师只讲授一门课程；每门课程由多个教师讲授；某一学生选定某门课程，就对应于一确定的教师。

根据语义假设，TCS 的函数依赖是：$(S,C) \to T$，$(S,T) \to C$，$T \to C$。函数依赖图如图 6.9 所示。

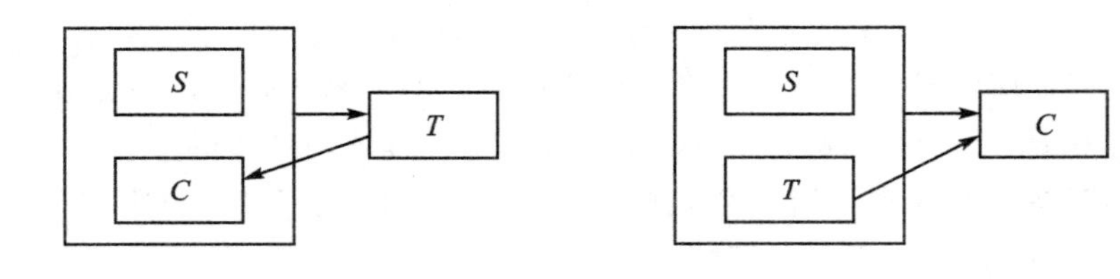

图 6.9　TCS 中的函数依赖关系

对于 TCS，(S,C)和(S,T)都是候选码，两个候选码相交，有公共的属性 S。TCS 中不存在非主属性，也就不可能存在非主属性对码的部分依赖或传递依赖，所以 TCS$\in$3NF。但从表 6.7 所列 TCS 的一个关系实例分析，仍存在一些问题。

(1) 数据冗余。虽然每个教师只开一门课，但每个选修该教师该门课程的学生元组都要记录这一信息。

(2) 插入异常。当某门课程本学期不开，自然就没有学生选修。没有学生选修，因为主属性不能为空,教师上该门课程的信息就无法插入。同样原因,学生刚入校,尚未选课,有关信息也不能输入。

(3) 删除异常。如果选修某门课程的学生全部毕业,删除学生记录的同时,随之也删除了教师开设该门课程的信息。

(4) 更新异常。当某个教师开设的某门课程改名后,所有选修该教师该门课程的学生元组都要进行修改。如果漏改某个数据,则破坏了数据的完整性。

分析出现上述问题的原因在于主属性部分依赖于主码,$(S,T)\rightarrow C$。因此关系模式还须继续分解,转换成更高一级的范式BCNF,以消除数据库操作中的异常现象。

表6.7 关系TCS

T	C	S
$T1$	$C1$	$S1$
$T1$	$C1$	$S2$
$T2$	$C1$	$S3$
$T2$	$C1$	$S4$
$T3$	$C2$	$S2$
$T4$	$C2$	$S2$
$T4$	$C3$	$S2$

将TCS分解为两个关系模式ST(S,T)和TC(T,C),消除函数依赖$(S,T)\rightarrow C$。其中ST的码为S,TC的码为T。ST∈BCNF,TC∈BCNF。这两个关系模式的函数依赖图分别如图6.10和6.11所示。

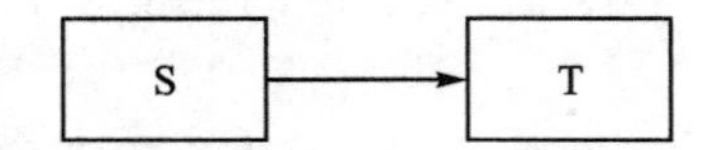

图6.10 ST中的函数依赖关系

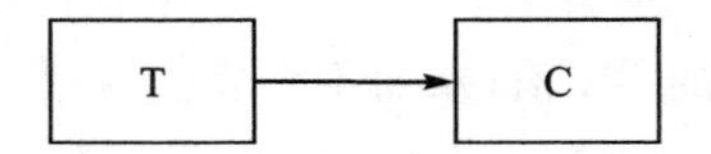

图6.11 TC中的函数依赖关系

关系模式TCS由规范到BCNF后,使原来存在的四个异常问题得到解决。

(1) 数据冗余降低。每个教师开设课程的信息只在TC关系中存储一次。

(2) 不存在插入异常。对于所开课程尚未有学生选修的教师信息可以直接存储在关系TC中,而对于尚未选修课程的学生可以存储在关系ST中。

(3) 不存在删除异常。如果选修某门课程的学生全部毕业,可以只删除关系ST中的相关学生记录,而不影响关系TC中相应教师开设该门课程的信息。

(4) 不存在更新异常。当某个教师开设的某门课程改名后,只需修改关系TC中的一个相应元组即可,不会破坏数据的完整性。

如果一个关系数据库中所有关系模式都属于3NF,则已在很大程度上消除了插入异常和删除异常;但由于可能存在主属性对候选键的部分依赖和传递依赖,因此关系模式的分解仍不够彻底。

如果一个关系数据库中所有关系模式都属于BCNF,那么在函数依赖的范畴内,已经实现了模式的彻底分解,消除了产生插入异常和删除异常的根源,而且数据冗余也减少到极小程度。

6.4　关系模式的规范化

到目前为止,规范化理论已经提出了六类范式(有关 4NF 和 5NF 的内容不再详细介绍)。各范式级别是在分析函数依赖条件下对关系模式分离程度的一种测度,范式级别可以逐级升高。一个低一级范式的关系模式,通过模式分解转化为若干个高一级范式的关系模式的集合,这种分解过程叫作关系模式的规范化(normalization)。

6.4.1　关系模式规范化的目的和原则

一个关系只要其分量都是不可分的数据项,就可称作规范化的关系,但这只是最基本的规范化。这样的关系模式是合法的,但人们发现有些关系模式存在插入、删除、修改异常和数据冗余等弊病。规范化的目的就是使结构合理,消除存储异常,使数据冗余尽量小,便于插入、删除和更新。

规范化的基本原则就是遵从概念单一化的原则,即一个关系只描述一个实体或者实体间的联系。若多于一个实体,就把它"分离"出来。因此,所谓规范化,实质上是概念的单一化,即一个关系表示一个实体。

6.4.2　关系模式规范化的步骤

规范化就是对原关系进行投影,消除决定属性不是候选码的任何函数依赖。具体可以分为以下几步:

(1) 对 1NF 关系进行投影,消除原关系中非主属性对码的部分函数依赖,将 1NF 关系转换成若干个 2NF 关系。

(2) 对 2NF 关系进行投影,消除原关系中非主属性对码的传递函数依赖,将 2NF 关系转换成若干个 3NF 关系。

(3) 对 3NF 关系进行投影,消除原关系中主属性对码的部分函数依赖和传递函数依赖,也就是说使决定因素都包含一个候选键。得到一组 BCNF 关系。

关系规范化的基本步骤如图 6.12 所示。

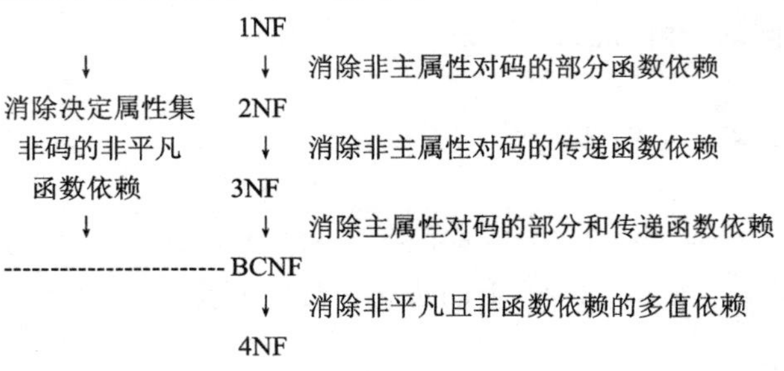

图 6.12　关系规范化的基本步骤

一般情况下,我们说没有异常弊病的数据库设计是好的数据库设计,一个不好的关系模式也总是可以通过分解转换成好的关系模式的集合。但是在分解时要全面衡量,综合考虑,视实际情况而定。

对于那些只要求查询而不要求插入、删除等操作的系统,几种异常现象的存在并不影响数据库的操作。这时便不宜过度分解,否则当要对整体进行查询时,需要进行更多的多表连接操作,这有可能得不偿失。

在实际应用中,最有价值的是3NF和BCNF。在进行关系模式的设计时,通常分解到3NF就足够了。

6.4.3 关系模式规范化的要求

关系模式的规范化过程是通过对关系模式的投影分解来实现的,但是投影分解方法不是唯一的,不同的投影分解会得到不同的结果。在这些分解方法中,只有能够保证分解后的关系模式与原关系模式等价的方法才是有意义的。

下面先给出两个定义:

无损连接性(lossless join):设有关系模式$R(U,F)$,$\rho=\{R_1, R_2,\cdots,R_n\}$是$R$的一个分解,如果对于$R$的任一满足$F$的关系$r$,下式成立:

$$r=\pi R_1(r)\bowtie \pi R_2(r)\bowtie\cdots\bowtie \pi R_n(r)$$

则称分解ρ为具有无损连接性或分解ρ为无损连接性分解。

函数依赖保持性(preserve dependency):设有关系模式$R(U,F)$,$\rho=\{R_1, R_2,\cdots,R_n\}$是$R$的一个分解,$U_i$是$R_i$的属性集合,$F_i$为$F$在$U_i$上的投影。如果$F$等价于$F_1\cup F_2\cup\cdots\cup F_n$,则称分解$\rho$具有函数依赖保持性或$\rho$具有保持函数依赖的分解。

注:$F_i=\pi R_1(F)$,它是由具有$X\rightarrow Y\in F_i$性质的依赖集组成的,且$X\subseteq U_i$,$Y\subseteq U_i$。

判断对关系模式的一个分解是否与原关系模式等价,可以有三种不同的标准:

(1) 分解要具有无损连接性。

(2) 分解要具有函数依赖保持性。

(3) 分解既要具有无损连接性,又要具有函数依赖保持性。

例如,对于例6.2的关系模式SD(SNO,SN,AGE,DEPT,MN),规范到3NF,可以有以下三种不同的分解方法:

第一种:

S(SNO,SN,AGE,DEPT)

D(DEPT,MN)

SD(SNO,SN,AGE,DEPT,MN)$=S$[SNO,SN,AGE,DEPT]$\bowtie$ D[DEPT,MN],也就是说,用其两个投影在DEPT上的自然连接可复原关系模式SD,这种分解具有无损连接性。

对于分解后的关系模式S,有函数依赖SNO→DEPT;对于D,有函数依赖

DEPT→MN。这种分解方法保持了原来的 SD 中的两个完全函数依赖 SNO→DEPT，DEPT→MN。分解既具有无损连接性，又具有函数依赖保持性。前面已经给出详细的论述，这是一种正确的分解方法。

第二种：

S_1(SNO，SN，AGE，DEPT)

D_1(SNO，MN)

分解后的关系如表 6.8 所列。

表 6.8　关系 S_1 和 D_1

关系 S_1			
SNO	SN	AGE	DEPT
S1	赵亦	17	计算机
S2	钱尔	18	信息
S3	孙珊	20	信息
S4	李思	21	自动化

关系 D_1	
SNO	MN
S1	刘伟
S2	王平
S3	王平
S4	刘伟

分解以后，两个关系的主码都为 SNO，也不存在非主属性对主码的传递函数依赖，所以两个关系均属于 3NF。

另外，SD＝$S_1 \bowtie D_1$，关系模式 SD 等于 S_1 和 D_1 在 SNO 上的自然连接，这种分解也具有无损连接性，保证不丢失原关系中的信息。但这种分解结果，仍然存在着一些问题：

(1) 数据冗余。每个系名和系主任的名字存储的次数等于该系的学生人数。

(2) 插入异常。当一个新系没有招生时，系主任的名字就无法插入。

(3) 删除异常。某系学生全部毕业而没有招生时，要删除全部学生的记录，两个关系都要涉及，有关该系的信息将被删除。

(4) 更新异常。更换系主任时，需改动较多的学生记录。另外，某个学生要转系，还必须修改两个关系。

之所以存在上述问题，是因为分解得到的两个关系模式不是相互独立的。SD 中的函数依赖 DEPT→MN 既没有投影到关系模式 S_1 上，也没有投影到关系模式 D_1 上，而是跨在这两个关系模式上。也就是说，这种分解方法没有保持原关系中的函数依赖，却用了原关系隐含的传递函数依赖 SNO $\xrightarrow{传递}$ MN。

分解只具有无损连接性，而不具有函数依赖保持性。因此，“弊病”仍然没有解决。

第三种：

S_2(SNO，SN，AGE，MN)

D_2(DEPT,MN)

分解后的关系如表6.9所列。

表6.9 关系 S_2 和 D_2

关系 S_2			
SNO	SN	AGE	MN
S1	赵亦	17	计算机
S2	钱尔	18	信息
S3	孙珊	20	信息
S4	李思	21	自动化

关系 D_2	
DEPT	MN
计算机	刘伟
信息	王平
自动化	刘伟

分解以后,两个关系均为3NF,公共属性为MN,但 $S_2 \bowtie D_2 \neq SD$。S_2 和 D_2 在MN上的自然连接的结果如表6.10所列。

表6.10 S_2 和 D_2 的自然连接

SNO	SN	AGE	DEPT	MN
S1	赵亦	17	计算机	刘伟
S1	赵亦	17	自动化	刘伟
S2	钱尔	18	信息	王平
S3	孙珊	20	信息	王平
S4	李思	21	计算机	刘伟
S4	李思	21	自动化	刘伟

$S_2 \bowtie D_2$ 比原来的关系SD多了两个元组(S1,赵亦,17,自动化,刘伟)和(S4,李思,21,计算机,刘伟),因此也无法知道原来的SD关系中究竟有哪些元组。从这个意义上说,此分解方法仍然丢失了信息,所以其分解是不可恢复的。

另外,这种分解方法只保持了原来的SD中的DEPT→MN这个完全函数依赖,而未用另外一个SNO→DEPT完全依赖,却用了原关系的传递函数依赖 $\text{SNO} \xrightarrow{\text{传递}} \text{MN}$。所以分解既不具有无损连接性,也不具有函数依赖保持性,同样存在着数据操作的异常情况。

经以上几种分解方法的分析可知:如果一个分解具有无损连接性,则能够保证不丢失信息;如果一个分解具有函数依赖保持性,则可以减轻或解决各种异常情况。

分解具有无损连接性和函数依赖保持性是两个相互独立的标准。具有无损连接性的分解不一定具有函数依赖保持性;同样,具有函数依赖保持性的分解也不一定具有无损连接性。

规范化理论提供了一套完整的模式分解方法。按照这套方法可以做到:如果要求分解既具有无损连接性，又具有函数依赖保持性，则分解一定能够达到 3NF；但不一定能够达到 BCNF。所以在 3NF 的规范化中，既要检查分解是否具有无损连接性，又要检查分解是否具有函数依赖保持性。只有这两条都满足，才能保证分解的正确性和有效性；才能既不会发生信息丢失，又保证关系中的数据满足完整性约束。

小　结

本章由关系模式的存储异常问题引出了函数依赖的概念，其中包括完全函数依赖、部分函数依赖和传递函数依赖。这些概念是规范化理论的依据和规范化程度的准则。

规范化就是对原关系进行投影，消除决定属性不是候选码的任何函数依赖。

一个关系只要其分量都是不可分的数据项，就可称作规范化的关系，也称作 1NF。消除 1NF 关系中非主属性对码的部分函数依赖，得到 2NF；消除 2NF 关系中非主属性对码的传递函数依赖，得到 3NF；消除 3NF 关系中主属性对码的部分函数依赖和传递函数依赖，便可得到一组 BCNF 关系。

在规范化过程中，可逐渐消除存储异常，使数据冗余尽量小，便于插入、删除和更新。规范化的基本原则就是遵从概念单一化的原则，即一个关系只描述一个实体或者实体间的联系。规范化的投影分解方法不是唯一的，对于 3NF 的规范化，分解既要具有无损连接性，又要具有函数依赖保持性。

习　题

1. 建立一个关于系、学生、班级、学会等诸信息的关系数据库。

   描述学生的属性有：学号、姓名、出生年月、系名、班号、宿舍区。

   描述班级的属性有：班号、专业名、系名、人数、入校年份。

   描述系的属性有：系名、系号、办公室地点、人数。

   描述学会的属性有：学会名、成立年份、地点、人数。

有关语义如下：一个系有若干学生，每个专业每年只招一个班，每个班有若干学生。一个系的学生住在同一宿舍区。每个学生可参加若干学会，每个学会有若干学生。学生参加某学会有一个入会年份。

请给出关系模式，指出是否存在传递函数依赖，讨论函数依赖是完全函数依赖，还是部分函数依赖。

指出各关系的候选码、外部码，有没有全码存在？

2. 为什么要进行关系模式的分解？分解应遵守的准则是什么？
3. 全键的关系是否必然属于 3NF？为什么？也是否必然属于 BCNF？为什么？
4. 现有关系模式如下：

Teacher(Tno,Tname,Tel,Department,Bno,Bname,BorrowDate,RDate,Backup)。

其中：

Tno——教师编号；

Tname——教师姓名；

Tel——电话；

Department——所在部门；

Bno——借阅图书编号；

Bname——书名；

BorrowDate——借书日期；

RDate——还书日期；

Backup——备注。

该关系模式的属性之间具备通常的语义。例如，教师编号函数决定教师姓名，即教师编号是唯一的；借阅图书编号决定书名，即借阅图书编号是唯一的，等等。

试回答：

(1) 教师编号是候选码吗？请说明理由。

(2) 写出该关系模式的主码。

(3) 该关系模式中是否存在部分函数依赖？如果存在，写出其中的两个。

(4) 说明要将一个1NF关系模式转化为若干2NF关系，应该如何做。

(5) 该关系模式最高满足第几范式？试说明理由。

(6) 将该关系模式分解为3NF。

5. 图6.13表示一个公司各部门的层次结构。

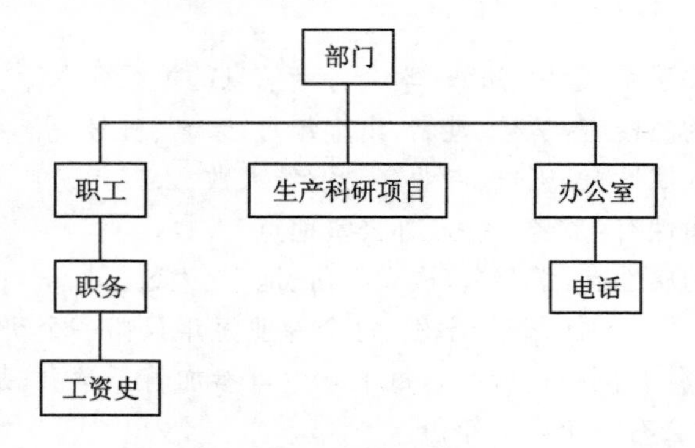

图6.13 各部门层次关系

对每个部门，数据库中包含部门号(唯一的)D#、预算费(BUDGET)以及此部门领导人员的职工号E#(唯一的)信息。

对每一个部门，还存有关于此部门的全部职工、生产与科研项目以及办公室的信息。

职工信息包括：职工号、他所参与的生产与科研项目号(J#)、他所在办公室的电话号码(PHONE＃)。

生产科研项目包括:项目号(唯一的)、预算费。

办公室信息包括:办公室房间号(唯一的)、面积。

对每个职工,数据库中有他曾担任过的职务以及担任某一职务时的工资历史。

对每个办公室包含此办公室中全部电话号码的信息。

请给出你认为合理的数据依赖,把这个层次结构转换成一组规范化的关系。

提示:此题可分步完成,第一步先转换成一组 1NF 的关系,然后逐步转换为 2NF、3NF、BCNF。

6. 在一个订货系统的数据库中,存有顾客、货物和订货单的信息。

每个顾客包含顾客号 CUST＃(唯一的)、收货地址 ADDRESS、订货日期 DATE、订货细则 LINE＃(每个订货单有若干条),每条订货细则内容为货物号 ITEM以及订货数量 QTYORD。

每种货物包含货物号 ITEM＃(唯一的)、制造厂商 PLANT＃、每个厂商的实际存货量 QTYOH、规定的最低存货量 DANGER 和货物描述 DESCN。

由于处理上的要求,每个订货单 ORD＃的每一订货细则 LINE＃中还应有一个未发货量 QTYOUT(此值初始时为订货数量,随着发货量的增加将减为零)。

为这些数据设计一个数据库,如上题那样,首先给出合理的数据依赖。

7. 设在第 6 题中只有很少量的顾客(例如 1%),却有多个发货地址,由于这些少数的而又不能忽视的情形使得不能按一般的方式来处理问题。你能发现第 6 题答案中的问题吗? 能设法改进吗?

8. 下面的结论哪些是正确的,哪些是错误的? 对于错误的结论请给出理由或给出一个反例说明之。

(1) 任何一个二元关系都是属于 3NF 的。

(2) 任何一个二元关系都是属于 BCNF 的。

(3) 任何一个二元关系都是属于 4NF 的。

(4) 当且仅当函数依赖 $A \to B$ 在 R 上成立,关系 $R(A,B,C)$ 等于其投影 $R_1(A,B)$ 和 $R_2(A,C)$ 的连接。

(5) 若 $R.A \to R.B$,$R.B \to R.C$,则 $R.A \to R.C$。

(6) 若 $R.A \to R.B$,$R.A \to R.C$,则 $R.A \to R.(B,C)$。

(7) 若 $R.B \to R.A$,$R.C \to R.A$,则 $R.(B,C) \to R.A$。

(8) 若 $R.(B,C) \to R.A$,则 $R.B \to R.A$,$R.C \to R.A$。

第7章　数据库设计

【学习内容】

1. 数据库设计步骤
2. 需求分析
3. 概念结构设计
4. 逻辑结构设计
5. 物理结构设计

7.1　数据库设计概论

在数据库领域，通常把使用数据库的各类信息系统都称为数据库应用系统。例如，以数据库为基础的各种管理信息系统、办公自动化系统、地理信息系统、电子政务系统、电子系统等，都可以称为数据库应用系统。

什么是数据库设计呢？广义地讲，是数据库及其应用系统的设计，即设计整个的数据库系统。狭义地讲，是设计数据库本身，即设计数据库的各级模式并建立数据库，这也是数据库应用系统设计的一部分。

下面给出数据库设计的一般定义：

数据库设计(database design)是指对于一个给定的应用环境，构造(设计)最优的数据库模式和物理结构，并据此建立数据库及其应用系统，使之能够有效地存储和管理数据，满足各种用户的应用需求(包括信息管理要求和数据操作要求)。也就是说，如何利用数据库管理系统、系统软件和相关的硬件系统，将用户的要求转化成有效的数据结构，并使数据库结构易于适应用户新的要求的过程。

信息管理要求是指在数据库中应该存储和管理哪些数据对象；数据操作要求是指对数据对象需要进行哪些操作，如查询、增、删、改、统计等操作。

数据库设计的目标是为用户和各种应用系统提供一个信息基础设施和高效率的运行环境。高效率的运行环境包括：数据库的存取效率、数据库存储空间的利用率、数据库系统运行管理的效率等都是高的。

7.1.1　数据库设计的特点

大型数据库的设计和开发是一项庞大的工程，是涉及多学科的综合性技术。数据库建设是指数据库应用系统从设计、实施到运行与维护的全过程。数据库建设和一般的软件系统的设计、开发和运行与维护有许多的相同之处，更有其自身的一些特点。

1. 数据库建设的基本规律

"三分技术，七分管理，十二分基础数据"是数据库设计特点之一。

在数据库建设中不仅涉及技术，还涉及管理。要建设好一个数据库应用系统，开发技术固然重要，但是相比之下管理更加重要。这里的管理不仅包括数据库建设作为一个大型的工程项目本身的管理，而且包括企业（即应用部门）的业务管理。

人们在数据库建设的长期实践中认识到，一个企业数据库建设的过程就是企业管理模式的改革和提高的过程。只有把企业的管理创新做好，才能实现技术创新，才能建设好一个数据库应用系统。

十二分基础数据则强调了数据的收集、整理、组织和不断更新，这还是数据库建设中的重要环节。人们往往忽视基础数据在数据库建设中的地位和作用。基础数据的收集、入库是数据库建立初期工作量最大、最繁琐、最细致的工作。在以后的数据库运行过程中，更需要不断地把新的数据添加到数据库中，使数据成为一个"活库"，否则就成了"死库"。数据库一旦成了"死库"，系统就失去了应用价值，原来的投资也就失败了。

2. 数据库设计应该与应用系统设计相结合

数据库设计应该和应用系统设计相结合。也就是说，整个设计过程中要把数据库结构设计和对数据的处理设计密切结合起来。这是数据库设计的特点之二。

结构（数据）设计：设计数据库框架或数据库结构。

行为（处理）设计：设计应用程序、事务处理等。

在 20 世纪 70 年代末至于 80 年代初，人们为了研究数据库设计方法，曾主张将结构设计和行为设计两者分离，如图 7.1 所示。

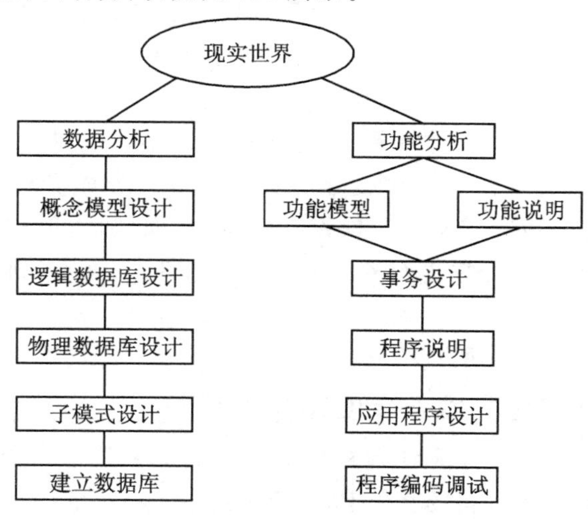

图 7.1　结构和行为分离的设计

传统的软件工程忽视对应用中数据语义的分析和抽象,只要有可能就尽量推迟数据结构设计的决策。早期的数据库设计致力于数据模型和建模方法研究,忽视了对行为的设计。

随着数据库设计方法学的成熟和结构化分析、设计方法的普遍使用,人们主张将两者作一体化的考虑。这样可以缩短数据库的设计周期,提高数据库的设计效率。

现代数据库设计的特点是,强调结构设计与行为设计相结合,是一种"反复探寻,逐步求精"的过程。从数据模型开始设计,以数据模型为核心进行展开,数据库设计和应用系统设计相结合,建立一个完整、独立、共享、冗余小、安全有效的数据库系统。

7.1.2 数据库设计方法

大型数据库设计是涉及多学科的综合性技术,也是一项庞大的工程。它要求从事数据库设计的专业人员具备多方面的技术知识,主要包括:计算机基础知识、软件工程的原理和方法、程序设计的方法和技巧、数据库的基本知识、数据库设计技术、应用领域的知识等。

早期数据库技术主要采用手工和经验相结合的方法。设计的质量往往与设计人员的经验与水平有直接的关系。这使数据库设计成为一种技艺,缺乏科学理论和工程方法的支持,设计的质量难以保证。为此,人们努力探索,提出了各种数据库设计方法。数据库设计方法目前可分为四类:直观设计法、规范设计法、计算机辅助设计法和自动化设计法。

直观设计法也叫手工试凑法,它是最早使用的数据库设计方法。这种方法依赖于设计者的经验和技巧,缺乏科学理论和工程原则的支持,设计的质量很难保证。常常是数据库运行一段时间后又发现各种问题,这样再重新进行修改,增加了系统维护的代价。因此这种方法越来越不适应信息管理发展的需要。

为了改变这种情况,1978年10月,来自30多个国家的数据库专家在美国新奥尔良(New Orleans)市专门讨论了数据库设计问题。他们运用软件工程的思想和方法,提出了数据库设计的规范,这就是著名的新奥尔良法,它是目前公认的比较完整和权威的一种规范设计法。新奥尔良法将数据库设计分成需求分析(分析用户需求)、概念设计(信息分析和定义)、逻辑设计(设计实现)和物理设计(物理数据库设计)。目前,常用的规范设计方法大多起源于新奥尔良法,并在设计的每一阶段采用一些辅助方法来具体实现。

下面简单介绍几种常用的规范设计方法:

1. 基于E-R模型的数据库设计方法

基于E-R模型的数据库设计方法是由陈品山于1976年提出的数据库设计方法。其基本思想是在需求分析的基础上,用E-R(实体-联系)图构造一个反映现实世界实体之间联系的企业模式,然后再将此企业模式转换成基于某一特定的DBMS

的概念模式。

2. 基于 3NF 的数据库设计方法

基于 3NF 的数据库设计方法采用结构化设计方法。其基本思想是在需求分析的基础上，确定数据库模式中的全部属性和属性间的依赖关系，将它们组织在一个单一的关系模式中，然后再分析模式中不符合 3NF 的约束条件，将其进行投影分解，规范成若干个 3NF 关系模式的集合。其具体设计步骤分为五个阶段：

（1）设计企业模式，利用规范化得到的 3NF 关系模式画出企业模式；

（2）设计数据库的概念模式，把企业模式转换成 DBMS 所能接受的概念模式，并根据概念模式导出各个应用的外模式；

（3）设计数据库的物理模式（存储模式）；

（4）对物理模式进行评价；

（5）实现数据库。

3. 基于视图的数据库设计方法

此方法先从分析各个应用的数据着手，其基本思想是为每个应用建立自己的视图，然后再把这些视图汇总起来合并成整个数据库的概念模式。合并过程中要解决以下问题：

（1）消除命名冲突；

（2）消除冗余的实体和联系；

（3）进行模式重构，在消除了命名冲突和冗余后，需要对整个汇总模式进行调整，使其满足全部完整性约束条件。

除了以上三种方法外，规范化设计方法还有实体分析法、属性分析法和基于抽象语义的设计方法等，这里不再详细介绍。

规范设计法从本质上来说仍然是手工设计方法，其基本思想是过程迭代和逐步求精。

计算机辅助设计法是指在数据库设计的某些过程中模拟某一规范化设计的方法，并以人的知识或经验为主导，通过人机交互方式实现设计中的某些部分。目前许多计算机辅助软件工程（Computer Aided Software Engineering，CASE）工具可以自动或辅助设计人员完成数据库设计过程中的很多任务，比如 PowerDesigner 就是由 Sybase 公司开发的一套数据库建模工具。

PowerDesigner 采用模型驱动方法，将业务与 IT 结合起来，可帮助部署有效的企业体系架构，并为研发生命周期管理提供强大的分析与设计技术。PowerDesigner 独具匠心地将多种标准数据建模技术（UML、业务流程建模以及市场领先的数据建模）集成一体，并与 .NET、WorkSpace、PowerBuilder、Java、Eclipse 等主流开发平台集成起来，从而为传统的软件开发周期管理提供业务分析和规范的数据库设计解决方案。此外，它支持 60 多种关系数据库管理系统（RDBMS）/版本。PowerDesigner

运行在 Microsoft Windows 平台上,并提供了 Eclipse 插件。

7.1.3 数据库设计步骤

按照规范设计的方法,考虑数据库及其应用系统开发的全过程,将数据库设计分为需求分析、概念结构设计、逻辑结构设计、数据库物理设计、数据库实施、数据库运行和维护六个阶段。各个阶段的设计描述如表 7.1 所列。

表 7.1 数据库各个设计阶段的描述

设计阶段	设计描述	
	数 据	处 理
需求分析	数据字典、全系统中的数据项、数据流、数据存储的描述	数据流图和判定树 数据字典中处理过程的描述
概念结构设计	概念模型(E-R 图) 数据字典	系统说明书。包括: 新系统要求、方案和概图 反映新系统信息的数据流图
逻辑结构设计	某种数据模型 关系模型	系统结构图 非关系模型(模块结构图)
数据库物理设计	存储安排 存取方法选择 存取路径建立	模块设计 IPO 表
数据库实施	编写模式 装入数据 数据库试运行	程序编码 编译联结 测试
数据库运行和维护	性能测试,转储/恢复数据库 重组和重构	新旧系统转换、运行、维护(修正性、适应性、改善性维护)

1) 需求分析阶段

准确了解与分析用户需求(包括数据与处理)是整个设计过程的基础,是最困难、最耗费时间的一步。

2) 概念结构设计阶段

该阶段是整个数据库设计的关键。通过对用户需求进行综合、归纳与抽象,形成一个独立于具体 DBMS 的概念模型。

3) 逻辑结构设计阶段

逻辑结构设计阶段将概念结构转换为某个 DBMS 所支持的数据模型并对其进行优化。

4) 数据库物理设计阶段

数据库物理设计阶段为逻辑数据模型选取一个最适合应用环境的物理结构(包

括存储结构和存取方法）。

5）数据库实施阶段

数据库实施阶段运用 DBMS 提供的数据语言、工具及宿主语言，根据逻辑设计和物理设计的结果建立数据库，编制与调试应用程序，组织数据入库，并进行试运行。

6）数据库运行和维护阶段

数据库应用系统经过试运行后即可投入正式运行。在数据库系统运行过程中，必须不断地对其进行评价、调整与修改。

7.2　需求分析

简单地说，需求分析就是分析用户的需求。需求分析是设计数据库的起点，需求分析的结果是否准确地反映了用户的实际要求，将直接影响到后面各个阶段的设计，并影响到设计结果是否合理和使用。

7.2.1　需求分析的任务和过程

从数据库设计的角度来看，需求分析的任务是：对现实世界要处理的对象（组织、部门、企业）等进行详细的调查，通过对原系统的了解，收集支持新系统的基础数据并对其进行处理，在此基础上确定新系统的功能。

具体地说，需求分析阶段的任务包括调查分析用户的活动、收集和分析需求数据并确定系统边界及编写需求分析说明书。

1. 调查分析用户的活动

这个过程通过对新系统运行目标的研究，对现行系统所存在的主要问题的分析以及制约因素的分析，明确用户总的需求目标，确定这个目标的功能域和数据域。具体做法是：

（1）调查组织机构情况，包括该组织的部门组成情况、各部门的职责和任务等。

（2）调查各部门的业务活动情况，包括各部门输入和输出的数据与格式、所需的表格与卡片、加工处理这些数据的步骤、输入输出的部门等。

2. 收集和分析需求数据并确定系统边界

在熟悉业务活动的基础上，协助用户明确对新系统的各种需求，包括用户的信息需求、处理需求、安全性和完整性的需求等。

（1）信息需求指目标范围内涉及的所有实体、实体的属性以及实体间的联系等数据对象，也就是用户需要从数据库中获得信息的内容与性质。由信息要求可以导出数据要求，即在数据库中需要存储哪些数据。

（2）处理需求指用户为了得到需求的信息而对数据进行加工处理的要求，包括对某种处理功能的响应时间、处理的方式（批处理或联机处理）等。

在定义信息需求和处理需求的同时必须相应确定安全性和完整性约束。

(3) 在收集各种需求数据后,对前面调查的结果进行初步分析,确定新系统的边界,确定哪些功能由计算机完成或将来准备让计算机完成,哪些活动由人工完成。由计算机完成的功能就是新系统应该实现的功能。

3. 编写需求分析说明书

系统分析阶段的最后是编写系统分析报告,通常称为需求规范说明书。需求规范说明书是对需求分析阶段的一个总结。编写系统分析报告是一个不断反复、逐步深入和逐步完善的过程。系统分析报告应包括以下内容:

(1) 系统概况,系统的目标、范围、背景、历史和现状;

(2) 系统的原理和技术,对原系统的改善;

(3) 系统总体结构与子系统结构说明;

(4) 系统功能说明;

(5) 数据处理概要、工程体制和设计阶段划分;

(6) 系统方案及技术、经济、功能和操作上的可行性。

完成系统的分析报告后,要在项目单位的领导下组织有关技术专家评审系统分析报告,这是对需求分析结构的再审查。审查通过后,由项目方和开发方领导签字认可。

随系统分析报告还须提供下列附件:

(1) 系统的硬件、软件支持环境的选择及规格要求(所选择的数据库管理系统、操作系统、汉字平台、计算机型号及其网络环境等)。

(2) 组织机构图、组织之间联系图及各机构功能业务一览图。

(3) 数据流程图、功能模块图和数据字典等图表。

如果用户同意系统分析报告和方案设计,在与用户进行详尽商讨的基础上,最后签订技术协议书。系统分析报告是设计者和用户一致确认的权威性文献,是今后各阶段设计和工作的依据。

需求分析的方法一般有跟班作业、开调查会、请专人介绍、询问、设计调查表请用户填写、查阅记录等。一般需要根据具体情况选用一种或多种方法。需求分析的过程一般是:

首先,调查组织机构的总体情况。了解组织机构的情况,调查这个组织由哪些部门组成,各部门的职责是什么,为分析信息流程作准备。

其次,熟悉业务活动。了解各个部门输入的是什么数据、各部门的职责等,如何加工处理这些数据;输出什么信息,输出到什么部门,输出结果的格式是什么。这是调查的重点。

第三,在熟悉了业务活动的基础上,协助用户明确对新系统的各种要求,包括信息要求、处理要求、安全性与完整性要求。这是调查的又一个重点。

最后,确定系统边界。确定哪些功能由计算机完成或将来准备让计算机完成,哪些活动由人工完成。由计算机完成的功能就是新系统应该实现的功能。

在调查过程中，可根据不同的问题和条件，采用不同的调查方法，如跟班作业、咨询业务权威、设计调查问卷、查阅历史记录等。但无论采用哪种方法，都必须有用户的积极参与和配合。强调用户的参与是数据库设计的一大特点。

7.2.2　数据流图

数据流图（Data Flow Diagram，简称 DFD），是描述数据处理过程的一种最常用的结构化分析工具。数据流图从数据传递和加工的角度，以图形的方式描述数据在系统流程中流动和处理的移动变换过程，反映数据的流向、自然的逻辑过程和必要的逻辑数据存储。

1. 数据流图基本图形符号

数据流图通常采用表 7.2 所列的四种基本图形符号。

表 7.2　数据流图基本图形符号

符　号	名　称	说　明
○	加工	在圆中注明加工的名字与编号
→	数据流	在箭头边给出数据流的名称与编号，注意不是控制流
（双横线，两侧箭头）	数据存储文件	文件名称为名词或名词性短语
□	数据源点或终点	在方框中注明数据源或汇点的名称

1）加　工

用圆或椭圆描述，又称数据处理，表示输入数据在此进行变换产生输出数据，以数据结构或数据内容作为加工对象。加工的名字通常是一个动词短语，简明扼要地表明要完成的加工。

2）数据流

用箭头描述，由一组固定的数据项组成，箭头方向表示数据的流向，作为数据在系统内的传输通道。它们大多是在加工之间传输加工数据的命名通道，也有在数据存储文件和加工之间的非命名数据通道。虽然这些数据流没有命名，但其连接的加工和文件的名称，以及流向可以确定其含义。

同一数据流图上不能有同名的数据流。如果有两个以上的数据流指向一个加工，或是从一个加工中输出两个以上的数据流，则这些数据流之间往往存在一定的关系。其具体的描述如图 7.2 所示，其中“＊”表示相邻之间的数据流同时出现，“⊕”表示相邻之间的数据流只取其一。

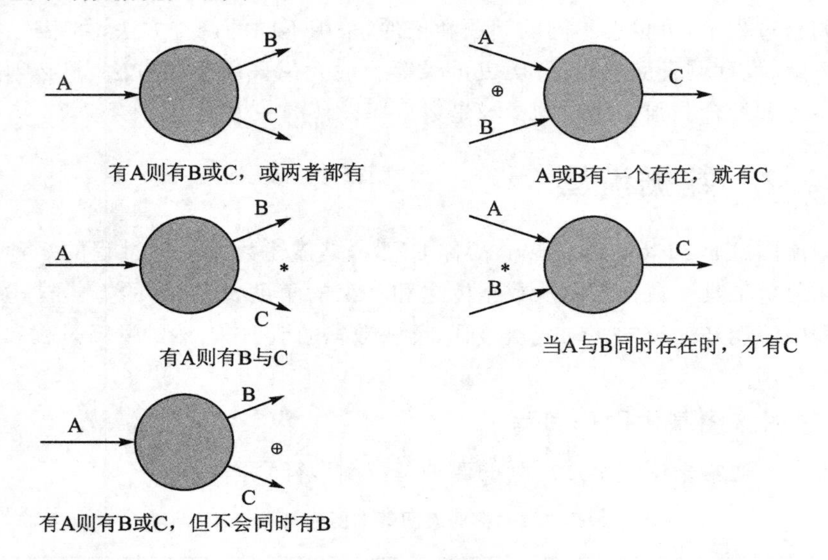

图7.2 数据流

3）数据存储文件

用双杆描述，在数据流图中起保存数据的作用，又称数据存储或文件，可以是数据库文件或任何形式的数据组织。流向数据存储的数据流可以理解为写入文件或查询文件，从数据存储流出的数据流可以理解为从文件读数据或得到查询结果。

4）数据源点或终点

用方框描述，表示数据流图中要处理数据的输入来源或处理结果要送往的地方。在图中仅作为一个符号，并不需要以任何软件的形式进行设计和实现，是系统外部环境中的实体，故称外部实体。它们作为系统与系统外部环境的接口界面，在实际的问题中可能是人员、组织、其他软硬件系统等。一般只出现在分层数据流的顶层图中。

2. 数据流图的实现

实例：现要开发高校图书管理系统，经过可行性分析和初步的需求调查，确定了系统的功能边界。该系统应能实现下面的功能：

(1) 读者管理。

(2) 读者借书。

(3) 读者还书。

(4) 图书管理。

通过对系统的信息及业务流程进行初步分析，首先抽象出该系统最高层的数据流图，即把整个数据处理过程看成是一个加工的顶层数据流图，如图7.3(a)所示。

顶层数据流图反映了系统与外界的接口，但未表明数据的加工要求，需要依据需求分析进一步细化分析出相应的子功能。对图书管理系统顶层数据流图中的处理功能作进一步分解，可分解为读者注册、借书、还书和查询四个子功能，这样就得到了图书管理系统的第 0 层数据流图，如图 7.3(b)所示。

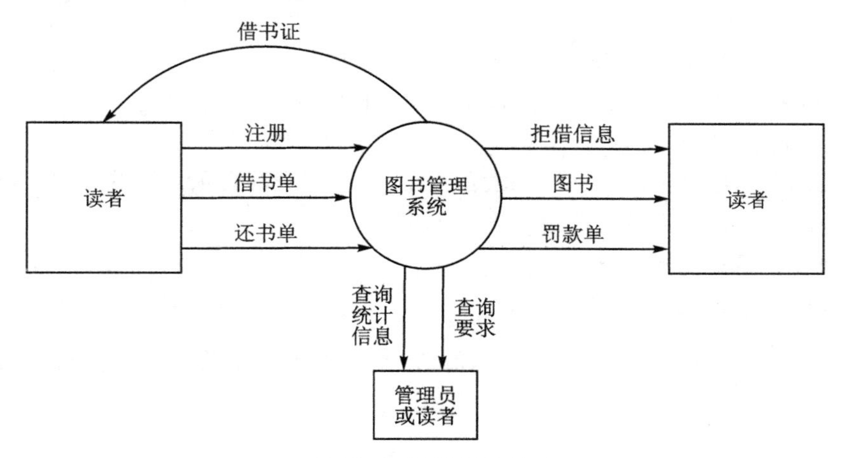

(a) 图书馆借书的顶层数据流图

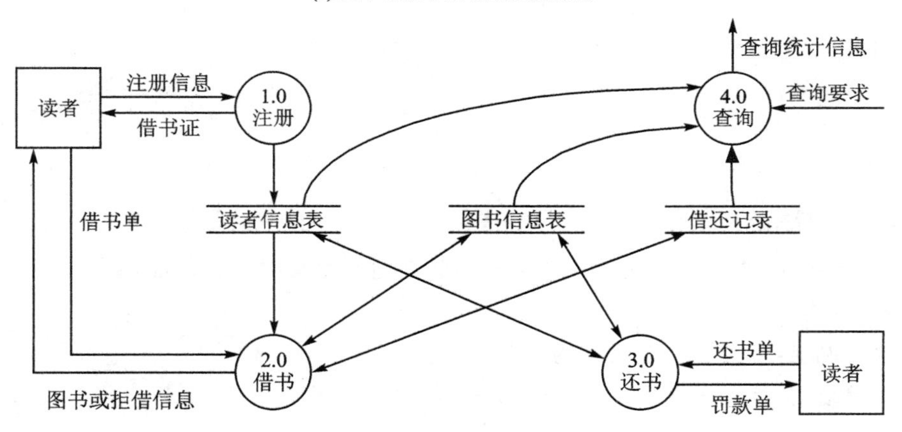

(b) 图书管理系统第0层数据流图

图 7.3 图书管理系统数据流图

从图书管理系统第 0 层数据流图中可以看出，在图书管理的不同业务中，借书、还书、查询这几个处理较为复杂，使用到不同的数据较多，因此有必要对其进行更深层次的分析，即构建这些处理的第 1 层数据流图。这样依次分解下去，直至清晰表达数据与处理过程的关系。

7.2.3 数据字典

数据字典(data dictionary)是对系统中数据的详尽描述，是各类数据属性的清单。对数据库设计来讲，数据字典是进行详细的数据收集和数据分析所获得的主要结果。数据字典通过对数据项和数据结构的定义来描述数据存储、数据加工(最底层

加工)和数据流的逻辑内容。主要内容如下:

(1) 基本信息:名字、别名、描述。

(2) 定义:数据长度、数据类型、数据结构。

(3) 使用特点:取值范围、使用频率、使用方式等。

(4) 控制信息:来源、用户、引用程序、读写权限等。

(5) 其他说明。

数据元素的定义可以是基本元素及其组合,数据进行自顶向下的分解,直到不需要进一步解释且参与人员都清楚其含义为止。

数据字典通常包括以下五个部分:

1. 数据项描述

数据项描述(名,含义,类型,长度,取值,与其他项逻辑关系等)是数据的最小单位。如:

数据项名称:借书证号。

含义说明:唯一标识一个借书证。

别名:卡号。

类型:字符型。

长度:20位。

逻辑关系:不允许为空。

2. 数据结构描述

数据结构描述(名,含义,组成)是若干数据项有意义的集合。如:

名称:读者。

含义说明:定义了一个读者的有关信息。

组成结构:姓名+性别+所在部门+读者类别。

3. 数据流

数据流(名,含义,组成,流出过程,流入过程)可以是数据项,也可以是数据结构,表示某一处理过程的输入或输出。如:

数据流名称:借书单。

含义:读者借书时填写的单据。

来源:读者。

去向:审核借书。

数据流量:250份/天。

组成:借书证编号+借阅日期+图书编号。

4. 数据存储

数据存储(名,含义,组成,数据量,存取方式)是数据及其结构停留或保存的地方，也是数据流的来源和去向之一。数据存储可以是手工文档、手工凭单或计算机文档。如：

数据存储名称：图书信息表。

含义说明：存放图书有关信息。

组成结构：图书＋库存数量。

说明：数量用来说明图书在仓库中的存放数。

5. 处理过程

处理过程（处理过程名，说明，输入：{数据流}，输出：{数据流}，处理：{简要说明}）中存取的数据，常常是手工凭证、手工文档或计算机文件。处理过程的具体处理逻辑一般用判定表或判定树来描述。如：

处理过程名称：审核借书证。

输入：借书证。

输出：认定合格的借书证。

加工逻辑：根据读者信息表和读者借书证，如果借书证在读者信息表中存在并且没有被锁定，那么借书证是有效的借书证，否则是无效的借书证。

7.3 概念结构设计

人们把数据库设计分为需求分析、概念结构设计、逻辑结构设计、物理结构设计、数据库实施、数据库运行与维护六个阶段。概念结构是对现实世界的一种抽象。所谓抽象是对实际的人、物、事和概念进行人为处理，抽取所关心的共同特性，忽略非本质的细节，并把这些特性用各种概念精确地加以描述，这些概念组成了某种模型。通过概念设计得到的概念模型是从现实世界的角度对所要解决的问题的描述，不依赖于具体的硬件环境和 DBMS。概念结构设计也就是对信息世界进行建模，常用的概念模型是 E－R 模型（由陈品山于 1976 年提出）。

7.3.1 概念结构设计的方法和步骤

1. 概念结构设计的方法

设计概念结构的 E－R 模型可采用四种方法：

(1) 自顶向下。先定义全局概念结构 E－R 模型的框架，再逐步细化，如图 7.4(a)所示。

(2) 自底向上。先定义各局部应用的概念结构 E－R 模型，然后将它们集成，得到全局概念结构 E－R 模型，如图 7.4(b)所示。

(3) 逐步扩张。先定义最重要的核心概念E-R模型,然后向外扩充,以滚雪球的方式逐步生成其他概念结构E-R模型,如图7.4(c)所示。

(4) 混合策略。该方法采用自顶向下和自底向上相结合的方法,先自顶向下定义全局框架,再以它为骨架集成自底向上方法中设计的各个局部概念结构。

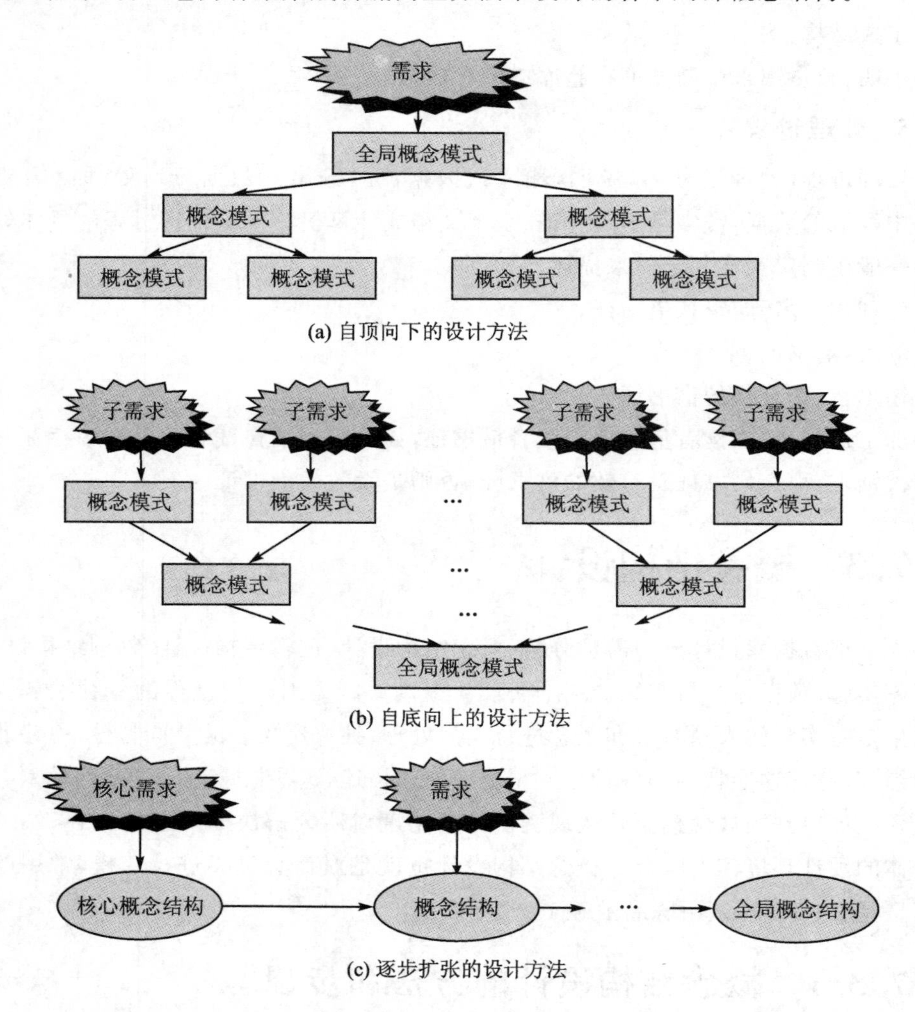

图7.4 概念结构设计的方法

其中最常用的方法是自底向上,即自顶向下地进行需求分析,再自底向上地设计概念结构。

2. 概念结构设计的步骤

自底向上的设计方法可分为两步,如图7.5所示。首先,进行数据抽象,设计局部E-R模型,即设计用户视图。然后,集成各局部E-R模型,形成全局E-R模型,即视图的集成。

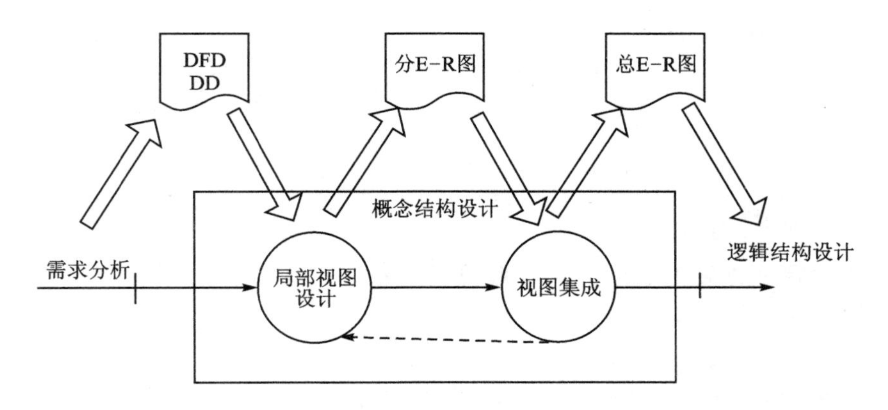

图 7.5　自底向上方法的设计步骤

7.3.2　局部 E-R 图设计

数据库概念设计是使用 E-R 模型和 E-R 图集成设计法进行设计的。它的设计过程是：首先设计局部应用，再进行局部 E-R 图设计，然后进行 E-R 集成得到概念模型（全局 E-R 图）。

概念结构是对现实世界的一种抽象。所谓抽象是对实际的人、物、事和概念进行人为处理。它抽取人们关心的共同特性，忽略非本质的细节，并把这些特性用各种概念精确地加以描述，这些概念组成了某种模型。

概念结构设计首先要根据需求分析得到的结果（数据流图、数据字典等）对现实世界进行抽象，设计各个局部 E-R 模型。

1. E-R 方法

E-R 方法是实体-联系方法（Entity-Relationship Approach）的简称。它是描述现实世界概念结构模型的有效方法。用 E-R 方法建立的概念结构模型称为 E-R 模型，或称为 E-R 图。

E-R 图的基本成分包含实体型、属性和联系。

（1）实体型：用矩形框表示，框内标注实体名称，如图 7.6(a)所示。

（2）属性：用椭圆形框表示，框内标注属性名称，如图 7.6(b)所示。

（3）联系：指实体之间的联系，有一对一（1∶1）、一对多（1∶n）或多对多（m∶n）三种联系类型。例如，系主任领导系，学生属于某一系，学生选修课程，工人生产产品，这里“领导”“属于”“选修”“生产”表示实体间的联系，可以作为联系名称。联系用菱形框表示，框内标注联系名称，如图 7.6(c)所示。

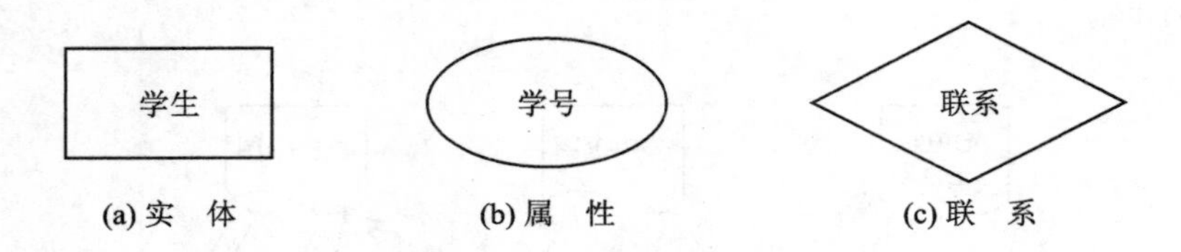

图7.6　E－R图的三种基本成分及其图形的表示方法

2. E－R图的基本形式

现实世界的复杂性导致实体联系的复杂性。表现在E－R图上可以归结为图7.7所示的三种基本形式：

(1) 两个实体之间的联系,如图7.7(a)所示。

(2) 两个以上实体间的联系,如图7.7(b)所示。

(3) 同一实体集内部各实体之间的联系,例如一个部门内的职工有领导与被领导的联系,即某一职工(干部)领导若干名职工,而一个职工(普通员工)仅被另外一个职工直接领导,这就构成了实体内部的一对多的联系,如图7.7(c)所示。

需要注意的是,因为联系本身也是一种实体型,所以联系也可以有属性。如果一个联系具有属性,则这些联系也要用无向边与该联系连接起来。例如,学生选修的课程有相应的成绩。这里的“成绩”既不是学生的属性,也不是课程的属性,只能是学生选修课程的联系的属性。图7.7(b)中“供应数量”是“供应”联系的属性。

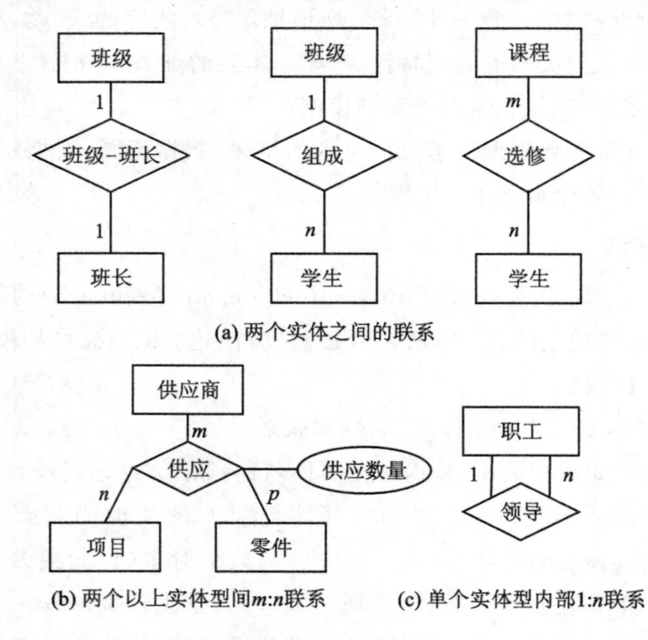

图7.7　E－R图的三种基本形式

E－R图的基本思想就是分别用矩形框、椭圆形框和菱形框表示实体、属性和联系，使用无向边将属性与其相应的实体连接起来，并将联系分别与有关实体相连接，注明联系类型。

图 7.7 均为 E－R 图的例子，但只给出了实体及其 E－R 图，省略了实体的属性。

【例 7.1】 用 E－R 图表示某个工厂物资管理的概念模型。实体如下：

仓库：仓库号、面积、电话号码。

零件 ：零件号、名称、规格、单价、描述。

供应商：供应商号、姓名、地址、电话号码、帐号。

项目：项目号、预算、开工日期。

职工：职工号、姓名、年龄、职称。

实体之间的联系如下：

一个仓库可以存放多种零件，一种零件可以存放在多个仓库中。仓库和零件具有多对多的联系。用库存量来表示某种零件在某个仓库中的数量。分 E－R 图如图 7.8(a)所示。

一个仓库有多个职工当仓库保管员，一个职工只能在一个仓库工作，仓库和职工之间是一对多的联系。职工实体型中具有一对多的联系。分 E－R 图如图 7.8(b)所示。

职工之间具有领导-被领导关系，即仓库主任领导若干保管员。分 E－R 图如图 7.8(c)所示。

供应商、项目和零件三者之间具有多对多的联系。分 E－R 图如图 7.8(d)所示。

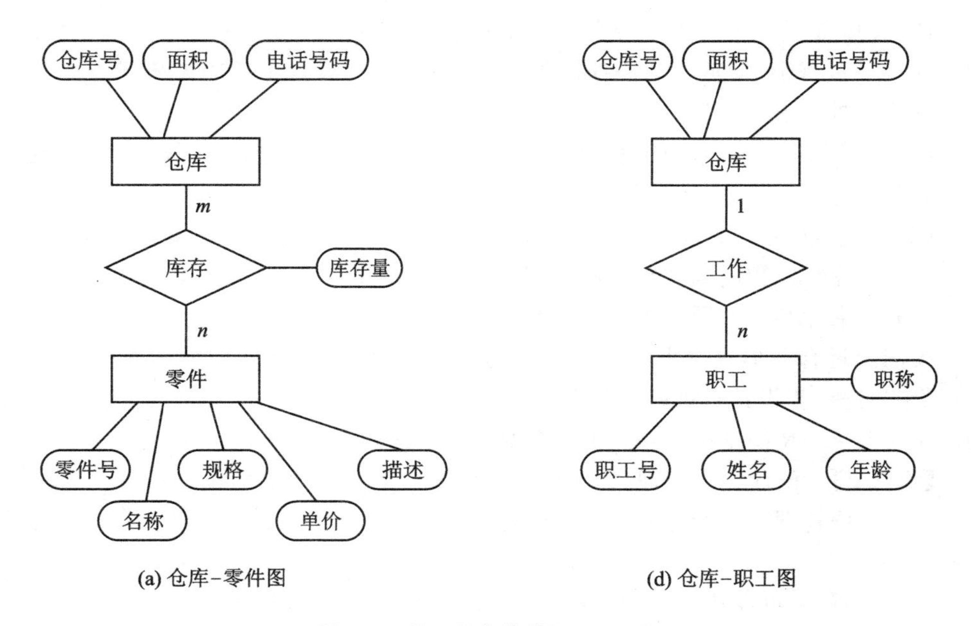

(a) 仓库-零件图　　(d) 仓库-职工图

图 7.8　某工厂物资管理 E－R 图

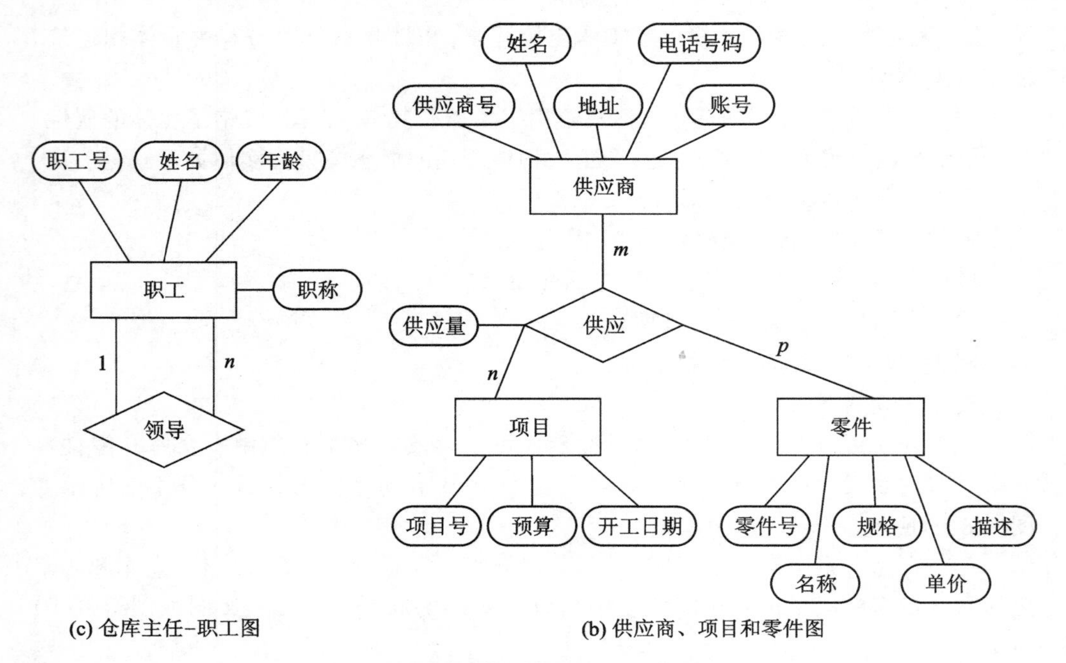

(c) 仓库主任-职工图

(b) 供应商、项目和零件图

图 7.8 某工厂物资管理 E-R 图(续)

7.3.3 E-R 图的集成

E-R 图集成的实质是将所有的局部 E-R 图合并,形成一个完整的数据概念结构。在这一过程中,最重要的任务是解决各个 E-R 图设计中的冲突和冗余。

常见的冲突有以下四类:

(1) 命名冲突。命名冲突有同名异义和同义异名两种。如教师属性何时参加工作与参加工作时间属于同义异名。

(2) 概念冲突。同一概念在一处为实体而在另一处为属性或联系。

(3) 域冲突。相同属性在不同视图中有不同的域。

(4) 约束冲突。不同的视图可能有不同的约束。

视图经过合并形成初步 E-R 图,再进行修改和重构,才能生成最后的基本 E-R 图,作为进一步设计数据库的依据。例 7.1 所表示的某个工厂物资管理的概念模型即是在分 E-R 图基础上集成的。其总 E-R 图如图 7.9 所示。

【例 7.2】 设计学生管理系统,包括学生的学籍管理子系统和课程管理子系统。

(1) 学籍管理子系统包括学生、宿舍、班级、教室、辅导员。这些实体之间的联系有:

① 一个宿舍可以住多个学生,一个学生只能住在一个宿舍中。

② 一个班级有若干学生,一个学生只能属于一个班。

③ 一个辅导员带若干个学生,一个学生只属于一个辅导员。一个辅导员带多个

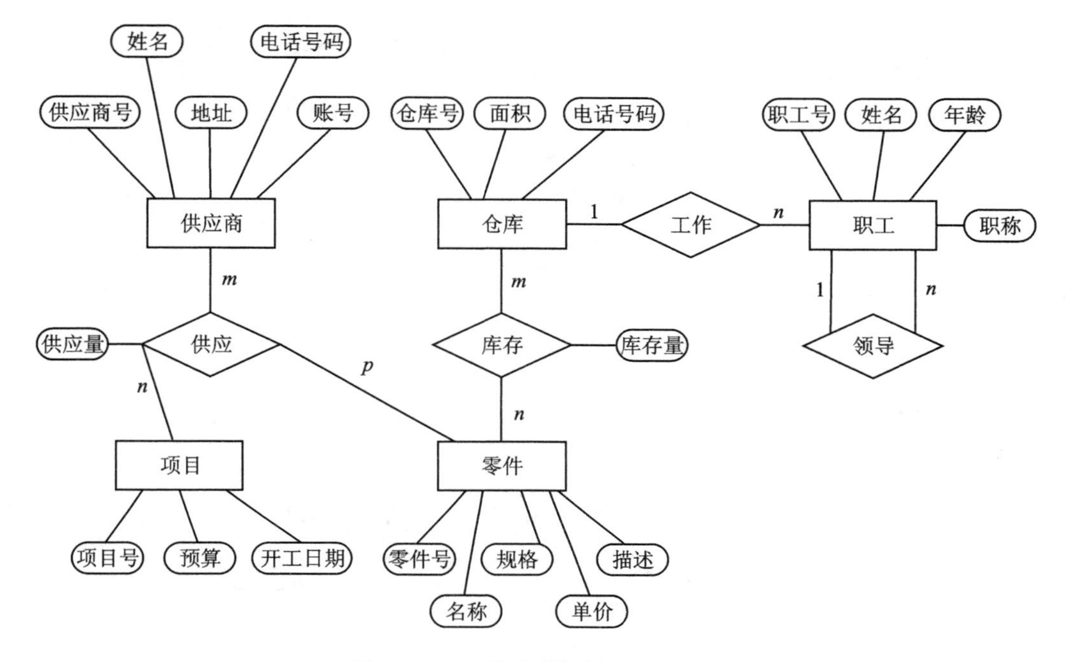

图 7.9　工厂物资管理的总 E－R 图

班级。

④ 一个班级在多个教室上课，一个教室有多个班级来上课。

(2) 课程管理子系统包括学生、课程、教师、教室、教科书。这些实体之间的联系有：

① 一个学生选修多门课程，一门课程有若干学生选修。

② 一个学生有多个教师授课，一个教师教授若干学生。

③ 一门课程由若干个教师讲授，一个教室只讲一门课程。

④ 一个教室开设多门课，一门课只能在一个教室上。

针对两个子系统分别设计出它们的 E－R 图。在 E－R 图中省去属性。学籍管理子系统的 E－R 图如图 7.10 所示。课程管理子系统的 E－R 图如图 7.11 所示。

学籍管理系统对应各个实体的属性分别为：

学生{学号，姓名，性别，出生日期，系别，何时入校，平均成绩}

班级{班级号，学生人数}

辅导员{职工号，姓名，性别，工作时间}

宿舍{宿舍编号，地址，人数}

教室{教室编号，地址，容量}

其中有下画线的属性为实体的码。

课程管理系统对应各个实体的属性分别为：

学生{学号，姓名，性别，年龄，入学时间}

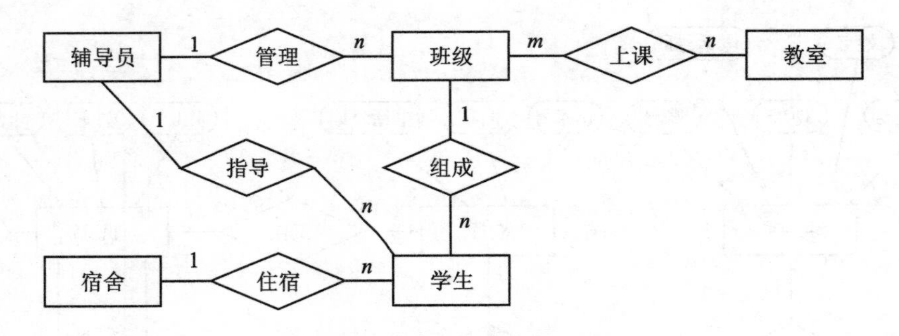

图7.10 学籍管理子系统E-R图

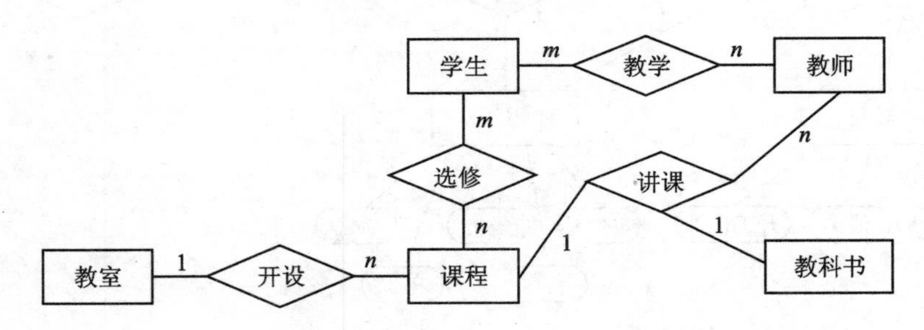

图7.11 课程管理子系统E-R图

课程{课程号,课程名,学分}

教科书{书号,书名,作者,出版日期,关键字}

教室{教室编号,地址,容量}

教师{职工号,姓名,性别,职称}

其中有下画线的属性为实体的码。

下面将学籍管理子系统E-R图和课程管理子系统E-R图集成为学生管理系统E-R图。集成的过程如下：

1）消除冲突

这两个子E-R图存在着多方面的冲突：

(1) 辅导员属于教师,学籍管理中的辅导员与课程管理中的教师可以统一为教师。

(2) 将辅导员改为教师后,教师与学生之间有两种不同的联系:指导联系和教学联系,将两种联系综合为教学联系。

(3) 调整学生属性组成,调整结果为：

学生{学号,姓名,出生日期,年龄,系别,平均成绩}

2）消除冗余

(1) 学生实体的属性中的年龄可由出生日期计算出来,属于数据冗余。调整为：

学生{学号,姓名,出生日期,系别,平均成绩}

(2) 教室实体与班级实体之间的上课联系可以由教室与课程之间的开设联系、

课程与学生之间的选修联系、学生与班级之间的组成联系三者推导出来,因此属于数据冗余,可以消去。

(3) 学生的平均成绩可以从选修联系中的成绩属性推算出来;但如果学生的平均成绩经常查询,可以保留该数据冗余来提高效率。

这样,集成后的学生管理系统的 E-R 图如图 7.12 所示。

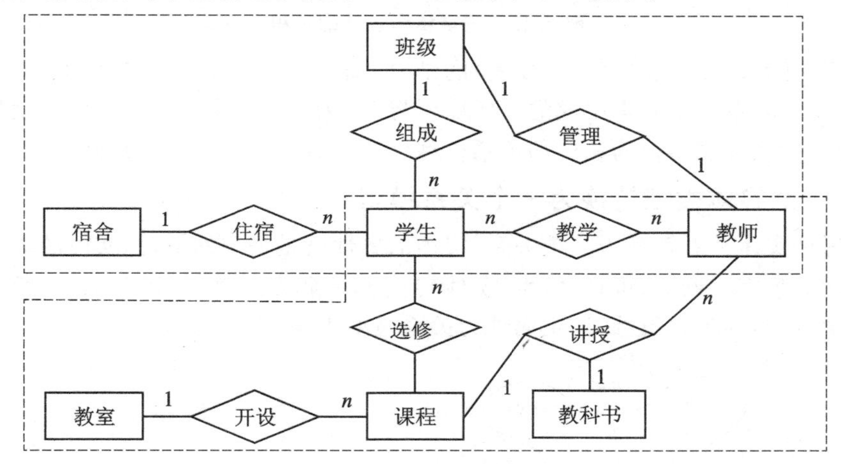

图 7.12 集成后的学生管理系统 E-R 图

7.4 逻辑结构设计

概念结构设计所得的 E-R 模型是对用户需求的一种抽象的表达形式。它独立于任何一种具体的数据模型,因而也不能为任何一个具体的 DBMS 所支持。为了能够建立起最终的物理系统,还需要将概念结构进一步转化为某一 DBMS 所支持的数据模型,然后根据逻辑设计的准则、数据的语义约束、规范化理论等对数据模型进行适当的调整和优化,形成合理的全局逻辑结构,并设计出用户子模式。这就是数据库逻辑设计所要完成的任务。

概念结构是独立于任何一种数据模型的。在实际应用中,一般所用的数据库环境已经给定(如 SQL Server 或 Oracel 或 MySql),这里讨论从概念结构向逻辑结构的转换问题。由于目前使用的数据库基本上是关系数据库,因此首先需要将 E-R 图转换为关系模型,然后根据具体 DBMS 的特点和限制转换为特定的 DBMS 支持的数据模型,最后进行优化。

7.4.1 概念结构模型向关系模型的转换

数据库逻辑结构的设计分为两个步骤:首先,将概念设计所得的 E-R 图转换为关系模型;然后,对关系模型进行优化,如图 7.13 所示。

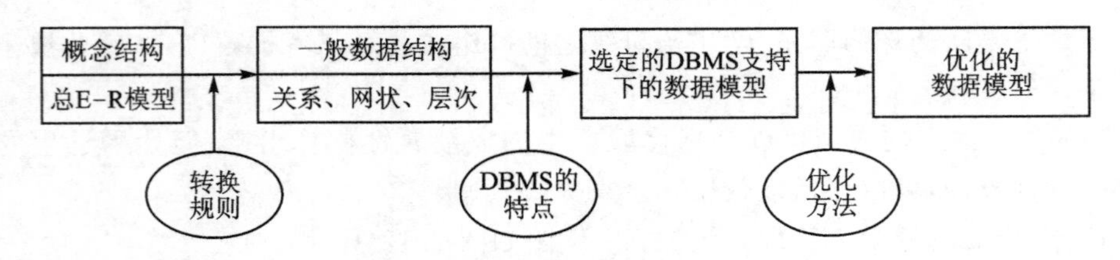

图 7.13　逻辑结构设计的过程

关系模型是由一组关系(二维表)的结合,而 E-R 模型则是由实体、实体的属性、实体间的联系三个要素组成的。所以要将 E-R 模型转换为关系模型,就是将实体、属性和联系都要转换为相应的关系模型。下面具体介绍转换的规则。

1. 一个实体类型转换为一个关系模型

将每种实体类型转换为一个关系,实体的属性就是关系的属性,实体的关键字就是关系的关键字。例如,可将“学生”实体转换为一个关系模型,如图 7.14 所示。其中,带“学号”属性为主属性,该主属性为关系模型主码。

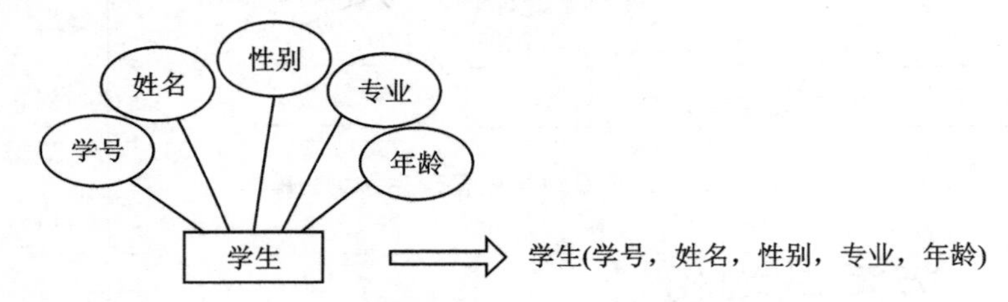

图 7.14　一个实体类型转换为一个关系模型

2. 一对一关系(1∶1)的转换

一对一关系有以下两种转换方式:

(1) 转换为一个独立的关系模型。联系名为关系模型名,与该联系相连的两个实体的关键字及联系本身的属性为关系模型的属性,其中每个实体的关键字均是该关系模型的候选码。

(2) 与任意一端的关系模型合并。可将相关的两个实体分别转换为两个关系,并在任意一个关系的属性中加入另一个关系的主关键字。

例如,若某工厂的每个仓库只配备了一名管理员,那么仓库实体与管理员实体间便为 1∶1关系。根据以上介绍的原则,可以进行如图 7.15 所示的变换。

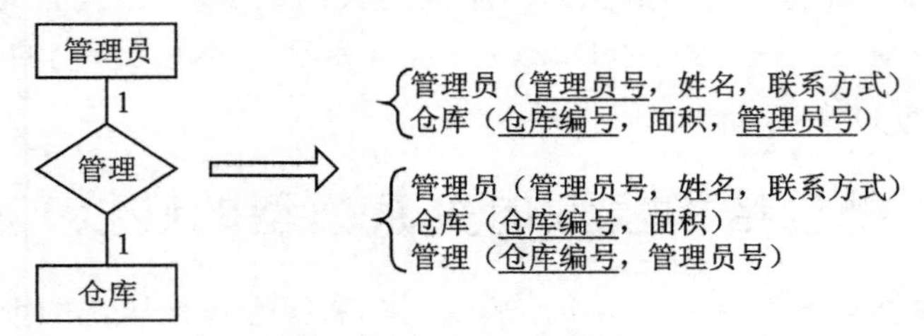

图 7.15　1∶1关系的转换

在实际设计中，究竟采用哪种方案可视具体的应用而定。如果经常要在查询仓库关系的同时查询此仓库管理员的信息，就可选用前一种关系模型，以减少查询时的连接操作；反之，如果在查询管理员时要频繁查询仓库信息，则选用后一种关系模型。总之，在模型转换出现较多方案时，效率是重要的取舍因素。

3. 一对多关系(1∶n)的转换

一对多关系也有两种转换方式：

(1) 将 1∶n 联系转换为一个独立的关系模型。联系名为关系模型名，与该联系相连的各实体的关键字及联系本身的属性为关系模型的属性，关系模型的关键字为 n 端实体的关键字。

(2) 将 1∶n 联系与 n 端关系合并。1 端的关键字及联系的属性并入 n 端的关系模型即可。

在图 7.16 中，实体“专业”和“学生”之间的联系为 1∶n，因此两者可使用以上的原则进行关系模型的转换。

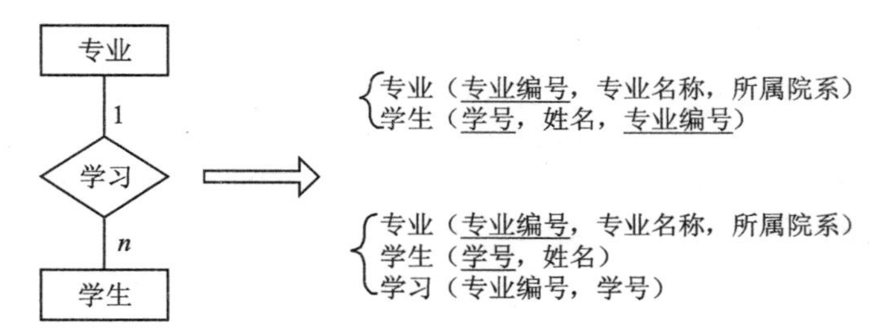

图 7.16　1∶n 联系的转换

4. 多对多关系(m∶n)的转换

关系模型名为联系名，与该关系相连的各实体的关键字及联系本身的属性为关系模型的属性，关系模型的关键字为关系中各实体关键字的并集。

例如，在学校中，一名学生可以选修多门课程，一门课程也可为多名学生选修，则实体“学生”与“课程”之间满足多对多的联系，其转换方法如图 7.17 所示。

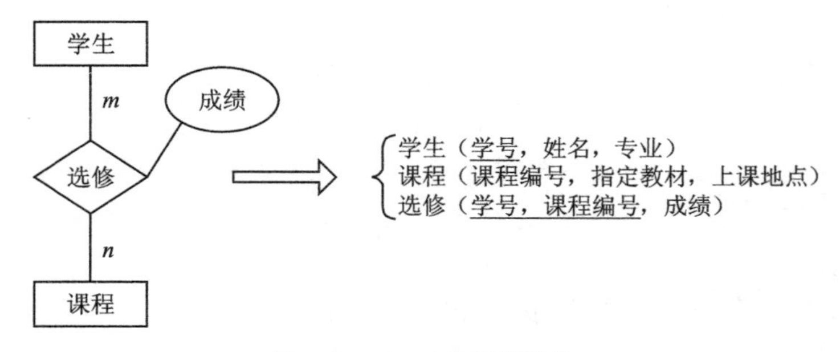

图 7.17　m∶n 关系的转换

7.4.2 关系模式的优化

数据库逻辑设计的结果不是唯一的。为了进一步提高数据库应用系统的性能，通常以规范化理论为指导，适当地修改、调整关系模型的结构，这就是模式的优化。

关系模式的优化方法为：

(1) 确定数据依赖。

(2) 对于各个关系模式之间的数据依赖参考范式理论进行极小化处理，消除冗余的联系。

(3) 按照数据依赖的理论对关系模式逐一进行分析，考查是否存在部分函数依赖、传递函数依赖、多值依赖等，确定各关系模式分别属于第几范式。

(4) 按照需求分析阶段得到的各种应用对数据处理的要求，分析对于这样的应用环境这些模式是否合适，确定是否要对它们进行合并或分解。以上工作理论性比较强，主要目的是设计一个数据冗余尽量少的关系模式。

(5) 对关系模式进行必要的分解。常用的两种分解方法是水平分解法和垂直分解法。

如果一个关系模式的属性特别多，就应该考虑是否可以对这个关系进行垂直分解；如果一个关系的数据量特别大，就应该考虑是否可以进行水平分解。如一个论坛中，如果设计时把会员发的主帖和跟帖设计为一个关系，若在帖子量非常大的情况下，下一步就应该考虑把它们分开了。因为显示的主帖是经常查询的，而跟帖则是在打开某个主帖的情况下才查询。又如手机号管理软件，可以考虑按省份或其他方式进行水平分解。

规范化理论为数据库设计人员判断关系模式的优劣提供了理论标准，可用来预测模式可能出现的问题，使数据库设计工作有了严格的理论基础。

7.4.3 设计用户模式

在将概念模型转换为逻辑模型后，即生成了整个应用系统的模式后，还应该根据局部应用需求，结合具体DBMS的特点，设计用户的外模式。

目前，关系数据库管理系统一般提供了视图概念，支持用户的虚拟视图。我们可以利用这一功能设计更符合局部用户需要的用户外模式。

定义数据库模式主要是从系统的时间效率、空间效率及易维护等角度出发。由于用户外模式与模式是独立的，因此在定义用户外模式时更应该注重考虑用户的习惯与方便。包括：

(1) 使用更符合用户习惯的别名。在合并各分E-R图时，曾做了消除命名冲突的工作，以使数据库系统中同一关系和属性具有唯一的名字。这在设计数据库整体结构时是非常必要的。用视图机制可以在设计用户视图时重新定义某些属性名，使其与用户习惯一致，以方便使用。

(2) 针对不同级别的用户定义不同的外模式，以满足系统对安全性的要求。例如，假设有关系模式产品(产品号，产品名，规格，单价，生产车间，生产负责人，产品成本，产品合格率，质量等级)，可以在产品关系上建立两个视图：

① 为一般顾客建立视图：产品 1(产品号，产品名，规格，单价)。

② 为产品销售部门建立视图：产品 2(产品号，产品名，规格，单价，车间，生产负责人)。

顾客视图中只包含允许顾客查询的属性，销售部门视图中只包含允许销售部门查询的属性，生产领导部门则可以查询全部产品数据。这样就可以防止用户非法访问本来不允许他们查询的数据，保证了系统的安全性。

(3) 简化用户对系统的使用。如果某些局部应用中经常要使用某些复杂的查询，为了方便用户，可以将这些复杂查询定义为视图。用户每次使用时，只对定义好的视图进行查询，大大简化了用户的使用。

7.5　数据库的物理设计

数据库最终是要存储在物理设备上的。为一个给定的逻辑数据模型选取一个最适合应用环境的物理结构(存储结构与存取方法)的过程，就是数据库的物理设计。物理结构依赖于给定的 DBMS 和硬件系统，因此设计人员必须充分了解所用 DBMS 的内部特征，特别是存储结构和存取方法；充分了解应用环境，特别是应用的处理频率和响应时间要求，以及充分了解外存设备的特性。

如图 7.18 所示，数据库的物理设计通常分为两步：

(1) 确定数据库的物理结构，在关系数据库中主要指存取方法和存取结构；

(2) 对物理结构进行评价，评价的重点是时间和空间效率。

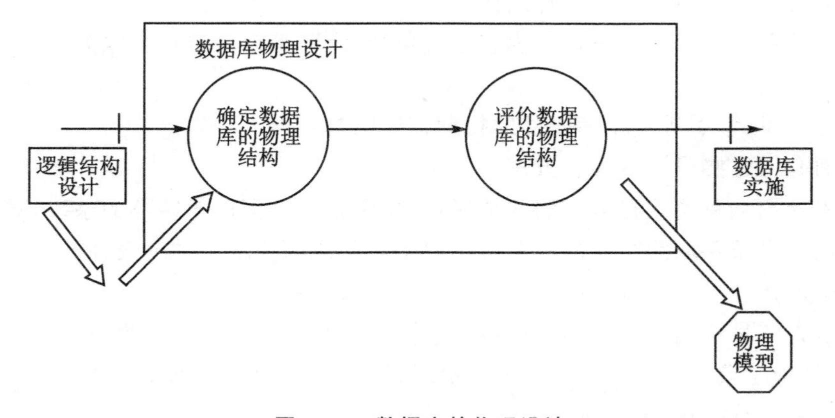

图 7.18　数据库的物理设计

如果评价结果满足原设计要求，则可进入到物理实施阶段；否则，就需要重新设计或修改物理结构,有时甚至要返回逻辑设计阶段修改数据模型。

7.5.1 物理设计的内容和特点

不同的数据库产品所提供的物理环境、存取方法和存储结构有很大差别,能提供设计人员使用的设计变量、参数范围也不相同,因此没有通用的物理设计方法可循,只能给出一般的设计内容和原则。希望能设计优化的物理数据库结构,使得在数据库上运行的各种事务响应时间短、存储空间利用率高、事务吞吐量大。为此,首先要充分了解应用环境,详细分析要运行的事务,以获得选择物理数据库设计所需参数。其次,要充分了解所用 RDBMS 的内部特征,特别是系统提供的存取方法和存储结构。

对数据库查询事务,需要得到如下信息:

(1) 查询的关系;

(2) 查询条件所涉及的属性;

(3) 连接条件所涉及的属性;

(4) 查询的投影属性。

对数据更新事务,需要得到如下信息:

(1) 被更新的关系;

(2) 每个关系上的更新操作条件所涉及的属性;

(3) 修改操作要改变的属性值。

除此之外,还需要知道每个事务在各关系上运行的频率和性能要求。例如,事务 T 必须在 10 秒钟内结束,这对于存取方法的选择具有重大影响。

上述这些信息是确定关系的存取方法的依据。

应注意的是,数据库运行的事务会不断变化、增加或减少,以后需要根据上述设计信息的变化调整数据库的物理结构。

通常关系数据库物理设计的内容主要包括:为关系模式选择存取方法,建立存取路径;

设计关系、索引等数据库文件的物理存储结构。

下面介绍这些设计内容和方法。

首先介绍关系模式存取方法的选择:数据库系统是多用户共享的系统,对同一个关系要建立多条存取路径才能满足多用户的多种应用要求。物理设计的第一个任务就是要确定选择哪些存取方法,即建立哪些存取路径。

存取方法是快速存取数据库中数据的技术。DBMS 常用的存取方法有三类:索引方法(目前主要是 B+树索引方法)、聚簇(cluster)方法、HASH 方法。

1. 索引存取方法的选择

选择索引存取方法的主要内容包括:

(1) 对哪些属性列建立索引；

(2) 对哪些属性列建立组合索引；

(3) 对哪些索引要设计为唯一索引。

选择索引存取方法的一般规则包括：

(1) 如果一个(或一组)属性经常在查询条件中出现,则考虑在这个(或这组)属性上建立索引(或组合索引)；

(2) 如果一个属性经常作为最大值和最小值等聚集函数的参数,则考虑在这个属性上建立索引；

(3)如果一个(或一组)属性经常在连接操作的连接条件中出现,则考虑在这个(或这组)属性上建立索引。

另外,关系上定义的索引数过多会带来较多的额外开销,如维护索引的开销及查找索引的开销。

2. 聚簇存取方法的选择

为了提高某个属性(或属性组)的查询速度,把这个或这些属性(称为聚簇码)上具有相同值的元组集中存放在连续的物理块上的过程称为聚簇。

聚簇功能可以大大提高按聚簇码进行查询的效率。例如要查询信息系的所有学生名单,设信息系有 500 名学生,在极端情况下,这 500 名学生所对应的数据元组分布在 500 个不同的物理块上。尽管对学生关系已按所在系建有索引,由索引很快找到了信息系学生的元组标识,避免了全表扫描;然而再由元组标识去访问数据块时就要存取 500 个物理块,执行 500 次 I/O 操作。如果将同一系的学生元组集中存放,则每读一个物理块可得到多个满足查询条件的元组,从而显著地减少了访问磁盘的次数。

聚簇功能不但适用于单个关系,也适用于经常进行连接操作的多个关系,即把多个连接关系的元组按连接属性值聚集存放,聚簇中的连接属性称为聚簇码。这就相当于把多个关系按“预连接”的形式存放,从而大大提高连接操作的效率。

一个数据库可以建立多个聚簇,一个关系只能加入一个聚簇。

选择聚簇存取方法,即确定需要建立多少个聚簇,每个聚簇中包括哪些关系。下面先设计候选聚簇。一般来说：

(1) 对经常在一起进行连接操作的关系可以建立聚簇。

(2) 如果一个关系的一组属性经常出现在相等比较条件中,则该单个关系可建立聚簇。

(3) 如果一个关系的一个(或一组)属性上的值重复率很高,则此单个关系可建立聚簇,即对应每个聚簇码值的平均元组数不能太少。太少了,聚簇的效果不明显。

然后检查候选聚簇中的关系,取消其中不必要的关系：

(1) 从聚簇中删除经常进行全表扫描的关系。

(2) 从聚簇中删除更新操作远多于连接操作的关系。

(3) 不同的聚簇中可能包含相同的关系,一个关系可以在某一个聚簇中,但不能同时加入多个聚簇。要从这多个聚簇方案(包括不建立聚簇)中选择一个较优的,即在这个聚簇上运行各种事务的总代价最小。

必须强调的是,聚簇只能提高某些应用的性能,而且建立与维护聚簇的开销是相当大的。对已有关系建立聚簇,将导致关系中元组移动其物理存储位置,并使此关系上原有的索引无效,必须重建。当一个元组的聚簇码值改变时,该元组的存储位置也要作相应移动,所以聚簇码值要相对稳定,以减少修改聚簇码值所引起的维护开销。

可见,当通过聚簇码进行访问或连接的是该关系的主要应用,与聚簇码无关的其他访问很少或者是次要的,这时可以使用聚簇。尤其当SQL语句中包含有与聚簇码有关的ORDER BY、GROUP BY、UNION、DISTINCT等子句或短语时,使用聚簇特别有利,可以省去对结果集的排序操作;否则,很可能会适得其反。

3. HASH存取方法的选择

有些数据库管理系统提供了HASH存取方法。选择HASH存取方法的规则如下:

如果一个关系的属性主要出现在等连接条件中或主要出现在相等比较选择条件中,而且满足下列两个条件之一,则此关系可以选择HASH存取方法:

(1) 如果一个关系的大小可预知,而且不变;

(2) 如果关系的大小动态改变,而且数据库管理系统提供了动态HASH存取方法。

7.5.2 索引设计

数据库中的索引与书籍中的索引类似。在一本书中,利用索引可以快速查找所需信息,无须阅读整本书。在数据库中,索引使数据库程序无须对整个表进行扫描,就可以在其中找到所需数据。索引设计不佳和缺少索引是提高数据库和应用程序性能的主要障碍。设计高效的索引对于获得良好的数据库和应用程序性能极为重要。为数据库及其工作负荷选择正确的索引,是一项需要在查询速度与更新所需开销之间取得平衡的复杂任务。如果索引较窄,或者说索引关键字中只有很少的几列,则需要的磁盘空间和维护开销都较少。另一方面,宽索引可覆盖更多的查询。因此实际操作中往往需要试验若干不同的设计,才能找到最有效的索引。可以添加、修改和删除索引而不影响数据库架构或应用程序设计。因此,应试验多个不同的索引而无需犹豫。

SQL Server中的查询优化器可在大多数情况下可靠地选择最高效的索引。总体索引设计策略应为查询优化器提供可供选择的多个索引,并依赖查询优化器做出正确的决定。这在多种情况下可减少分析时间并获得良好的性能。若要查看查询优化器对特定查询使用的索引,请在SQL Server Management Studio中的“查询”菜单上选择“包括实际的执行计划”。但是，索引的使用并不等同于良好的性能，良好的性能也不等同于索引的高效使用。如果只要使用索引就能获得最佳性能，那查询优化器的工作就简单了。查询优化器的任务是只在索引或索引组合能提高性能时才选择它，而在索引检索有碍性能时则避免使用它。

1. 索引设计任务

索引设计通常包括以下工作任务：

了解数据库本身的特征。例如，它是频繁修改数据的联机事务处理（OLTP）数据库，还是主要包含只读数据的决策支持系统（DSS）或数据仓库（OLAP）数据库。

了解最常用的查询的特征。例如，了解到最常用的查询所连接的表将有助于决定要使用的最佳索引类型。

了解查询中使用的列的特征。例如，某个索引对于含有整数数据类型同时还是唯一的或非空的列是理想索引。筛选索引适用于具有定义完善的数据子集的列。

确定在创建或维护索引时可提高性能的索引选项。例如，对现有某个大型表创建聚集索引将会受益于 ONLINE 索引选项。ONLINE 选项允许在创建索引或重新生成索引时继续对基础数据执行并发活动。

确定索引的最佳存储位置。非聚集索引可以与基础表存储在同一个文件组中，也可以存储在不同的文件组中。索引的存储位置可通过提高磁盘 I/O 性能来提高查询性能。例如，将非聚集索引存储在表文件组所在磁盘以外的某个磁盘上的一个文件组中可以提高性能，因为可以同时读取多个磁盘。或者，聚集索引和非聚集索引也可以使用跨越多个文件组的分区方案。在维护整个集合的完整性时，使用分区可以快速而有效地访问或管理数据子集，从而使大型表或索引更易于管理。在考虑分区时，应确定是否应对齐索引，即是按实质上与表相同的方式进行分区，还是单独分区。

2. 数据库物理结构设计——建索引原则

1）应该建索引的原则

（1）在经常需要搜索的列上建立索引。

（2）在主关键字上建立索引。

（3）在经常用于连接的列上建索引，即在外码上建立索引。

（4）在经常需要根据范围进行搜索的列上创建索引，因为索引已经排序，其指定的范围是连续的。

（5）在经常需要排序的列上建立索引 ，因为索引已经排序，这样查询可以利用索引的排序，加快排序查询时间。

（6）在经常成为查询条件的列上建立索引。也就是说，在经常使用在 WHERE 子句中的列上建立索引。

2）不应该建索引的原则

（1）对于那些在查询中很少使用和参考的列不应该创建索引。因为既然这些列很少使用,有索引并不能提高查询速度;相反,由于增加了索引,反而降低了系统的维护速度并增大了空间需求。

(2) 对于那些只有很少值的列不应该建立索引。例如,人事表中的"性别"列,取值范围只有两项:"男"或"女"。若在其上建立索引,则平均起来,每个属性值对应一半的元组,用索引检索,并不能明显加快检索速度。

(3) 属性值分布严重不均的属性不应该建立索引。例如,学生的年龄往往集中在几个属性值上,若在年龄属性上建立索引,则在检索某个年龄的学生时,会涉及相当多的学生。

(4) 过长的属性不应该建立索引。例如,超过30字节。因为在过长的属性上建立索引,索引所占的存储空间比较大,而索引的级数也随之增加,有诸多不利之处。如果实在需要在其上建立索引,必须采取索引属性压缩的措施。

(5) 经常更新的属性或表不应该建立索引。因为在更新时有关的索引需要作相应的修改。

7.6 数据库的实施和维护

完成数据库的物理设计之后,设计人员就要用RDBMS提供的数据定义语言和其他实用程序将数据库逻辑设计和物理设计结果严格描述出来,成为DBMS可以接受的源代码,再经过调试产生目标模式。然后就可以组织数据入库了,这就是数据库实施阶段。

7.6.1 数据库实施

数据库实施主要包括用DDL定义数据库结构、组织数据入库、编制与调试应用程序、数据库试运行等项工作。

1. 定义数据库结构

确定了数据库的逻辑结构与物理结构后,就可以用所选用的DBMS提供的数据定义语言(DDL)来严格描述数据库结构。

2. 数据装载

数据库结构建立好后,就可以向数据库中装载数据了。组织数据入库是数据库实施阶段最主要的工作。对于数据量不是很大的小型系统,可以用人工方法完成数据的入库,其步骤为:首先筛选数据,其次转换数据格式,第三步是输入数据,最后校验数据。

对于中大型系统,由于数据量极大,用人工方式组织数据入库将会耗费大量人力物力,而且很难保证数据的正确性。因此应该设计一个数据输入子系统,由计算机辅助数据的入库工作。

3. 编制与调试应用程序

数据库应用程序的设计应该与数据库设计并行进行。在数据库实施阶段，当数据库结构建立好后，就可以开始编制与调试数据库的应用程序。也就是说，编制与调试应用程序是与组织数据入库同步进行的。调试应用程序时由于数据入库尚未完成，可先使用模拟数据。

4. 数据库试运行

应用程序调试完成并且已有一小部分数据入库后，就可以开始数据库的试运行。数据库试运行也称为联合调试。其主要工作包括：

（1）功能测试，即实际运行应用程序，执行对数据库的各种操作，测试应用程序的各种功能。

（2）性能测试，即测量系统的性能指标，分析是否符合设计目标。

7.6.2　数据库运行和维护

数据库试运行结果符合设计目标后，数据库就可以真正投入运行了。数据库投入运行标志着开发任务的基本完成和维护工作的开始，并不意味着设计过程的终结。由于应用环境在不断变化，数据库运行过程中物理存储也会不断变化。对数据库设计进行评价、调整、修改等维护工作是一项长期的任务，也是设计工作的继续和提高。

在数据库运行阶段，对数据库经常性的维护工作主要是由 DBA 完成的。

1. 数据库的转储和恢复

数据库的转储和恢复是系统正式运行后最重要的维护工作之一。DBA 要针对不同的应用要求制定不同的转储计划，以保证一旦发生故障能尽快将数据库恢复到某一种一致的状态，并尽可能减少对数据库的破坏。

2. 数据库的安全性、完整性控制

数据库运行过程中，由于应用环境的变化，对安全性的要求也会发生变化。比如，有的数据原来是机密的，现在可以公开查询了，而新加入的数据又可能是机密的。系统中用户的密级也会发生改变。这些都需要 DBA 根据实际情况修改原有的安全性控制。同样，数据库的完整性约束条件也会发生变化，也需要 DBA 不断修正，以满足用户需求。

3. 数据库性能的监督、分析和改造

在数据库运行过程中，监督系统运行，对监测数据进行分析，找出改进系统性能的方法是 DBA 的又一项重要任务。目前，有些 DBMS 产品提供了监测系统性能参数的工具，DBA 可以利用这些工具方便地得到系统运行过程中一系列性能参数的值。DBA 应仔细分析这些数据，判断当前系统运行状况是否是最佳，应当作哪些改进，例如调整系统物理参数或对数据库进行重组织或重构造等。

4. 数据库的重组与重构造

运行一段时间后，由于记录的不断增加、删除、修改，会使数据库的物理存储发生变化，从而降低数据库存储空间的利用率和数据的存取效率，使数据库的性能下降。这时 DBA 就要对数据库进行重组织，或部分重组织(只对频繁增加、删除的表进行重组织)。数据库的重组织不会改变原设计的数据逻辑结构和物理结构，只是按原设计要求重新安排存储位置，回收垃圾，减少指针链，提高系统性能。DBMS 一般都提供了供重组织数据库使用的实用程序，帮助 DBA 重新组织数据库。

当数据库应用环境发生变化，会导致实体及实体间的联系也发生相应的变化，使原有的数据库设计不能很好地满足新的需求，从而不得不适当调整数据库的模式和内模式，这就是数据库的重构造。

重构造数据库的程度是有限的。若应用变化太大，已无法通过重构数据库来满足新的需求；或重构数据库的代价太大，则表明现有数据库应用系统的生命周期已经结束，应该重新设计新的数据库系统。

小　结

数据库设计技术是信息系统开发和建设中的核心技术。在实际工作中，力求将数据库设计与应用系统设计相结合，把结构(数据)设计和行为(处理)设计密切结合起来。

数据库设计划分为需求分析、概念结构设计、逻辑结构设计、数据库物理设计、数据库实施、数据库运行和维护六个阶段。其中的重点是概念结构设计和逻辑结构的设计，这也是数据库设计过程中最重要的两个环节。

在数据库设计的各个阶段，人们都研究和开发了各种数据库设计工具，关系数据理论是进行数据库逻辑设计的有力工具。

要完成一个实际部门的数据库应用系统的设计全过程，必须理论联系实际，把软件工程的思想、方法具体运用到数据库设计中。

习　题

1. 试述数据库设计过程。
2. 试述数据库设计过程各个阶段上的主要任务。
3. 试述数据库设计过程中结构设计部分形成的数据库模式。
4. 试述数据库设计的特点。
5. 需求分析阶段的设计目标是什么？调查的内容是什么？
6. 数据字典的内容和作用是什么？
7. 什么是数据库的概念结构？试述其特点和设计策略。
8. 什么叫数据抽象？试举例说明。

9. 试述数据库概念结构设计的重要性和设计步骤。

10. 什么是 E-R 图？构成 E-R 图的基本要素是什么？

11. 什么是数据库的逻辑结构设计？试述其设计步骤。

12. 试述把 E-R 图转换为关系模型的转换规则。

13. 某单位的科研人员情况如表 7.3、表 7.4、表 7.5 所列，现在要使用数据库将所有科研人员的情况进行管理。请设计关系模型，要求模型中的关系模式属于 3NF，指出主码和函数依赖。

表 7.3　个人基本信息表

编　号		姓　名		性　别		年　龄		职　称	
部　门					电　话				
家庭住址									

表 7.4　家庭情况

身份证	姓名	关系	工作单位	收入
1101…	张君	父亲	AAAA	1 200
1101…	李丽	母亲	CCCC	1 000
1101…	王芳	夫妻	DDDD	800

表 7.5　获奖情况

证书编号	名称	授予部门	年代
X1995-001	三好生	XX 大学	1995
X1996-001	三好生	XX 大学	1996
X2001-1-001	部科技进步一等奖	X 部	2001

14. 现有一局部应用，包括两个实体："出版社"和"作者"。这两个实体是多对多的联系。请读者自己设计恰当的属性，画出 E-R 图，再将其转换为关系模型（包括关系名、属性名、码和完整性约束条件）。

15. 请设计一个图书管理数据库，此数据库中对每个借阅者保存读者记录，包括：读者号、姓名、地址、性别、年龄、单位。对每本书存有：书号、书名、作者、出版社。对每本被借出的书存有读者号、借出日期和应还日期。要求：给出 E-R 图，再将其转换为关系模型。

16. 规范化理论对数据库设计有什么指导意义？

17. 试述数据库物理设计的内容和步骤。

18. 数据输入在实施阶段的重要性是什么？如何保证输入数据的正确性？

19. 什么是数据库的再组织和再构造？为什么要进行数据库的再组织和再构造？

第8章 数据库恢复技术

【学习内容】

1. 事务的概念和特性
2. 数据库系统故障的种类
3. 数据库恢复的基本原则和实现方法

8.1 事务的概念和特性

8.1.1 事务的概念

事务是构成数据库应用中一个独立逻辑工作单元的操作集合，也是访问并可能更新数据库中各种数据项的一个程序执行单元。

事务的根本特征是集中了数据库应用方面的若干操作，这些操作构成了一个操作序列，序列中的操作，要么全做，要么全不做，整个序列是一个不可分割的操作单位。

事务的开始与结束可以由用户显式控制。如果用户没有显式地定义事务，则由DBMS按默认规定自动划分事务。在SQL语言中，定义事务的语句有三条：

BEGIN TRANSACTION

COMMIT

ROLLBACK

事务通常是以BEGIN TRANSACTION开始，以COMMIT或ROLLBACK结束。

COMMIT表示提交，即提交事务的所有操作。具体地说就是，将事务中所有对数据库的更新写回到磁盘上的物理数据库中去，事务正常结束。

ROLLBACK表示回滚，即在事务运行的过程中发生了某种故障，事务不能继续执行，系统将事务中对数据库的所有已完成的操作全部撤销，滚回到事务开始时的状态。这里的操作指对数据库的更新操作。

8.1.2 事务的特性

为了保证数据库中数据的正确性和一致性，事务应该具有下列四个性质，简称为事务的 ACID 特性。

1. 原子性(atomicity)

如果把一个事务看作是一个程序,它要么完整地被执行,要么完全不执行。就是说,事务的操纵序列或者完全应用到数据库,或者完全不影响数据库。这种特性称为原子性。

一个事务对数据库的所有操作是一个不可分割的工作单元。这些操作要么全部执行,要么一个也不执行。假如用户在一个事务内完成了对数据库的更新,这时所有的更新对外部世界必须是可见的,或者完全没有更新。前者称事务已提交,后者称事务撤消(或流产)。DBMS 必须确保由成功提交的事务完成的所有操纵在数据库内有完全的反映,而失败的事务对数据库完全没有影响。

2. 一致性(consistency)

事务执行的结果必须是使数据库从一个一致性状态变到另一个一致性状态。因此当数据库只包含成功事务提交的结果时,就说数据库处于一致性状态。如果数据库系统运行中发生故障,有些事务尚未完成就被迫中断,那么系统会将事务中对数据库的所有已完成的操作全部撤消,返回到事务开始时的一致状态。

例如,当数据库处于一致性状态 S1 时,对数据库执行一个事务。在事务执行期间,假定数据库的状态是不一致的,当事务执行结束时,数据库处在一致性状态 S2。

3. 隔离性(isolation)

当多个事务并发执行时,系统应保证一个事务的执行结果不受其他事务的干扰,事务并发执行结果与这些事务串行执行时的结果是一样的。

单个事务执行时的结果正确性由事务的原子性和一致性来保证。如果多个事务并发执行并且满足隔离性,那么并发执行的结果与这些事务串行执行时结果一样,一定是正确的。

隔离性是 DBMS 针对并发事务间的冲突提供的安全保证。假如并发交叉执行的事务没有任何控制,操纵相同的共享对象的多个并发事务的执行可能引起异常情况。

DBMS 可以通过加锁在并发执行的事务间提供不同级别的隔离。分离的级别和并发事务的吞吐量之间存在反比关系。较多事务的可分离性可能会带来较高的冲突和较多的事务流产。流产的事务要消耗资源,这些资源必须要重新被访问。因此,确保高分离级别的 DBMS 需要更多的开销。

4. 持久性(durability)

持久性也称持续性,指一个事务一旦成功完成全部操作,则它对数据库的所有更新就永远地反映在数据库中,即使以后系统发生了故障。

持久性意味着当系统或介质发生故障时,确保已提交事务的更新不能丢失,即对已提交事务的更新能恢复。一旦一个事务被提交,DBMS 就必须保证提供适当的冗余,使其耐得住系统的故障。所以,持久性主要在于DBMS的恢复性能。

事务是恢复和并发控制的基本单位。保证事务ACID特性是事务处理的重要任务。事务的ACID特性可能遭到破坏,是由以下二种情况造成的:第一种情况,多个事务并行运行时,不同事务的操作交叉执行。这时数据库管理系统必须保证多个事务的交叉运行不影响这些事务的原子性。第二种情况,事务在运行过程中被强行停止,这时数据库管理系统必须保证被强行终止的事务对数据库和其他事务没有任何影响。这些就是数据库管理系统中恢复机制和并发控制机制的责任。

8.2 数据库系统故障的种类

尽管数据库系统中采取了各种保护措施来防止数据库的安全性和完整性被破坏,保证并发事务的正确执行;但是计算机系统中硬件的故障、软件的错误、操作员的失误以及恶意的破坏仍是不可避免的。在数据库系统中大致存在四类故障,即事务内部故障、系统故障、介质故障以及计算机病毒故障。每种故障需要不同的方法来处理。

8.2.1 事务内部故障

事务内部故障分为预期的和非预期的,其中大部分是非预期的。

预期的事务故障是指通过事务程序本身发现的事务内部故障(如下面转账事务的例子)。如果发生了预期的事务内部故障,可以通过将事务回滚,撤销其对数据库的修改,从而使数据库回到一致性的状态。

【例8.1】 银行转账事务,这个事务把一笔金额从一个账户甲转给另一个账户乙。

```
BEGIN TRANSACTION
读账户甲的余额 BALANCE;
BALANCE = BALANCE - AMOUNT;              /* AMOUNT 为转账金额 */
IF( BALANCE<0 ) THEN
{打印'金额不足,不能转账';
ROLLBACK;                                /* 撤销刚才的修改,恢复事务 */
}
ELSE
{
读账户乙的余额 BALANCE1;
BALANCE1 = BALANCE1 + AMOUNT;
写回 BALANCE1;
  COMMIT;}                               /* 提交该事务 */
```

这个例子所包括的两个更新操作,要么全部完成,要么全部不做;否则,就会使数据库处于不一致状态。例如，只把账户甲的余额减少了，而没有把账户乙的余额增加。

在这段程序中若产生账户甲余额不足的情况，应用程序可以发现并让事务返回，撤销已作的修改，恢复数据库到正确状态。

非预期的事务内部故障是不能由应用程序处理的。如运算溢出、并发事务发生死锁而被选中撤销该事务及违反了某些完整性限制等。由于事务内部故障大部分属于此类，所以以后事务故障仅指这类非预期的故障。

事务故障表明事务没有提交或撤销就结束了，这时数据库可能处于不正确的状态。因此，恢复事务必须强行返回事务，在保证该事务对其他事务没有影响的条件下，利用日志文件撤销其对数据库的修改，使数据库恢复到该事务运行之前的效果；事务故障恢复是由系统自动完成的，对用户是透明的。

8.2.2　系统故障

系统故障又称软故障，指数据库在运行过程中，由于硬件故障、数据库软件及操作系统的漏洞和突然停电等情况，导致系统停止运转，所有正在运行的事务以非正常方式终止，需要系统重新启动的一类故障。这类故障不破坏数据库，但影响正在运行的所有事务。

系统故障导致易失性存储器内容丢失，而非易失性存储器内容仍然完好。所以发生系统故障时，一些尚未完成的事务的结果可能已送入物理数据库，有些已完成的事务可能有一部分甚至全部留在缓冲区，尚未写回到磁盘上的物理数据库中，从而造成数据库可能处于不正确的状态。

要消除这些事务对数据库的影响，保证数据库中数据的一致性，办法就是在计算机系统重新启动后，对于未完成的事务可能已经写入数据库的内容，回滚所有未完成的事务写的结果，以保证数据库中数据的一致性。对于已完成的事务可能部分或全部留在缓存区的结果，需要重做所有已提交的事务，以将数据库真正恢复到一致状态。也就是说，当数据库发生系统故障时，容错对策是在重新启动系统后，撤销（UNDO）所有未提交的事务，重做（REDO）所有已提交的事务来达到容错目的。

8.2.3　介质故障

介质故障又称硬故障，指数据库在运行过程中，由于磁盘损坏、天灾人祸或强磁干扰等情况，使数据库中的数据部分或全部丢失的一类故障。这类故障可能导致物理存储设备损坏，使数据库文件及数据全部丢失。它比前两类故障发生的可能性小得多，但破坏性最大。介质故障的容错对策采用两种方式：软件容错和硬件容错。

软件容错是使用数据库备份及事务日志文件，通过恢复技术，恢复数据库到备份结束时的状态。如果介质故障真的导致数据库物理存储设备损坏，那么采用这种方式几乎不能达到数据库的完全恢复,只能恢复到备份数据库的备份结束点。对于重要的数据,软件容错有局限性。

为了保证介质故障下的数据库完全恢复,此时应该采用硬件容错对策。目前,硬件容错常用的方法是采用双物理存储设备,如双硬盘镜像;但这种方式的缺点是,如果双硬盘同时损坏,则失去保护作用。

硬件容错最完全的方式是设计两套相同的数据库系统同时工作,数据的变化也同步,空间有一定距离。这样当发生损坏性的自然现象时,由于两套数据库系统具有空间距离,因此同时发生破坏的概率几乎为零,保证了数据库的安全。

8.2.4 计算机病毒故障

计算机病毒是一种恶意的计算机程序,在对计算机系统造成破坏的同时也可对数据库系统造成破坏(主要破坏数据库文件)。虽然计算机病毒大小各异,潜伏期不等,针对的对象和破坏性也不同,但已成为计算机系统和数据库系统的主要威胁。为此,计算机安全工作者已经研究出了许多办法防止计算机病毒的破坏,如可以通过设立防火墙预防,杀毒软件查杀已感染的文件和数据库备份来解决。

总结各类故障,对数据库的影响有两种可能性:一是数据库本身被破坏;二是数据库没有被破坏,但数据可能不正确,这是因为事务的运行被非正常终止造成的。

恢复的基本原理十分简单。可以用一个词来概括:冗余。这就是说,数据库中任何一部分被破坏的或不正确的数据,可以根据存储在系统其他位置的冗余数据来重建。

8.3 数据库恢复的基本原理

在数据库系统中存在的故障轻则造成运行事务非正常中断,影响数据库中数据的正确性;重则破坏数据库,使数据库中全部或部分数据丢失。因此数据库管理系统(恢复子系统)必须具有把数据库从错误状态恢复到某一已知的正确状态(亦称为一致状态或完整状态)的功能,这就是数据库的恢复。

数据库恢复的基本原理是建立"冗余"数据,对数据进行某种意义上的重复存储。换句话说,确定数据库是否可以恢复的依据就是其包含的每一条信息是否都可以利用冗余的、存储在其他地方的信息进行重构。基本方法是实行数据转储和建立日志文件:

(1) 实行数据转储,即定时对数据库进行备份,其作用是提供数据恢复基础。

(2) 建立日志文件,即记录事务对数据库的更新操作,其作用是将数据库尽量恢复到最近状态。

通常在一个数据库系统中,这两种方法是一起使用的。事务级和系统级故障只是使数据库中某些数据变得不正确,未对整个数据库造成破坏,此时可以利用日志文件撤销或者重做事务，即可完成故障恢复；而介质级故障对整个数据库造成破坏，则只能利用数据库的数据备份，依据日志文件重新执行事务对数据库的修改。

需要注意的是，这里所讲的“冗余”是物理级的，通常认为在逻辑级的层面上是没有冗余的。

8.3.1 数据转储

所谓转储即 DBA 定期地将整个数据库复制到磁带或另一个磁盘上保存起来的过程。这些备用的数据文本称为后备副本或后援副本。当数据库遭到破坏后可以将后备副本重新装入，但重装后备副本只能将数据库恢复到转储时的状态，要想恢复到故障发生时的状态，必须重新运行自转储以后的所有更新事务。

如在图 8.1 中，系统在 T_a 时刻停止运行事务进行数据库转储，在 T_b 时刻转储完毕，得到 T_b 时刻的数据库一致性副本。系统运行到 T_f 时刻发生故障。为恢复数据库，首先由 DBA 重装数据库后备副本，将数据库恢复至 T_b 时刻的状态，然后重新运行自 T_b 时刻至 T_f 时刻的所有更新事务，这样就把数据库恢复到故障发生前的一致状态。

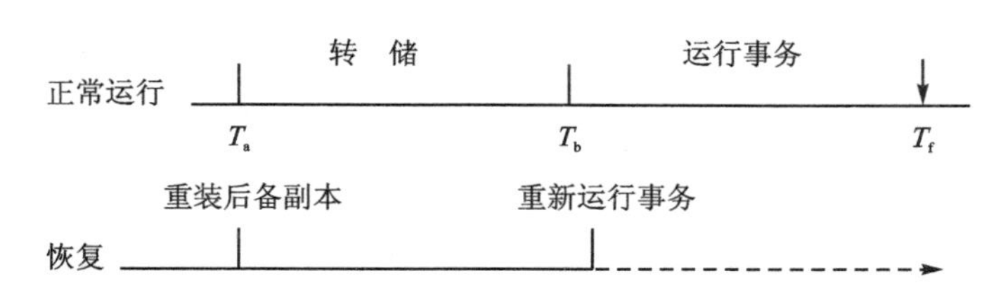

图 8.1　转储与恢复

转储是十分耗费时间和资源的，不能频繁进行。DBA 应该根据数据库的使用情况确定一个适当的转储周期。

转储可分为静态转储和动态转储两种状态。

1. 静态转储

静态转储是在系统中无运行事务时进行的转储操作。即转储操作开始的时刻，数据库处于一致性状态，而转储期间不允许（或不存在）对数据库的任何存取、修改活动。显然，静态转储得到的一定是一个数据一致性的副本。

静态转储的实现简单，但转储必须等待正运行的用户事务结束才能进行；同样，新的事务必须等待转储结束才能执行。显然，这会降低数据库的可用性。

2. 动态转储

动态转储是指转储期间允许对数据库进行存取或修改，即转储和用户事务可以并发执行。

动态转储可克服静态转储的缺点。它不用等待正在运行的用户事务结束，也不会影响新事务的运行;但是,转储结束时后援副本上的数据并不能保证正确有效。例如,在转储期间的某个时刻 T_c,系统把数据 $A=100$ 转储到磁带上;而在下一时刻 T_d,某一事务将 A 改为200。转储结束后,后备副本上的 A 已是过时的数据了。为此,必须把转储期间各事务对数据库的修改活动登记下来,建立日志文件。这样,后援副本加上日志文件就能把数据库恢复到某一时刻的正确状态。

转储还可以分为海量转储和增量转储两种方式。海量转储是指每次转储全部数据库,增量转储则指每次只转储上一次转储后更新过的数据。从恢复角度看,使用海量转储得到的后备副本进行恢复一般说来会更方便些;但如果数据库很大,事务处理又十分频繁,则增量转储方式更实用更有效。

数据转储有两种方式,分别可以在两种状态下进行,因此数据转储方法可以分为四类:动态海量转储、动态增量转储、静态海量转储和静态增量转储,如表8.1所列。

表8.1 数据转储方法分类

转储方式	转储状态	
	动态转储	静态转储
海量转储	动态海量转储	静态海量转储
增量转储	动态增量转储	静态增量转储

8.3.2 登记日志文件

1. 日志文件的格式和内容

日志文件是用来记录事务对数据库的更新操作的文件。不同数据库系统采用的日志文件格式并不完全一样。概括起来日志文件主要有两种格式:以记录为单位的日志文件和以数据块为单位的日志文件。

对于以记录为单位的日志文件,日志文件中需要登记的内容包括:

(1) 各个事务的开始(BEGIN TRANSACTION)标记;

(2) 各个事务的结束(COMMIT 或 ROLL BACK)标记;

(3) 各个事务的所有更新操作。

这里每个事务开始的标记、每个事务的结束标记和每个更新操作均作为日志文件中的一个日志记录(log record)。

每个日志记录的内容主要包括:

(1) 事务标识(标明是哪个事务);

(2) 操作的类型(插入、删除或修改);

(3) 操作对象(记录内部标识);

(4) 更新前数据的旧值(对插入操作而言,此项为空值);

(5) 更新后数据的新值(对删除操作而言,此项为空值)。

2. 日志文件的作用

日志文件在数据库恢复中起着非常重要的作用。可以用来进行事务故障恢复和系统故障恢复,并协助后备副本进行介质故障恢复。具体地讲有以下三个方面:

(1) 事务故障恢复和系统故障必须用日志文件。

(2) 在动态转储方式中必须建立日志文件,后援副本和日志文件综合起来才能有效地恢复数据库。

(3) 在静态转储方式中,也可以建立日志文件。

当数据库毁坏后可重新装入后援副本把数据库恢复到转储结束时刻的正确状态,然后利用日志文件,把已完成的事务进行重做处理,对故障发生时尚未完成的事务进行撤销处理。这样不必重新运行那些已完成的事务程序就可把数据库恢复到故障前某一时刻的正确状态,如图8.2所示。

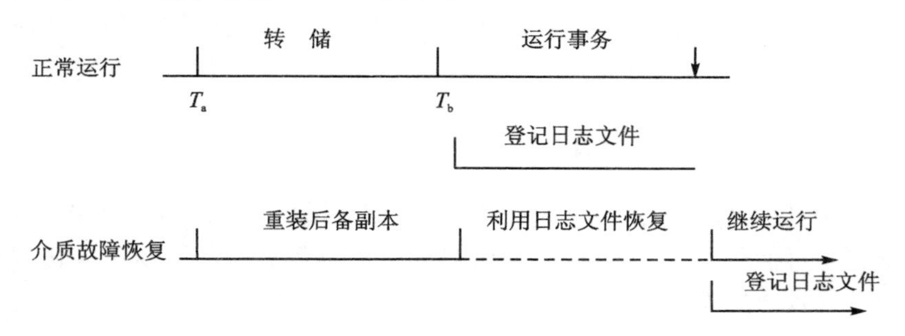

图8.2　利用日志文件恢复

3. 登记日志文件(logging)

为保证数据库是可恢复的,登记日志文件时必须遵循两条原则:

(1) 登记的次序严格按并发事务执行的时间次序;

(2) 必须先写日志文件,后写数据库。

把对数据的修改写到数据库中和把表示这个修改的日志记录写到日志文件中是两个不同的操作。有可能在这两个操作之间发生故障,即这两个写操作只完成了一个。如果先写了数据库修改,而在运行记录中没有登记下这个修改,则以后就无法恢复这个修改了;如果先写日志,但没有修改数据库,按日志文件恢复时只不过是多执行一次不必要的UNDO操作,并不会影响数据库的正确性。所以为了安全,一定要先写日志文件,即首先把日志记录写到日志文件中,然后写数据库的修改。这就是“先写日志文件”的原则。

8.4　数据库恢复的实现方法

当系统运行过程中发生故障时,利用数据库后备副本和日志文件就可以将数据库恢复到故障前的某一个状态。不同故障其恢复策略和方法也不一样。

8.4.1 事务故障的恢复

事务故障是指事务在运行至正常终止点前被中止,这时恢复子系统应利用日志文件撤销(UNDO)此事务已对数据库进行的修改。事务故障的恢复是由系统自动完成的,对用户是透明的。系统的恢复步骤是:

(1) 反向扫描文件日志(即从最后向前扫描日志文件),查找该事务的更新操作。

(2) 对该事务的更新操作执行逆操作,即将日志记录中"更新前的值"写入数据库。这样,如果记录中是插入操作,则相当于作删除操作(因此时"更新前的值"为空)。若记录中是删除操作,则作插入操作;若是修改操作,则相当于用修改前值代替修改后值。

(3) 继续反向扫描日志文件,查找该事务的其他更新操作,并作同样处理。

(4) 如此处理下去,直至读到此事务的开始标记,事务故障恢复就完成了。

8.4.2 系统故障的恢复

前面已讲过,系统故障造成数据库不一致状态的原因有两个:一是未完成事务对数据库的更新可能已写入数据库,二是已提交事务对数据库的更新可能还留在缓冲区没来得及写入数据库。因此恢复操作就是要撤销故障发生时未完成的事务,重做已完成的事务。

系统故障的恢复是由系统在重新启动时自动完成的,不需要用户干预。系统的恢复步骤是:

(1) 正向扫描日志文件(即从头扫描日志文件),找出在故障发生前已经提交的事务(这些事务既有 BEGIN TRANSACTION 记录,也有 COMMIT 记录),将其事务标识记入重做(REDO)队列。同时找出故障发生时尚未完成的事务(这些事务只有 BEGIN TRANSACTION 记录,无相应的 COMMIT 记录),将其事务标识记入撤销队列。

(2) 对撤销队列中的各个事务进行撤销(UNDO)处理。进行 UNDO 处理的方法是反向扫描日志文件,对每个 UNDO 事务的更新操作执行逆操作,即将日志记录中"更新前的值"写入数据库。

(3) 对重做队列中的各个事务进行重做(REDO)处理。进行 REDO 处理的方法是正向扫描日志文件,对每个 REDO 事务重新执行日志文件登记的操作,即将日志记录中"更新后的值"写入数据库。

8.4.3 介质故障的恢复

发生介质故障后,磁盘上的物理数据和日志文件被破坏,这是最严重的一种故障。恢复的方法是重装数据库，然后重做已完成的事务。具体地说就是：

(1) 装入最新的数据库后备副本（离故障发生时刻最近的转储副本），使数据库恢复到最近一次转储时的一致性状态。

对于静态转储的数据库副本，装入后数据库即处于一致性状态；对于动态转储的数据库副本，还须同时装入转储开始时刻的日志文件副本，利用恢复系统故障的方法（即 REDO＋UNDO），才能将数据库恢复到一致性状态。

(2) 装入相应的日志文件副本（转储结束时刻的日志文件副本），重做已完成的事务。

首先扫描日志文件，找出故障发生时已提交的事务的标识，将其记入重做队列。然后正向扫描日志文件，对重做队列中的所有事务进行重做处理，即将日志记录中"更新后的值"写入数据库。这样就可以将数据库恢复至故障前某一时刻的一致状态了。

介质故障的恢复需要 DBA 介入；但 DBA 只需要重装最近转储的数据库副本和有关的各日志文件副本，然后执行系统提供的恢复命令即可。具体的恢复操作仍由 DBMS 完成。

8.4.4　具有检查点的恢复技术

利用日志技术进行数据库恢复时，恢复子系统必须搜索日志，确定哪些事务需要 REDO，哪些事务需要 UNDO。一般来说，需要检查所有日志记录。这样做存在两个问题：一是搜索整个日志将耗费大量的时间；二是很多需要 REDO 处理的事务实际上已经将它们的更新操作结果写到数据库中了，然而恢复子系统又重新执行了这些操作，浪费了大量时间。为了解决这些问题，又发展了具有检查点的恢复技术。这种技术在日志文件中增加一类新的记录——检查点记录，并增加一个重新开始文件，并让恢复子系统在登录日志文件期间动态地维护日志。

检查点记录的内容包括：

(1) 建立检查点时刻所有正在执行的事务清单。

(2) 这些事务最近一个日志记录的地址。

重新开始文件用来记录各个检查点记录在日志文件中的地址。

动态维护日志文件的方法是，周期性地建立检查点，保存数据库状态。具体步骤是：

(1) 将当前日志缓冲中的所有日志记录写入磁盘的日志文件上。

(2) 在日志文件中写入一个检查点记录。

(3) 将当前数据缓冲的所有数据记录写入磁盘的数据库中。

(4) 把检查点记录在日志文件中的地址写入一个重新开始文件。

恢复子系统可以定期或不定期地建立检查点保存数据库状态。检查点可以按照预定的一个时间间隔建立，如每隔一小时建立一个检查点；也可以按照某种规则建立检查点,如日志文件已写满一半建立一个检查点。

使用检查点方法可以改善恢复效率。当事务 T 在一个检查点之前提交,T 对数据库所做的修改一定都已写入数据库,写入时间是在这个检查点建立之前或在这个检查点建立之时。这样,在进行恢复处理时,没有必要对事务 T 执行 REDO 操作。

系统出现故障时,恢复子系统将根据事务的不同状态采取不同的恢复策略,如图 8.3 所示。

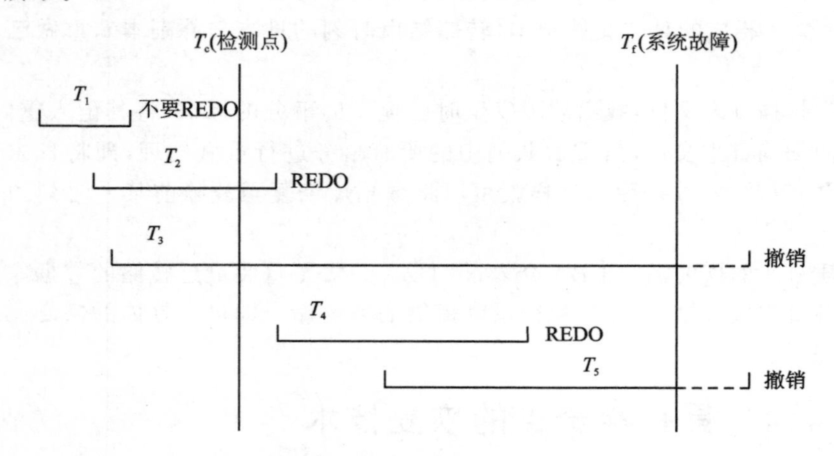

图 8.3　恢复子系统采取的不同策略

T_1:在检查点之前提交。

T_2:在检查点之前开始执行,在检查点之后故障点之前提交。

T_3:在检查点之前开始执行,在故障点时还未完成。

T_4:在检查点之后开始执行,在故障点之前提交。

T_5:在检查点之后开始执行,在故障点时还未完成。

T_3 和 T_5 在故障发生时还未完成,所以予以撤销;T_2 和 T_4 在检查点之后才提交,它们对数据库所做的修改在故障发生时可能还在缓冲区中,尚未写入数据库,所以要 REDO;T_1 在检查点之前已提交,所以不必执行 REDO 操作。

系统使用检查点方法进行恢复的步骤是:

(1) 从重新开始文件中找到最后一个检查点记录在日志文件中的地址,由该地址在日志文件中找到最后一个检查点记录。

(2) 由该检查点记录得到检查点建立时刻所有正在执行的事务清单 ACTIVE - LIST。

建立两个事务队列:

UNDO - LIST:需要执行 UNDO 操作的事务集合。

REDO - LIST:需要执行 REDO 操作的事务集合。

把 ACTIVE - LIST 暂时放入 UNDO - LIST 队列,REDO 队列暂为空。

(3) 从检查点开始正向扫描日志文件,如有新开始的事务 T_i,把 T_i 暂时放入

UNDO-LIST 队列；如有提交的事务 T_j，把 T_j 从 UNDO-LIST 队列移到 REDO-LIST 队列；直到日志文件结束。

(4) 对 UNDO-LIST 中的每个事务执行 UNDO 操作，对 REDO-LIST 中的每个事务执行 REDO 操作。

8.4.5　数据库镜像

介质故障是对系统影响最为严重的一种故障。系统出现介质故障后，用户应用全部中断，恢复起来也比较费时。而且 DBA 必须周期性地转储数据库，这也加重了 DBA 的负担。如果不及时而正确地转储数据库，一旦发生介质故障，会造成较大的损失。

随着磁盘容量的不断增大，价格越来越低，为避免磁盘介质出现故障影响数据库的可用性，许多数据库管理系统提供了数据库镜像功能，用于数据库恢复，即根据 DBA 的要求，自动把整个数据库或其中的关键数据复制到另一个磁盘上。每当主数据库更新时，DBMS 都自动把更新后的数据复制过去，即 DBMS 自动保证镜像数据与主数据的一致性。这样，一旦出现介质故障，可由镜像磁盘继续提供使用；同时 DBMS 自动利用镜像磁盘数据进行数据库的恢复，不需要关闭系统和重装数据库副本。在没有出现故障时，数据库镜像还可以用于并发操作，即当一个用户对数据加排他锁修改数据时，其他用户可以读镜像数据库上的数据，而不必等待该用户释放锁。

由于数据库镜像是通过复制数据实现的，频繁地复制数据自然会降低系统运行效率，因此在实际应用中用户往往只选择对关键数据和日志文件镜像，而不是对整个数据库进行镜像。

小　结

保证数据一致性是对数据库的最基本的要求。

事务是数据库的逻辑工作单位，只要 DBMS 能够保证系统中一切事务的原子性、一致性、隔离性和持续性，也就保证了数据库处于一致状态。

为了保证事务的原子性、一致性与持续性，DBMS 必须对事务故障、系统故障和介质故障进行恢复。数据库转储和登记日志文件是恢复中最经常使用的技术。恢复的基本原理就是利用存储在后备副本、日志文件和数据库镜像中的冗余数据来重建数据库。

在实际工作中，作为数据库管理员，必须十分清楚每一个 DBMS 产品所提供的恢复技术、恢复方法，并且能够根据这些技术正确地制定实际系统的恢复策略，以保证数据库系统的正确运行。

习题

1. 试述事务的概念及事务的四个特性。

2. 为什么事务非正常结束时会影响数据库数据的正确性,请列举一例说明之。

3. 数据库中为什么要有恢复子系统？它的功能是什么？

4. 数据库运行中可能产生的故障有哪几类？哪些故障影响事务的正常执行？哪些故障破坏数据库数据？

5. 数据库恢复的基本技术有哪些？

6. 数据库转储的意义是什么？试比较各种数据库转储方法。

7. 什么是日志文件？为什么要设立日志文件？

8. 登记日志文件时为什么必须先写日志文件,后写数据库？

9. 针对不同的故障,试给出恢复的策略和方法。(即如何进行事务故障的恢复？如何进行系统故障的恢复？如何进行介质故障恢复？)

10. 什么是检查点记录？检查点记录包括哪些内容？

11. 具有检查点的恢复技术有什么优点？试举一个具体的例子加以说明。

第 9 章　并发控制

【学习内容】

1. 并发控制概念
2. 活锁与死锁
3. 封锁及封锁协议
4. 两段锁协议

9.1　并发控制概述

前面已经介绍过事务是并发控制的基本单位,保证事务的 ACID 特性是事务处理的重要任务;而 ACID 可能被破坏的原因之一是多个事务对数据库的并发操作。为了保证事务的隔离性和一致性,DBMS 需要对并发操作进行正确调度。这些就是数据车库管理系统中并发控制机制的责任。

下面先来看一个例子,说明并发操作带来的数据不一致性问题。

【例 9.1】 考虑飞机订票系统中的一个活动序列:

(1) 甲售票点(甲事务)读出某航班的机票余额 A,设 $A=16$。

(2) 乙售票点(乙事务)读出同一航班的机票余额 A,A 也为 16。

(3) 甲售票点卖出一张机票,修改余额 $A \leftarrow A-1$,所以 A 为 15,把 A 写回数据库。

(4) 乙售票点也卖出一张机票,修改余额 $A \leftarrow A-1$,所以 A 为 15,把 A 写回数据库。

结果明明卖出两张机票,数据库中机票余额只减少 1。

这种情况称为数据库的不一致性,这种不一致性是由并发操作引起的。在并发操作情况下,对甲乙两个事务的操作序列的调度是随机的。若按上面的调度序列执行,甲事务的修改就被丢弃。这是由于第 4 步中乙事务修改 A 并写回后覆盖了甲事务的修改。

仔细分析并发操作带来的数据不一致性包括三类:丢失修改、不可重复读和读“脏”数据三种,具体如图 9.1 所示。

T_1	T_2	T_1	T_2	T_1	T_2
① $R(A)=16$		① $R(A)=50$ $R(B)=100$ 求和=150		① $R(C)=100$ $C \leftarrow C*2$ $W(C)=200$	
②	$R(A)=16$		$R(B)=100$ $B \leftarrow B*2$ $W(B)=200$		$R(C)=200$
③ $A \leftarrow A-1$ $W(A)=15$		③ $R(A)=50$ $R(B)=200$ 和=250 (验算不对)		ROOLBACK C 恢复为 100	
④	$A \leftarrow A-1$ $W(A)=15$				

(a) 丢失修改　　(b) 不可重复读　　(c) 读“脏”数据

图 9.1　三类数据不一致性

9.1.1 丢失修改

丢失修改(lost update)两个事务 T_1 和 T_2 读入同一数据并修改,T_2 提交的结果破坏了 T_1 提交的结果,导致 T_1 的修改被丢失(见图 9.1 (a))。上面飞机订票的例子就属此类。

9.1.2 不可重复读

不可重复读(non-repeatable read)是指事务 T_1 读取数据后,事务 T_2 执行更新操作,使 T_1 无法再现前一次读取结果。具体地讲,不可重复读包括三种情况:

(1) 事务 T_1 读取某一数据后,事务 T_2 对其做了修改,当事务 T_1 再次读该数据时,得到与前一次不同的值。例如在图 9.1 (b)中,T_1 读取 $B=100$ 进行运算,T_2 读取同一数据 B,对其进行修改后将 $B=200$ 写回数据库。T_1 为了对读取值校对重读 B,B 已为 200,与第一次读取值不一致。

(2) 事务 T_1 按一定条件从数据库中读取了某些数据记录后,事务 T_2 删除了其中部分记录。当 T_1 再次按相同条件读取数据时,发现某些记录神秘地消失了。

(3) 事务 T_1 按一定条件从数据库中读取某些数据记录后,事务 T_2 插入了一些记录。当 T_1 再次按相同条件读取数据时,发现多了一些记录。

后两种不可重复读有时也称幻影(phantom row)现象。

9.1.3 读“脏”数据

读“脏”数据(dirty read)是指事务 T_1 修改某一数据,并将其写回磁盘,事务 T_2

读取同一数据后，T_1 由于某种原因被撤销。这时 T_1 已修改过的数据恢复原值，T_2 读到的数据就与数据库中的数据不一致，则 T_2 读到的数据就为“脏”数据，即不正确的数据，如图 9.1(c)所示。

产生上述三类数据不一致性的主要原因是并发操作破坏了事务的隔离性。并发控制就是要用正确的方式调度并发操作，使一个用户事务的执行不受其他事务的干扰，从而避免造成数据的不一致性。

另一方面，对数据库的应用有时允许某些不一致性。如有些统计工作涉及数据量大，读到一些“脏”数据对统计精度没什么影响，则可以降低对一致性的要求以减少系统开销。

并发控制的主要技术是封锁(locking)、时间戳(timestamp)和乐观控制法，商用的 DBMS 一般采用封锁方法。例如，在例 9.1 中，甲事务要修改 A，若在读出 A 之前先锁住 A，其他事务就不能再读取和修改 A 了，直到甲修改并写回 A 后解除了对 A 的封锁为止。这样，就不会丢失甲对 A 的修改。

9.2　封　锁

封锁是实现并发控制的一个非常重要的技术。所谓封锁就是事务 T 在对某个数据对象(如表、记录)操作之前，先向系统发出请求，对其加锁。加锁后事务 T 就对该数据对象有了一定的控制，在事务 T 释放它的锁之前，其他的事务不能更新此数据对象。

基本的封锁类型有两种：排他锁(Exclusive Locks，简记为 X 锁)和共享锁(Share Locks，简记为 S 锁)。

排他锁又称为写锁。若事务 T 对数据对象 A 加上 X 锁，则只允许 T 读取和修改 A，其他任何事务都不能再对 A 加任何类型的锁，直到 T 释放 A 上的锁。这就保证了其他事务在 T 释放 A 上的锁之前不能再读取和修改 A。

共享锁又称为读锁。若事务 T 对数据对象 A 加上 S 锁，则事务 T 可以读 A 但不能修改 A，其他事务只能再对 A 加 S 锁，而不能加 X 锁，直到 T 释放 A 上的 S 锁。这就保证了其他事务可以读 A，但在 T 释放 A 上的 S 锁之前不能对 A 作任何修改。

排他锁和共享锁的控制方式可以用表 9.1 的相容矩阵来表示。

表 9.1　封锁类型的相容矩阵

T_1 \ T_2	X 锁	S 锁	—
X 锁	No	No	Yes
S 锁	No	Yes	Yes
—	Yes	Yes	Yes

在表9.1的封锁类型相容矩阵中,最左边的一列事务 T_1 已经获得的数据对象上的锁的类型,其中横线表示没有加锁。最上面一行表示另一事务 T_2 对同一数据对象发出的封锁请求。

9.3 活锁与死锁

封锁技术本身也会带来一些新的问题,其中最主要的就是封锁引起的活锁和死锁问题。

9.3.1 活 锁

如果事务 T_1 封锁了数据 R,事务 T_2 又请求封锁 R,于是 T_2 等待;T_3 也请求封锁 R。当 T_1 释放了 R 上的封锁之后系统首先批准了 T_3 的请求,T_2 仍然等待。然后 T_4 又请求封锁 R,当 T_3 释放了 R 上的封锁之后系统又批准了 T_4 的请求……T_2 有可能永远等待。这就是活锁的情形,如图9.2所示。

T_1	T_2	T_3	T_4
Lock R			
	Lock R		
Unlock	等待	Lock R	
	等待		Lock R
	等待		等待
	等待	Lock R	等待
	等待		等待
	等待	Unlock	Lock R
	等待		

图9.2 活 锁

为避免活锁现象的发生,DBMS可以采用先来先服务策略处理事务的数据操作请求。当多个事务请求对同一数据项 Q 加锁时,DBMS按事务请求加锁的先后顺序对这些事务排队,先请求的事务排在队中靠前的位置。定义在 Q 上的锁一旦释放,DBMS将锁分配给队列中第一个事务,该事务获得对 Q 的操作权。按此策略,各个事物可以按照申请访问 Q 的先后顺序,依次获得定义在 Q 上的锁,访问数据项 Q,避免了活锁现象。

9.3.2 死 锁

死锁是指数据库系统中,部分或者全部事务由于无法获得对需要访问的数据项的控制权而处于等待,并且一直等下去的一种状态。产生死锁的原因在于系统中各个事物间存在冲突操作,并且冲突操作的并发执行顺序不当,引起事务的无限期等待。

如果事务 T_1 封锁了数据 R_1,T_2 封锁了数据 R_2,然后 T_1 又请求封锁 R_2,因 T_2 已封锁了 R_2,于是 T_1 等待 T_2 释放 R_2 上的锁。接着 T_2 又申请封锁 R_1,因 T_1 已封锁了 R_1,T_2 也只能等待 T_1 释放 R_1 上的锁。这样就出现了 T_1 在等待 T_2,而 T_2 又在等待 T_1 的局面。T_1 和 T_2 两个事务永远不能结束,形成死锁,如图 9.3 所示。

T_1	T_2
Lock R_1	
	Lock R_2
Lock R_2	
等待	
等待	Lock R_1
等待	等待
等待	等待

图 9.3　死　锁

目前在数据库中解决死锁问题主要采取两种方法:一是采取一定的措施来预防死锁的发生;二是允许发生死锁,然后采用一定的手段定期诊断系统中有无死锁,若有则解除。

1. 死锁的预防

在数据库中,产生死锁的原因是两个或多个事务都已封锁了一些数据对象,然后又都请求对已被其他事务封锁的数据对象加锁,从而出现死等待。防止死锁的发生其实就是要破坏产生死锁的条件。预防死锁通常有一次封锁法和顺序封锁法两种方法。

一次封锁法要求每个事务必须一次将所有要使用的数据全部加锁,否则就不能继续执行。再看图 9.3 中的例子,如果事务 T_1 将数据对象 R_1 和 R_2 一次加锁,T_1 就可以执行下去,而 T_2 等待。T_1 执行完后释放 R_1、R_2 上的锁,T_2 继续执行,这样就不会发生死锁。

一次封锁法虽然可以有效地防止死锁的发生,但也存在问题:

(1) 一次就将以后要用到的全部数据加锁,势必扩大了封锁的范围,从而降低了系统的并发度;

(2) 数据库中的数据不断变化,原来不需要封锁的数据,在执行过程中可能会变为需要封锁,用户在刚开始很难准确预料。

顺序封锁法是预先对数据对象规定一个封锁顺序,所有事务都按这个顺序实行封锁。顺序封锁法可以有效地防止死锁,但也同样存在问题:

(1) 数据库系统中封锁的数据对象极多,并且随着数据的操作而不断变化,要在这样的基础上维护封锁顺序极为困难,成本很高;

(2) 事务的封锁请求可以随着事务的执行而动态地决定,很难事先确定每一个事务要封锁哪些对象,因此也就很难按规定的顺序去施加封锁。

可见,在操作系统中广为采用的预防死锁的策略并不很适合数据库的特点,因此 DBMS 在解决死锁的问题上普遍采用的是诊断并解除死锁的方法。

2. 死锁的诊断与解除

数据库系统中诊断死锁的方法与操作系统类似,一般使用超时法或事务等待图法。

超时法是指如果一个事务的等待时间超过了规定的时限,就认为发生了死锁。超时法实现简单,但其不足也很明显:

(1) 有可能误判死锁,事务因为其他原因使等待时间超过时限,系统会误认为发生了死锁。

(2) 若时限设置得太长,则死锁发生后不能及时发现。

事务等待图是一个有向图 $G=(T,U)$。T 为结点的集合,每个结点表示正运行的事务;U 为边的集合,每条边表示事务等待的情况。若 T_1 等待 T_2,则 T_1、T_2 之间划一条有向边,从 T_1 指向 T_2,如图 9.4 所示。

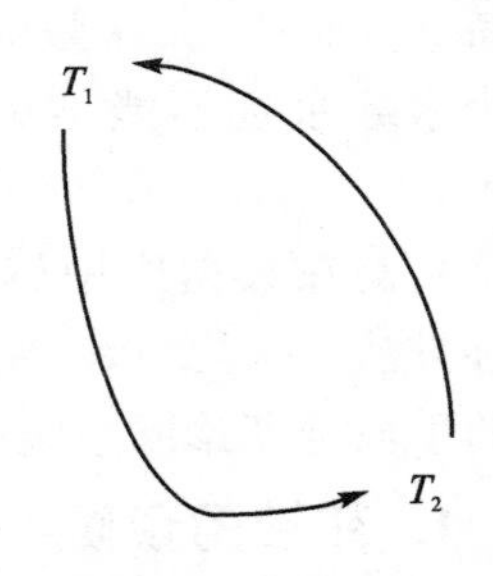

图 9.4 事务等待图

事务等待图动态地反映了所有事务的等待情况。并发控制子系统周期性地(比如每隔 1 min)检测事务等待图,如果发现图中存在回路,则表示系统中出现了死锁。

DBMS 的并发控制子系统一旦检测到系统中存在死锁,就要设法解除。通常采用的方法是选择一个处理死锁代价最小的事务,将其撤销,释放此事务持有的所有的锁,使其他事务得以继续运行下去。当然,对撤销的事务所执行的数据修改操作必须加以恢复。

9.4 封锁协议

封锁的目的是为了保证能够正确地调度并发操作。为此,在运用 X 锁和 S 锁这两种基本封锁,对一定粒度的数据对象加锁时,还需要约定一些规则。例如,应何时申请 X 锁或 S 锁、持锁时间、何时释放等。我们称这些规则为封锁协议(locking protocol)。对封锁方式制定不同的规则,就形成了各种不同的封锁协议,它们分别在不同的程度上为并发操作的正确调度提供一定的保证。下面介绍保证数据一致性的三级封锁协议和保证并行调度可串行性的两段锁协议。

9.4.1 三级封锁协议

对并发操作的不正确调度可能会带来三类数据的不一致性:丢失或覆盖更新、脏读、不可重复读。三级封锁协议分别在不同程度上解决了这些问题。

1. 一级封锁协议

一级封锁协议的内容是:事务 T 在修改数据 R 之前必须先对其加 X 锁,直到事务结束才释放。事务结束包括正常结束(commit)和非正常结束(rollback)。

一级封锁协议可以防止丢失或覆盖更新，并保证事务 T 是可以恢复的。例如，图 9.5 使用一级封锁协议解决了订飞机票例子的丢失更新问题。

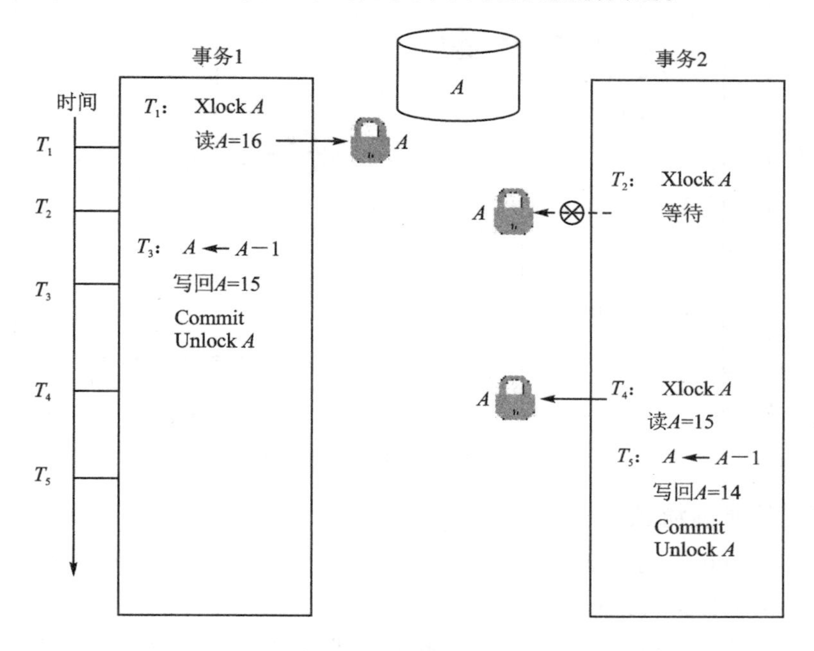

图 9.5　一级封锁协议的使用

图 9.5 中，事务 1 在读 A 进行修改之前先对 A 加 X 锁，当事务 2 再请求对 A 加 X 锁时被拒绝，只能等事务 1 释放 A 上的锁。事务 1 修改值 A=15 写回磁盘，释放 A 上的 X 锁后，事务 2 获得对 A 的 X 锁。这时他读到的 A 已经是事务 1 更新过的值 15，再按此新的 A 值进行运算，并将结果值 $A=14$ 回到磁盘。这样就避免了丢失事务 1 的更新。

在一级封锁协议中，如果仅仅是读数据不对其进行修改，是不需要加锁的，所以它不能保证可重复读和脏读。

2. 二级封锁协议

二级封锁协议的内容是：一级封锁协议加上事务 T 在读取数据 R 之前必须先对其加 S 锁，读完后即可释放 S 锁。

二级封锁协议除防止了丢失或覆盖更新处，还可进一步防止脏读。例如，图 9.6 使用二级封锁协议解决了脏读的问题。

图 9.6 中，事务 1 在对 C 进行修改之前，先对 C 加 X 锁，修改其值后写回磁盘。这时事务 2 请求 C 加上 S 锁，因 T1 已在 C 上加了 X 锁，事务 2 只能等待事务 1 释放它。之后事务 1 因某种原因被撤销，C 恢复为原值 100，并释放 C 上的 X 锁。事务 2 获得 C 上的 S 锁，读 $C=100$。这就避免了事务 2 脏读数据。

在二级封锁协议中，由于读完数据后即可释放 S 锁，所以它不能保证可重复读。

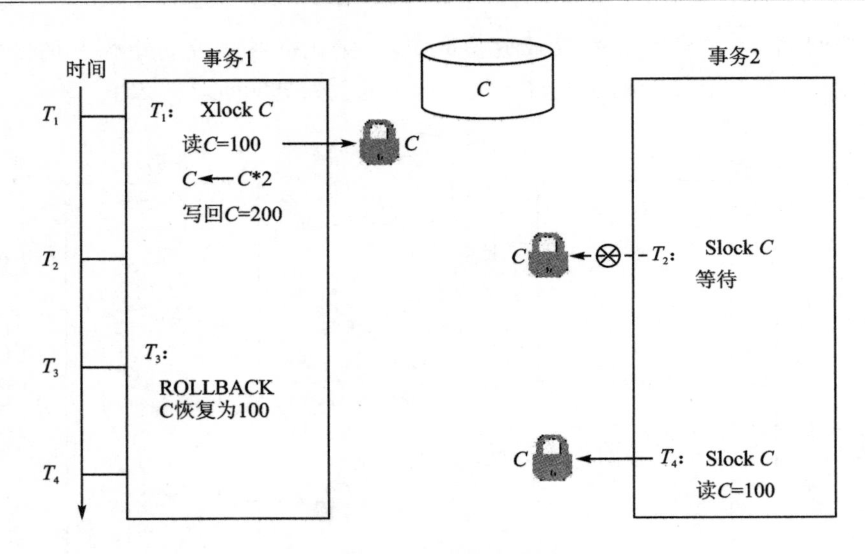

图 9.6 二级封锁协议的使用

3. 三级封锁协议

三级封锁协议的内容是:一级封锁协议加上事务 T 在读取数据之前必须先对其加 S 锁,直到事务结束才释放。

三级封锁协议除防止丢失或覆盖更新和不脏读数据外,还进一步防止了不可重复读,如图 9.7 所示。

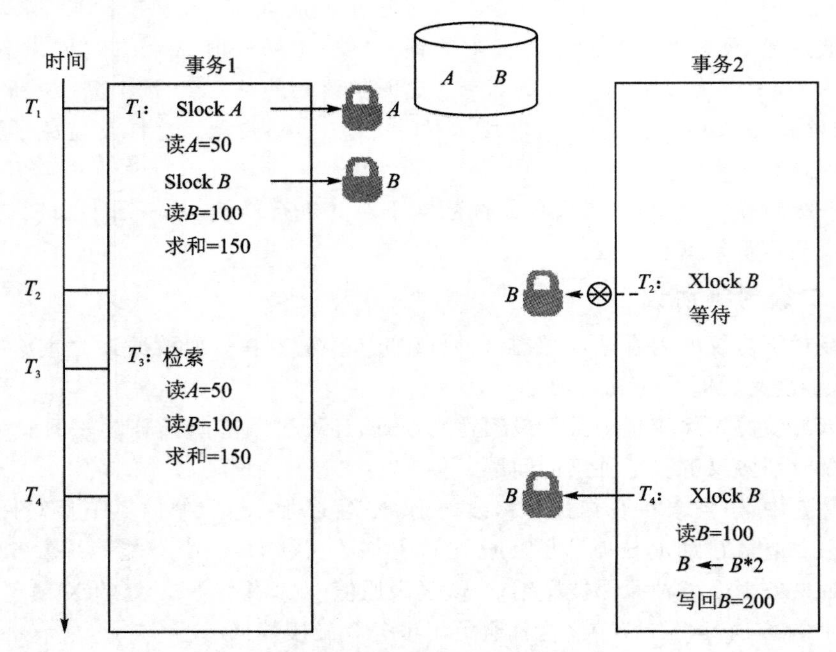

图 9.7 三级封锁协议的使用

图 9.7 中,事务 1 在读 A、B 之前,先对 A、B 加 S 锁。这样其他事务只能再对 A 与 B 加 S 锁,而不能加 X 锁,即其他事务只能读 A 和 B,而不能修改它们。所以当事务 2 为修改 B 而申请对 B 加 X 锁时被拒绝,使其他修改操作无法执行,只能等待事务 1 释放 B 上的锁。接着事务 1 为验算再读 A 和 B,这时读出的 B 仍是 100,求和结果仍为 150,即可重复读。

上述三个不同级别协议的主要区别在于,什么操作需要申请封锁以及何时释放锁(即持锁时间),因此三级封锁协议的总结如表 9.2 所列。

表 9.2　三级协议的主要区别

协议级别	X 锁		S 锁		一致性保证		
	操作结束释放	事务结束释放	操作结束释放	事务结束释放	不丢失修改	不脏读	可重复读
一级封锁协议		√			√		
二级封锁协议		√	√		√	√	
三级封锁协议		√		√	√	√	√

9.4.2　两段封锁协议

可串行性是并行调度正确性的唯一准则,两段锁(Two－Phase Locking,简称 2PL)协议是为保证并行调度可串行性而提供的封锁协议。两段封锁协议规定:在对任何数据进行读、写操作之前,事务首先要获得对该数据的封锁,而且在释放一个封锁之后,事务不再获得任何其他封锁。

所谓"两段"锁的含义是:事务分为两个阶段,第一阶段是获得封锁,也称为扩展阶段;第二阶段是释放封锁,也称为收缩阶段。

例如,事务 1 的封锁序列是:

Slock A... SlockB··· Xlock C··· Unlock B··· Unlock A··· Unlock C;

事务 2 的封锁序列是:

Slock A... Unlock A··· Slock B··· Xlock C··· Unlock C··· Unlock B;

则事务 1 遵守两段封锁协议,而事务 2 不遵守两段封锁协议。

可以证明,若并行执行的所有事务均遵守两段锁协议,则对这些事务的所有并行调度策略都是可串行化的。因此得出如下结论:所有遵守两段锁协议的事务,其并行的结果一定是正确的。

需要说明的是,事务遵守两段锁协议是可串行化调度的充分条件,而不是必要条件。即可串行化的调度中,不一定所有事务都必须符合两段封锁协议。例如在图 9.8 中,(a)和(b)都是可串行化的调度;但(a)遵守两段锁协议,(b)不遵守两段锁协议。

(a) 遵守两段封锁协议		(b) 不遵守两段锁协议	
Slock B		Slock B	
读 B=2		读 B=2	
Y←B		Y←B	
Xlock A		Unlock B	
	Slock A	Xlock A	
	等待		Slock A
A←Y+1			等待
写回 A=3		A←Y+1	
Unlock B		写回 A=3	
Unlock A		Unlock A	
	Slock A		Slock A
	读 A=3		读 A=3
	Y←A		Y←A
	Xlock B	Unlock A	
	B←Y+1		Xlock B
	写回 B=4		B←Y+1
	Unlock B		写回 B=4
	Unlock A		Unlock B

图 9.8 遵守两段锁协议和不遵守两段锁协议的可串行化调度

另外,要注意两段锁协议和防止死锁的一次封锁法的异同之处。一次封锁法要求每个事务必须一次将所有要使用的数据全部加锁,否则就不能继续执行,因此一次封锁法遵守两段锁协议;但是两段锁协议并不要求事务必须一次将所有要使用的数据全部加锁,因此遵守两段锁协议的事务可能发生死锁。

小　结

数据库的重要特征是它能为多个用户提供数据共享。数据库管理系统允许共享的用户数目是数据库管理系统的重要标志之一。数据库管理系统必须提供并发控制机制来协调并发用户的并发操作,以保证并发事务的隔离性,保证数据库的一致性。

数据库的并发控制以事务为单位,通常使用封锁技术实现并发控制。本章介绍了两类最常用的封锁和三级封锁协议。不同的封锁和不同级别的封锁协议所提供的系统一致性保证是不同的,提供数据共享度也是不同的。

并发控制机制调度并发事务操作是否正确的判别准则是可串行性,两段锁协议是可串行化调度的充分条件,但不是必要条件。因此,两段锁协议可以保证并发事务调度的正确性。

对数据对象施加封锁,会带来活锁和死锁问题,并发控制机制必须提供适合数据库特点的解决方法。

不同的数据库管理系统提供的封锁类型、封锁协议、达到的系统一致性级别不尽相同，但是其依据的基本原理和技术是共同的。

习 题

1. 在数据库中为什么要并发控制？

2. 并发操作可能会产生哪几类数据不一致？用什么方法能避免各种不一致的情况？

3. 什么是封锁？

4. 基本的封锁类型有几种？试述它们的含义。

5. 如何用封锁机制保证数据的一致性？

6. 什么是封锁协议？不同级别的封锁协议的主要区别是什么？

7. 不同封锁协议与系统一致性级别的关系是什么？

8. 什么是活锁？什么是死锁？

9. 试述活锁的产生原因和解决方法。

10. 请给出预防死锁的若干方法。

11. 请给出预测死锁发生的一种方法，当发生死锁后如何接触死锁？

12. 什么样的并发调度是正确的调度？

13. 设 T_1、T_2、T_3 是如下 3 个事务；

    T_1:A 赋值为 $A+2$；

    T_2:A 赋值为 $A*2$；

    T_3:A 赋值为 $A**2$；($A \leftarrow A^2$)

设 A 的初值为 0。

(1) 若这 3 个事务允许并行执行，则有多少可能的正确结果，请一一列举出来。

(2) 请给出一个可串行化的调度，并给出执行结果。

(3) 请给出一个非串行化的调度，并给出执行结果。

(4) 若这 3 个事务都遵守两段锁协议，请给出一个不产生死锁的可串行化调度。

(5) 若这 3 个事务都遵守两段锁协议，请给出一个产生死锁的调度。

14. 试述两段锁协议的概念。

第 10 章 关系系统及其查询优化

【学习内容】

1. 关系系统定义及分类
2. 查询处理与查询优化
3. 查询优化方法及准则

10.1 关系系统

关系系统与关系模型是两个密切相关而又不同的概念。支持关系模型的数据库管理系统称为关系系统。我们并不强求一个实际的关系数据库管理系统必须完全支持关系模型,也不苛求完全支持关系模型的系统才能称为关系系统。那么什么是关系系统的最小要求,即什么样的系统可称为关系系统呢?

10.1.1 关系系统的定义

一个系统可定义为关系系统,当且仅当它:

(1) 支持关系数据库(关系数据结构)。从用户观点看,数据库由表构成,并且只有表这一种结构。

(2) 支持选择、投影和(自然)连接运算,对这些运算不必要求定义任何物理存取路径。当然并不要求关系系统的选择、投影、连接运算和关系代数的相应运算完全一样,而只要求有等价的这三种运算功能就行。

上述两点构成了关系系统的最小定义。同时必须注意到:

首先,为什么关系系统除了要支持关系数据结构外,还必须支持选择、投影、连接运算呢?因为不支持这三种关系运算的系统,用户使用仍不方便,不能提高用户的生产率,而提高用户生产率正是关系系统主要目标之一。

其次,为什么要求这三种运算不能依赖于物理存取路径呢?因为依赖物理存取路径来实现关系运算就降低或丧失了数据的物理独立性。不依赖物理存取路径来实现关系运算就要求关系系统自动地选择路径。为此,系统要进行查询优化,以获得较好的性能。这正是关系系统实施的关键技术。

最后,要求关系系统支持这三种最主要的运算而不是关系代数的全部运算功能,是因为它们是最有用的运算功能,能解决绝大部分的实际问题。

10.1.2　关系系统的分类

上一节定义的关系系统是关系系统的最小要求，许多实际系统都不同程度地超过了这些要求。以此为基础，按支持运算范围和特征，可对关系系统进行分类。

按照 E. F. Codd（埃德加．弗兰克．科德）的思想，可以把关系系统分成四类：表式系统、最小关系系统、完备关系系统、全关系系统。

（1）表式系统。这类系统仅支持关系（即表）数据结构，不支持集合级的操作。表式系统不能算关系系统。倒排表列（inverted list）系统就属于这一类。

（2）最小关系系统即 10.1.1 中定义的关系系统。它们仅支持关系数据结构和三种关系操作。许多微机关系数据库系统如 FoxBASE、FoxPro 等就属于这一类。

（3）完备关系系统。这类系统支持关系数据结构和所有的关系代数操作（功能上与关系代数等价）。20 世纪 90 年代初的许多关系数据库管理系统，如 VFP，属于这一类。

（4）全关系系统。这类系统支持关系模型的所有特征，即不仅是关系上完备的而且支持数据结构中域的概念，支持实体完整性和参照完整性。目前，大多数关系系统，如 Oracle，已在不同程度上接近或达到了这个目标。

可用图形表示以上关系分类，如图 10.1 所示。图中，S 代表结构，I 代表完整性，M 代表数据操纵。

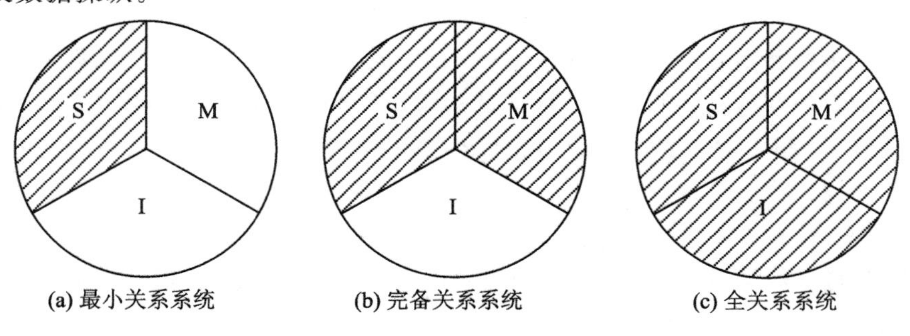

图 10.1　关系系统的分类

10.1.3　全关系系统的 12 条基本准则

关系模型的奠基人 E. F. Cod（埃德加．弗兰克．科德）具体地给出了全关系型的关系系统应遵循的 12 条基本准则。从实际意义上看，这 12 条准则可以作为评价或购买关系型产品的标准。从理论意义上看，它是对关系数据模型具体而又深入的论述，是从理论和实际紧密结合的高度对关系型 DBMS 的评述。

【准则 0】　一个关系型的 DBMS 必须能完全通过它的关系能力来管理数据库。

这意味着，一个自称为关系型的 DBMS 必须能在关系这个级别支持数据库数据的插入、修改和删除。准则0是下面12条准则的基础,不满足准则0的DBMS都不是RDBMS。

【准则1】 信息准则。关系型DBMS的所有信息都应在逻辑一级上用一种方法即表中的值显式地表示。

【准则2】 保证访问准则。依靠表名、主码和列名的组合,保证能以逻辑方式访问关系数据库中的每个数据项(分量值)。

【准则3】 空值的系统化处理。全关系型的DBMS应支持空值的概念,并用系统化的方式处理空值。

空值是"不知道"或"无意义"的值,它不是一个具体的值(如零、空字符串等)。

【准则4】 基于关系模型的动态的联机数据字典。数据库的描述在逻辑级上应该和普通数据采用同样的表示方式,使得授权用户可以使用查询一般数据所用的关系语言来查询数据库的描述信息。

【准则5】 统一的数据语言准则 。一个关系系统可以有几种语言和多种终端使用方法。但必须有一种语言,该语言的语句可以表示为具有严格语法规则的字符串,并能全面地支持数据定义、视图定义、数据操作(交互式或程序式)、完整性约束、授权和事务处理功能(事务的开始、提交和回滚)。

【准则6】 视图更新准则。所有理论上可更新的视图也应该允许由系统更新。

【准则7】 高级的插入、修改和删除操作。把一个基本关系或导出关系作为单一的操作对象处理。这不仅适合于数据检索,而且适合于数据的插入和删除。

以关系为操作对象不仅简化了用户查询,也为系统进行查询优化提供了较大的余地。该准则对于获得有效的分布式事务处理也是十分重要的,可避免从远程结点传送一条记录就要发出一次请求,实现一次请求传送一个关系,从而降低了通信代价。

【准则8】 数据物理独立性。无论数据库的数据在存储表示或存取方法上作任何变化,应用程序和终端活动都保持逻辑上的不变性。

【准则9】 数据逻辑独立性。当对基本关系进行理论上信息不受损的任何改变时,应用程序和终端活动都保持逻辑上的不变性。

【准则10】 数据完整性的独立性。关系数据的完整性约束条件必须是用数据库语言定义并存储在数据字典中的,而不是在应用程序中加以定义的。

除了实体完整性和参照完整性外,具体的关系数据库还可能有反映业务政策和管理规章的完整性约束条件。这些完整性条件都应该能用高级的数据子语言定义,并能存入数据字典。当约束条件变化时,只需改变数据字典中定义的完整性语句,而不会逻辑上影响应用程序和终端活动。

【准则11】 分布独立性。关系型DBMS具有这样的数据库语言:使应用程序和终端活动无论在最初的数据还是以后的数据重新分布时都能在逻辑上保持不变。

【准则12】 无破坏准则。如果一个关系系统具有一个低级(指一次处理一个记录)语言,则这个低级语言不能违背或绕过完整性准则。

目前，虽然还没有一个 DBMS 产品是全关系型的，但随着人们对数据库技术研究的进一步深入，加上软件运行环境的改变，相信以后一定会出现越来越好的全关系型的 DBMS，满足人们各类应用场合对数据库产品的需求。

10.2　关系数据库系统的查询优化

查询检索是数据库系统的最主要的应用功能，使用频率很高。查询速度的快慢，直接影响系统效率。关系模型虽然有坚实的理论基础，成为主流的数据模型，但其主要的缺点就是查询效率低。

查询效率不高并非关系模型特有的问题，而是普遍存在于非过程化的语言系统中。对于非过程化的语言，用户只要提出“干什么”，不必指出“怎么干”，它减轻了用户选择存取路径的负担。然而，用户使用方便的同时，系统负担却重了，而且查询模式也不一定是最优的。可见，系统效率、数据独立性、用户使用的方便性和系统实现的便利性是互相矛盾的。为了解决这些矛盾，必须使系统能自动进行查询优化，使关系系统在查询性能上达到甚至超过非关系系统。关系查询优化是影响 RDBMS 性能的关键因素。

关系系统的查询优化既是 RDBMS 实现的关键技术，又是关系系统的优点所在。查询优化的优点不仅在于用户不必考虑如何最好地表达查询以获得较好的效率，而且在于系统可以比用户程序的“优化”做得更好。这是因为：

(1) 优化器可以从数据字典中获取许多统计信息，例如关系中的元组数、关系中每个属性值的分布情况等。优化器可以根据这些信息选择有效的执行计划，而用户程序则难以获得这些信息。

(2) 如果数据库的物理统计信息改变了，系统可以自动对查询进行重新优化以选择相适应的执行计划。在非关系系统中必须重写程序，而重写程序在实际应用中往往是不太可能的。

(3) 优化器可以考虑数百种不同的执行计划，而程序员一般只能考虑有限的几种可能性。

(4) 优化器中包括了很多复杂的优化技术，这些优化技术往往只有最好的程序员才能掌握。系统的自动优化相当于使得所有人都拥有这些优化技术。

10.2.1　查询处理与查询优化

关系数据库系统中，用户建立的查询方案主要涉及查询条件和查询结果；而查询的具体实施过程及查询策略选择都由 DBMS 负责完成，因此查询具有非过程性的主要特征。

1. 查询优化的概念

查询作为数据库系统最主要、最复杂的操作，应用中必须考虑查询处理的开销代价。查询处理的代价通常取决于系统对磁盘访问的次数及传送的数据量。一般相同的查询要求可以有多种实现策略,这些策略的代价通常相差很大。所以就面临着一个如何从这些策略中选择一个效率最高,即系统开销代价最小的策略问题,这就是查询优化。

2. 查询优化的必要性

同一个问题用同一种方法有不同的解决途径,这些方法结果相同,但执行效率有较大差别。下面先看一个实例,说明查询优化的必要性。

【例 10.1】 用 SQL 语句表达查询选修了 2 号课程的学生姓名。

```
SELECT Student.Sname
FROM Student,SC
WHERE Student.Sno = SC.Sno   AND   SC.Cno = '2';
```

假定在学生-课程数据库中,Student 中有 1 000 个学生记录,表 SC 中有 10 000 个选课记录,其中选修 2 号课程的选课记录为 50 个。

我们可以用多种等价的关系代数表达式来完成这一查询:

(1) $Q_1 = \pi_{Sname}(\sigma_{Student.sno=sc.sno \wedge sc.cno='2'}(Student \times SC)$

(2) $Q_2 = \pi_{Sname}(\sigma_{sc.cno='2'}(Student \bowtie SC))$

(3) $Q_3 = \pi_{Sname}(Student \bowtie \sigma_{sc.cno='2'}(SC))$

我们通过下面的分析将看到,由于查询执行的策略不同,查询的时间相差很大。

第一种情况:

(1) 计算广义笛卡儿积。设在内存中一次存放 5 块 Student 的元组,其中每块有 10 条元组记录,共有 10×5=50 条元组,存放 1 块 SC 元组;每块有 100 条元组记录,共有 100×1=100 条元组。把 Student 和 SC 的每个元组连接起来。其执行过程如下:

① 先读表 Student 的第 1~5 共 5 个元组块(50 条),读表 SC 的第 1 元组块(100 条),进行连接运算,产生 50×100=5 000 条元组,将它们写入临时文件;

② 读表 SC 的第 2 元组块;

③ 将新读的 SC 块与原来的 Student 块进行连接,产生 5 000 条元组,写入临时文件;

④ 重复步骤②和步骤③直到表 SC 的块全部读完;

⑤ 读表 Student 的 6~10 共 5 个元组块,读 SC 的第一元组块,进行连接运算,产生新的元组写入临时文件;

⑥ 重复上述过程,直到表 Student 的所有元组块全部处理结束。

```
For  i=1  to  MM/5
    For  j=1  to  NN
```

进行连接运算,将结果写入临时文件;

```
    Next  j  ;
      Next  i  ;
```

所以，表 Student 可分为 1 000/10=100 块，表 SC 可分为 10 000/100=100 块。需要读：表 Student 为 100 块，分为 100/5=20 次；表 SC 为 20 遍，每遍 100 块，总计块数为：100+20×100=2 100 块。若每秒读/写 20 块，则总计要花 105 s。

连接后产生的总元组数为 $10^3 \times 10^4 = 10^7$。设内存每块能装 10 个元组，则写出这些块要花的时间：$10^7/(10 \times 20) = 5 \times 10^4$ s。

(2) 作选择操作。依次读入连接后的元组，按照选择条件选取满足要求的记录。假定内存处理时间忽略。这一步读取中间文件花费的时间(同写临时文件一样)需 5×10^4 s。假设满足条件的元组仅 50 个，均可放在内存，不需进行写操作。

(3) 作投影。把步骤(2)的结果在 Sname 上作投影输出，得到最终结果。

因此，第一种情况下执行查询的总时间为：$105 + 2 \times 5 \times 10^4$ s≈27.806 94 h(小时)。这里，所有内存处理时间均忽略不计。

第二种情况：

(1) 计算自然连接。为了执行自然连接，读取 Student 和 SC 表的策略不变，总的读取块数仍为 2 100 块花 105 s。但自然连接的结果比第一种情况大大减少，元组个数与表 SC 相同，为 10^4 个。因此写出这些元组时间为 $10^4/(10 \times 20) = 50$ s。

(2) 读取中间文件块，执行选择运算，花费时间也为 50 s。

(3) 把步骤(2)结果投影输出。

第二种情况总的执行时间≈105+50+50≈205 s。

第三种情况：

(1) 先对 SC 表作选择运算，只需读一遍 SC 表，存取 100 块花费时间为 5 s，因为满足条件的元组仅 50 个，不必使用中间文件。

(2) 读取 Student 表，把读入的 Student 元组和内存中的 SC 元组作连接。也只需读一遍 Student 表，共 100 块，花费时间为 5 s。

(3) 把连接结果投影输出。

第三种情况总的执行时间≈5+5≈10 s。

从这个简单的例子可以看出，三种等价查询的表达式具有完全不同的处理时间，有着数量级上的重大差异。这一事实充分说明了查询优化的必要性，即合理选取查询表达式可以获取较高的查询效率。

此结果同时也给出了一些初步的查询优化方法。如当有选择和连接操作时，应先做选择操作，这样参加连接的元组就可以大大减少。

另外，假如 SC 表的 Cno 字段上有索引，步骤(1)就不必读取所有的 SC 元组而只需读取 Cno='2'的那些元组(50 个)。存取的索引块和 SC 中满足条件的数据块大约总共 3～4 块。若 Student 表在 Sno 上也有索引，则步骤(2)也不必读取所有的 Student 元组。因为满足条件的 SC 记录仅 50 个，涉及最多 50 个 Student 记录，因此读取 Student 表的块数也可大大减少。总的存取时间将进一步减少到数秒。

10.2.2 查询优化的一般准则

查询优化主要是合理安排操作的顺序,以使系统效率最高。下面所介绍的优化策略一般能提高查询效率,但优化是相对的,不一定是所有策略中最优的。因此优化没有一个特定的模式,常常需要根据经验结合下列策略来完成。

1. 选择运算应尽可能先做

这是最重要、最基本的一条。它常常可使执行时节约几个数量级,因为选择运算一般使计算的中间结果大大变小。

2. 在执行连接前对关系适当地预处理

预处理方法主要有两种:

(1) 索引连接:在连接属性上建立索引,然后执行连接;

(2) 排序合并:对关系进行排序,然后进行连接。

如:用索引连接方法进行 Student $\bowtie$ SC 的自然连接步骤是:

① 在 SC 上建立 Sno 的索引;

② 对 Student 中每一个元组,由 Sno 值通过 SC 的索引查找相应的 SC 元组;

③ 把这些 SC 表中的元组和 Student 表中的元组连接起来。

这样 Student 表和 SC 表均只要扫描一遍,处理时间只是两个关系大小的线性函数。

又如:用排序合并连接方法进行 Student $\bowtie$ SC 的自然连接步骤是:

① 首先对 Student 表和 SC 表按连接属性 Sno 排序;

② 取 Student 表中第一个 Sno,依次扫描 SC 表中具有相同 Sno 的元组,把它们连接起来;

③ 在 SC 中,当扫描到第一个不相同的 Sno 元组时,返回 Student 表扫描它的下一个元组,再扫描 SC 表中具有相同 Sno 的元组,把它们连接起来。

④ 重复上述步骤,直到 Student 表扫描完。

这样 Student 表和 SC 表也只要扫描一遍。当然,执行时间要加上对两个表的排序时间。即使这样,使用预处理方法执行连接的时间一般仍大大减少。

3. 把投影运算和选择运算同时进行

如有若干投影和选择运算,并且它们都对同一个关系操作,则可以在扫描此关系的同时完成所有的这些运算以避免重复扫描关系。

把投影同其前或其后的双目运算结合起来,没有必要为了去掉某些字段而扫描一遍关系。

4. 尽可能多用连接而不用笛卡儿积

把某些选择同在它前面要执行的笛卡儿积结合起来成为一个连接运算,连接特别是等值连接运算要比同样关系上的笛卡儿积省很多时间。

5. 找出公共子表达式

如果这种重复出现的子表达式的结果不是很大的关系，并且从外存中读入这个关系比计算该子表达式的时间少得多，则先计算一次公共子表达式并把结果写入中间文件是合算的。当查询的是视图时，定义视图的表达式就是公共子表达式的情况。

可见，查询优化的总目标：选择有效的策略，求得给定关系表达式的值。

10.2.3 关系代数等价变换规则

关系代数是关系数据理论的基础，关系演算可以转化为关系代数去实现。所以，关系代数表达式的优化是查询优化的基本课题，而研究关系代数表达式的优化最好从研究关系表达式的等价变换规则开始。

所谓关系代数表达式的等价，是指用相同的关系代替两个表达式中相应的关系后，取得的结果是相同的。所谓结果相同，指关系结构一致、元组相同，但属性的次序可以不同 。

两个关系表达式 E_1 和 E_2 是等价的，可记为 $E_1 \equiv E_2$。

常用的等价变换规则有：

1. 连接、笛卡儿积交换律

设 E_1 和 E_2 是关系代数表达式，F 是连接运算的条件，则有：

$E_1 \times E_2 \equiv E_2 \times E_1$

$E_1 \bowtie E_2 \equiv E_2 \bowtie E_1$

$E_1 \bowtie_F E_2 \equiv E_2 \bowtie_F E_1$

2. 连接、笛卡儿积的结合律

设 E_1、E_2、E_3 是关系代数表达式，F_1 和 F_2 是连接运算的条件，则有：

$(E_1 \times E_2) \times E_3 \equiv E_1 \times (E_2 \times E_3)$

$(E_1 \bowtie E_2) \bowtie E_3 \equiv E_1 \bowtie (E_2 \bowtie E_3)$

$(E_1 \bowtie_{F_1} E_2) \bowtie_{F_2} E_3 \equiv E_1 \bowtie_{F_1} (E_2 \bowtie_{F_2} E_3)$

3. 投影的串接定律

$$\pi_{A_1,A_2,\cdots,A_n}(\pi_{B_1,B_2,\cdots,B_m}(E)) \equiv \pi_{A_1,A_2,\cdots,A_n}(E)$$

E 是关系代数表达式，$A_i(i=1,2,\cdots,n)$，$Bj(j=1,2,\cdots,m)$是属性名，且$\{A_1,A_2,\cdots,A_n\}$构成$\{B_1,B_2,\cdots,B_m\}$的子集。

4. 选择的串接定律

$$\sigma_{F_1}(\sigma_{F_2}(E)) \equiv \sigma_{F_1 \wedge F_2}(E)$$

E 是关系代数表达式，F_1、F_2 是选择条件。选择的串接律说明选择条件可以合并，这样一次就可检查全部条件。

5. 选择与投影的交换律

$\sigma_F(\pi_{A_1,A_2,\cdots,A_n}(E)) \equiv \pi_{A_1,A_2,\cdots,A_n}(\sigma_F(E))$

选择条件 F 只涉及属性 $A_1,\cdots,A_n$。

6. 选择与笛卡儿积的交换律

如果 F 中涉及的属性都是 E_1 中的属性,则:

$\sigma_F(E_1 \times E_2) \equiv \sigma_F(E_1) \times E_2$

如果 $F=F_1 \wedge F_2$,并且 F_1 只涉及 E_1 中的属性,F_2 只涉及 E_2 中的属性,则由上面的等价变换规则可推出:$\sigma_F(E_1 \times E_2) \equiv \sigma_{F_1}(E_1) \times \sigma_{F_2}(E_2)$。

若 F_1 只涉及 E_1 中的属性,F_2 涉及 E_1 和 E_2 两者的属性,则仍有:

$\sigma_F(E_1 \times E_2) \equiv \sigma_{F_2}(\sigma_{F_1}(E_1) \times E_2)$。它使部分选择在笛卡儿积前先做。

7. 选择与并的交换

设 $E=E_1 \cup E_2$,E_1、E_2 有相同的属性名,则:$\sigma_F(E_1 \cup E_2) \equiv \sigma_F(E_1) \cup \sigma_F(E_2)$。

8. 选择与差运算的交换

若 E_1 与 E_2 有相同的属性名,则:$\sigma_F(E_1 - E_2) \equiv \sigma_F(E_1) - \sigma_F(E_2)$。

9. 投影与笛卡儿积的交换

设 E_1 和 E_2 是两个关系表达式,$A_1,\cdots,A_n$ 是 E_1 的属性,$B_1,\cdots,B_m$ 是 E_2 的属性,则:

$\pi_{A_1,A_2,\cdots,A_n,B_1,B_2,\cdots,B_m}(E_1 \times E_2) \equiv \pi_{A_1,A_2,\cdots,A_n}(E_1) \times \pi_{B_1,B_2,\cdots,B_m}(E_2)$。

10. 投影与并的交换

设 E_1 和 E_2 有相同的属性名,则:

$\pi_{A_1,A_2,\cdots,A_n}(E_1 \cup E_2) \equiv \pi_{A_1,A_2,\cdots,A_n}(E_1) \cup \pi_{A_1,A_2,\cdots,A_n}(E_2)$ 。

10.2.4 关系代数表达式的优化算法

在优化过程中,可以应用上面的变换法则来优化关系表达式,使优化后的表达式尽可能早地执行选择操作,将多步操作组合为一步完成。进行适当的预处理,计算公共子表达式等。下面给出关系表达式的优化算法的具体描述:

算法:关系表达式的优化。

输入:一个关系表达式的语法树。

输出:计算该表达式的程序。

方法:

(1) 利用规则 4 把形如 $\sigma_{F_1 \wedge F_2 \cdots \wedge F_n}(E)$ 变换为:$\sigma_{F_1}(\sigma_{F_2}(\cdots(\sigma_{F_n}(E))\cdots))$ 。

(2) 对每一个选择,利用规则 4～8 尽可能把它移到树的叶端。

(3) 对每一个投影,利用规则 3、规则 9、规则 10、规则 5 中的一般形式,尽可能把它移向树的叶端。

注意:规则 3 使一些投影消失,而规则 5 则可能把一个投影分裂为两个,其中一个有可能被移向树的叶端。

(4) 利用规则 3～5 把选择和投影的串接合并成单个选择、单个投影,或一个选择后跟一个投影。使多个选择或投影能同时执行,或在一次扫描中全部完成。尽管这种变换似乎违背"投影尽可能早做"的原则,但这样做效率更高。

(5) 把上述得到的语法树的内节点分组。每一双目运算(×,⋈,∪,－)和它所有的直接祖先为一组(这些直接祖先是 σ、π 运算)。如果其后代直到叶子全是单目运算,则也将它们并入该组;但当双目运算是笛卡儿积(×),而且其后的选择不能与它结合为等值连接时除外。把这些单目运算单独分为一组。

(6) 生成一个程序,每组结点的计算是程序中的一步。各步的顺序是任意的,只要保证任何一组的计算不会在它的后代组之前计算。

10.2.5　优化的一般步骤

各个关系系统的优化方法不尽相同,大致的步骤可以归纳如下:

1. 把查询转换成某种内部表示

通常用的内部表示是语法树。为了能用关系代数表达式的优化法,不妨假设内部表示是关系代数语法树。

2. 把语法树转换成标准(优化)形式

利用优化算法,把原始的语法树转换成优化的形式。

3. 选择低层的存取路径

根据步骤 2 得到的优化了的语法树计算关系表达式值时,要充分考虑索引、数据的存储分布等存取路径。利用它们进一步改善查询效率。这就要求优化器去查找数据字典,获得当前数据库状态的信息。例如选择字段上是否有索引,连接的两个表是否有序,连接字段上是否有索引等,然后根据一定的优化规则选择存取路径。

4. 生成查询计划,选择代价最小的

查询计划是由一组内部过程组成的,这组内部过程实现按某条存取路径计算关系表达式的值。常有多个查询计划可供选择。例如在作连接运算时,若两个表(设为 R_1、R_2)均无序,连接属性上也没有索引,则可以有下面几种查询计划:

(1) 对两个表作排序预处理;

(2) 对 R_1 在连接属性上建索引;

(3) 对 R_2 在连接属性上建索引;

(4) 在 R_1,R_2 的连接属性上均建索引。

对不同的查询计划计算代价,选择代价最小的一个。

在集中式数据库中:总代价 = I/O代价 + CPU代价

在多用户环境下:总代价 = I/O代价 + CPU代价 + 内存代价

在计算代价时,主要考虑磁盘读/写的I/O数,内存CPU处理时间在粗略计算时可不考虑。

注意:对某一查询可以有很多不同的查询计划,不可能生成所有的查询计划。因为对这些查询计划进行代价估计本身要花费一定的代价,弄不好就会得不偿失。

【例10.2】 优化例10.1。

(1) 把查询转换成某种内部表示(如语法树)。

① SQL查询语句

```
SELECT   St.Sname   FROM   St,SC
  WHERE   St.Sno=SC.Sno   AND SC.Cno='2';
```

② SQL语言转换成某种内部表示,如图10.2所示语法树。

③ 转化为图10.3所示关系代数语法树。

(2) 代数优化:利用优化算法,把关系代数语法树转换成标准(优化)形式:

利用等价规则4、6,把选择 $\sigma_{SC.Cno='2'}$ 移到叶端形成标准(优化)图,如图10.4所示。

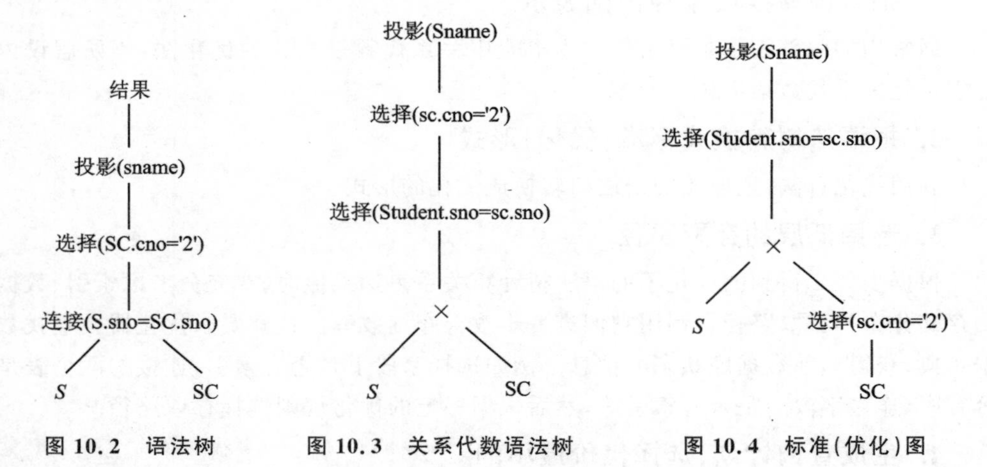

图10.2 语法树　　图10.3 关系代数语法树　　图10.4 标准(优化)图

注意1:优化的标准语法树的画法(实际优化的转化步骤):

① 根据题目要求写出SQL查询语句;

② 根据SQL语句写出关系代数表达式;

③ 画出关系代数表达式的语法树;

④ 采用优化准则和关系代数等价变化规则写出优化关系代数表达式;

⑤ 根据优化关系代数表达式画出标准(优化)形式语法树。

注意2:系统可以用多种等价的关系代数表达式来完成查询,因此可能会画出各种不同的优化树,但是都应遵循查询优化的一般准则。

【例 10.3】 供应商数据库中有:供应商、零件、项目、供应四个基本表(含义同第 2 章)。

S(Sno,Sname,Status,City)、P(Pno,Pname,Color,Weight)

J(Jno,Jname,City)、SPJ(Sno,Pno,Jno,Qty)

查询要求:检索使用上海供应商生产的红色零件的工程号。

(1) SQL 语句 :

SELECT JNO FROM S,P,SPJ WHERE

COLOR='红色' AND CITY='上海' and S. SNO=SPJ. SNO AND SPJ. PNO=P. PNO

(2) 写出该查询的关系代数表达式:

$\pi_{jno}(\sigma_{city='上海'\wedge color='红'}(\sigma_{spj.pno=p.pno}(\sigma_{s.sno=spj.sno}(S\times SPJ)\times P)))$

该查询初始的关系代数表达式的语法树如图 10.5 所示。

(3) 用优化算法,对初始的关系代数表达式的语法树进行优化,优化后的语法树如图 10.6 所示。

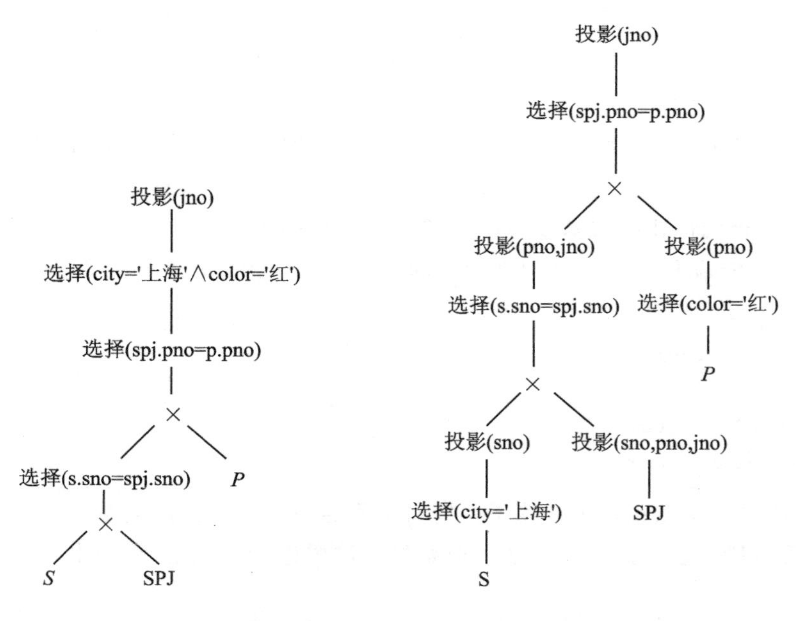

图 10.5　初始的语法树　　**图 10.6　优化后的语法树**

(4) 写出查询优化的关系代数表达式:

$\pi_{jno}(\pi_{SNO}(\sigma_{city='上海'}(S))\pi_{Sno,PNO,JNO}(SPJ)\pi_{Pno}(\sigma_{Color='红'}(P)))$

小 结

关系系统与关系模型是两个密切相关而又不同的概念。支持关系模型的数据库管理系统称为关系系统。分成表式系统、最小关系系统、完备关系系统、全关系系统四种类型。全关系型的关系系统应遵循 12 条基本准则。

关系系统要求支持关系数据结构,支持选择、投影、连接运算,还要求关系系统自动地选择路径而不能依赖物理存取路径来实现关系运算。为此,系统要进行查询优化,以获得较好的性能。这正是关系系统实施的关键技术。

查询处理是数据库系统的最主要的应用功能,而查询优化又是查询处理的关键技术。掌握查询优化方法的概念和技术,了解具体的查询计划表示,就能够分析查询的实际执行方案和查询代价,进而通过建立索引或者修改 SQL 语句来降低查询代价,达到优化系统性能的目标。

习 题

1. 试给出各类关系系统的定义:最小关系系统、关系完备上的系统、全关系型的关系系统。

2. 试述全关系型系统应满足的十二条准则,以及十二条基本准则的实际意义和理论意义。

3. 试述查询优化在关系数据库中的重要性和可能性。

4. 对学生-课程数据库有如下的查询:

```
SELECT Cname
FROM Student,Course,SC
WHERE Student.Sno = SC.Sno
    AND SC.Cno = Course.Cno
    AND Student.Sdept = 'IS';
```

此查询要求信息系学生选修了的所有课程名称。试画出用关系代数表示的语法树,并用关系代数表达式优化算法对原始的语法树进行优化处理,画出优化后的标准优化树。

5. 试述查询优化的一般准则。

6. 试述查询优化的一般步骤。

第 11 章　关系数据库管理系统实例

【学习内容】

1. 关系数据库管理系统产品概述
2. Micosoft SQL Server
3. Oracle
4. Sybase
5. Informix
6. DB2
7. Ingres

11.1　关系数据库管理系统产品概述

11.1.1　关系数据库简介

关系数据库是采用关系模型作为组织方式的数据库。关系模型建立在严格的数学概念基础上。1970 年提出的数据库关系模型，奠定了数据库理论基础。70 年代末，关系方法的理论研究和软件系统的研制均取得了很大成果，1981 年研制出具有 System R 全部特征的数据库软件新产品 SQL/DS。与 System R 同期，美国加州大学伯克利分校也研制了 Ingres 数据库试验系统，并由 Ingres 公司发展成为 Ingres 数据库产品，使关系方法从实验室走向市场。

关系数据库产品一问世，就以其简单清晰的概念和易懂易学的数据库语言，使用户不需要了解复杂的存取路径细节，不需说明怎么干，只需指出干什么就能操作数据库，从而深受广大用户喜爱，并涌现出许多性能优良的商品化关系数据库管理系统，即 RDBMS。著名的数据库管理系统有：Oracle、Sybase、DB2、Informix 等。关系数据库产品也从单一的集中式系统发展到可在网络环境下运行的分布式系统，从连接事务处理到支持信息管理、辅助决策。系统的功能不断完善，使数据库的应用领域不断扩大。

11.1.2　RDBMS 简介

20 世纪 70 年代是关系数据库理论研究和原型开发的时代。70 年代末以来，新发展的 RDBMS 产品中,近 90%是采用关系数据模型,其中涌现出了许多性能良好的商品化关系数据管理系统(RDBMS)。例如:

(1) 小型数据库系统:FoxPro、Access、Paradox 等。

(2) 大型数据库系统:DB2、Ingres、Oracle、Informix、Sybase 等。

RDBMS 产品的发展可以粗略地分为三个阶段,如表 11.1 所列。

表 11.1 RDBMS 产品的发展过程

<table>
<tr><th>项 目</th><th colspan="2">功能或特性</th><th>第一阶段
20 世纪 70 年代</th><th>第二阶段
20 世纪 80 年代</th><th>第三阶段
20 世纪 90 年代</th></tr>
<tr><td rowspan="3">对关系模型的支持</td><td colspan="2">表结构</td><td>√</td><td>√</td><td>√</td></tr>
<tr><td colspan="2">关系操作</td><td>ン</td><td>√</td><td>√</td></tr>
<tr><td colspan="2">完整性</td><td>×</td><td>ン</td><td>√</td></tr>
<tr><td rowspan="6">运行环境</td><td rowspan="2">单机</td><td>单用户(微机)</td><td>×</td><td>×</td><td>√</td></tr>
<tr><td>多用户(大,中型机)</td><td>√</td><td>多种硬平台,
多种 OS</td><td>√</td></tr>
<tr><td rowspan="3">网络</td><td>单机联网</td><td>×</td><td>√</td><td>√</td></tr>
<tr><td>分布数据库</td><td>×</td><td>ン</td><td>√</td></tr>
<tr><td>客户/服务器数据库</td><td>×</td><td>×</td><td>√</td></tr>
<tr><td>开放</td><td>网络环境下异质
数据库互连互操作</td><td>×</td><td>×</td><td>√</td></tr>
<tr><td rowspan="2">系统构成</td><td colspan="2">RDBMS 核心</td><td></td><td>√</td><td>√</td></tr>
<tr><td colspan="2">第四代开发工具</td><td>×</td><td>√</td><td>√</td></tr>
<tr><td rowspan="4">对应用的支持</td><td colspan="2">信息管理</td><td>ン</td><td>√</td><td>√</td></tr>
<tr><td colspan="2">联机事务处理(OLTP)</td><td>×</td><td>√</td><td>√</td></tr>
<tr><td colspan="2">整个企业/行业的 OLTP</td><td>×</td><td>×</td><td>ン</td></tr>
<tr><td colspan="2">OLAP,辅助决策</td><td>×</td><td>×</td><td>ン</td></tr>
</table>

表中用√表示具备左边栏目中的功能或特性,ン表示仅支持一部分,×表示不支持。

我们从以下四个方面介绍 RDBMS 产品的发展情况:

(1) 对关系模型的支持:

第一阶段(20 世纪 70 年代)——仅支持关系数据结构和基本的关系操作。

第二阶段(20 世纪 80 年代中)——符合甚至超过 SQL 标准,但对数据完整性支持较差。

第三阶段(20 世纪 90 年代以后)——加强了对完整性和安全性支持。

（2）运行环境：

第一阶段（20 世纪 70 年代）——多用户系统，在单机环境下运行。

第二阶段（20 世纪 80 年代中）——能在多种硬件平台和操作系统下运行数据库联网，向分布式系统发展。

第三阶段（20 世纪 90 年代以后）——网络环境下分布式数据库和客户/服务器结构的数据库系统。

（3）RDBMS 系统构成：早期的 RDBMS 产品主要提供数据定义（基本表、视图、索引的定义）、数据存取（检索、插入、修改、删除）、数据控制（用户安全保密、存取权限定义）等基本操作和数据存储组织、并发控制、安全性和完整性检查、系统恢复、数据库的重组织和重构造等基本功能。这些成为了 RDBMS 的核心功能。

目前的产品以 RDBMS 数据管理的基本功能为核心，开发外围软件系统，如 FORMS 表格生成系统、REPORTS 报表系统、MENUS 菜单生成系统、GRAPHICS 图形软件等。它们构成一组相互联系的 RDBMS 工具软件，为用户提供一个良好的应用开发环境，提高了应用开发的效率。

（4）对应用的支持：第一阶段（20 世纪 70 年代）主要用于信息管理应用领域。

第二阶段（20 世纪 80 年代中）主要针对联机事务处理应用领域，包括两方面能力：事务吞吐量、事务联机响应时间。为此必须在以下两个方面改善 RDBMS 的实现技术：

① 性能。提高 RDBMS 对于联机事务响应的速度。

② 可靠性。由于联机事务处理系统不允许 RDBMS 间断运行，在发生事务故障、软硬件故障时均能有相应的恢复能力，保证联机事务的正常运行、撤销和恢复。保证数据库数据的完整性和一致性。

第三阶段（20 世纪 90 年代以后）支持整个企业的联机事务处理和联机分析处理。

11.2　Microsoft SQL Server

SQL Server 是一个关系数据库管理系统。它最初是由 Microsoft、Sybase 和 Ashton - Tate 三家公司共同开发的，于 1988 年推出了第一个 OS/2 版本。在 Windows NT 推出后，Microsoft 与 Sybase 在 SQL Server 的开发上就分道扬镳了。Microsoft 将 SQL Server 移植到 Windows NT 系统上，专注于开发推广 SQL Server 的 Windows NT 版本；Sybase 则较专注于 SQL Server 在 UNIX 操作系统上的应用。

11.2.1　版本介绍

1. SQL Server 2000

SQL Server 2000 是 Microsoft 公司推出的 SQL Server 数据库管理系统，该版

本继承了SQL Server 7.0版本的优点,同时又比它增加了许多更先进的功能。具有使用方便可伸缩性好与相关软件集成程度高等优点,可跨越从运行Microsoft Windows 98的膝上型电脑到运行Microsoft Windows 2000的大型多处理器的服务器等多种平台使用。

2. Microsoft SQL Server 2005

Microsoft SQL Server 2005是一个全面的数据库平台,使用集成的商业智能(BI)工具提供了企业级的数据管理。Microsoft SQL Server 2005数据库引擎为关系型数据和结构化数据提供了更安全可靠的存储功能,可以构建和管理用于业务的高可用和高性能的数据应用程序。Microsoft SQL Server 2005数据引擎可作为企业数据管理解决方案的核心。

此外Microsoft SQL Server 2005结合了分析、报表、集成和通知功能,可以帮助企业构建和部署经济有效的BI解决方案,帮助企业通过记分卡、Dashboard、Web services和移动设备将数据应用推向业务的各个领域。

与Microsoft Visual Studio、Microsoft Office System以及新的开发工具包(包括Business Intelligence Development Studio)的紧密集成,使Microsoft SQL Server 2005与众不同。无论是开发人员、数据库管理员、信息工作者,还是决策者,Microsoft SQL Server 2005都可以提供创新的解决方案,帮助您从数据中更多地获益。SQL Server 2005分为企业版(32位和64位的SQL Server 2005 Enterprise Edition)、标准版(32位和64位的SQL Server 2005 Standard Edition)、工作组版(仅适用于32位的SQL Server 2005 Workgroup Edition)、开发版(32位和64位的SQL Server 2005 Developer Edition)和免费的学习版(仅适用于32位的SQL Server 2005 Express Edition)。

SQL Server 2005企业版Enterprise Edition达到了支持超大型企业进行联机事务处理(OLTP)、高度复杂的数据分析、数据仓库系统和网站所需的性能水平。Enterprise Edition的全面商业智能和分析能力及其高可用性功能(如故障转移群集),使它可以处理大多数关键业务的企业工作负荷。

SQL Server 2005标准版Standard Edition是适合中小型企业的数据管理和分析平台。它包括电子商务、数据仓库和业务流解决方案所需的基本功能,是需要全面的数据管理和分析平台的中小型企业的理想选择。

SQL Server 2005工作组版,对于那些需要在大小和用户数量上没有限制的数据库的小型企业,是理想的数据管理解决方案;可以用作前端Web服务器,也可以用于部门或分支机构的运营。SQL Server 2005 Workgroup Edition是理想的入门级数据库,具有可靠、功能强大且易于管理的特点。

SQL Server 2005开发版允许开发人员在SQL Server顶部生成任何类型的应用程序,是独立软件供应商(ISV)、咨询人员、系统集成商、解决方案供应商以及生成和测试应用程序的企业开发人员的理想选择。

SQL Server 2005 学习版通过与 Microsoft Visual Studio 2005 集成，SQL Server Express 简化了功能丰富、存储安全且部署快速的数据驱动应用程序的开发过程，可以再分发（受制于协议），还可以充当客户端数据库以及基本服务器数据库。

3. Microsoft SQL Server 2008

Microsoft SQL Server 2008 是至今为止具有较全面功能的强大的 Microsoft SQL Server 版本。微软的这个数据平台满足大数据时代和下一代数据驱动应用程序的需求，支持关键任务企业数据平台、动态开发、关系数据和商业智能等功能。

这个平台有以下特点：

（1）可信任的——使得公司可以以很高的安全性、可靠性和可扩展性来运行他们最关键任务的应用程序。

（2）高效的——使得公司可以降低开发和管理他们的数据基础设施的时间和成本。

（3）智能的——提供了一个全面的平台，可以在用户需要的时候给他发送观察和信息。

4. Microsoft SQL Server 2012

微软的 SQL Server 2012 RTM（Release - to - Manufacturing）版本以“大数据”来替代“云”的概念，对 SQL Server 2012 的定位是帮助企业处理每年大量的数据（Z 级别）增长。

SQL Server 2012 更加具备可伸缩性、更加可靠以及前所未有的高性能；而 Power View 为用户对数据的转换和勘探提供强大的交互操作能力，并协助做出正确的决策。

SQL Server 2012 主要版本包括新的商务智能版本和企业版本。新的商务智能版本增加了 Power View 数据查找工具和数据质量服务功能；企业版本则提高了安全性、可用性，增加了从大数据到 StreamInsight 复杂事件处理，再到新的可视化数据的分析工具等。它们都将成为 SQL Server 2012 最终版本的一部分。

5. Microsoft SQL Server 2014

SQL Server 2014 中最引人关注的特性就是内存在线事务处理（OLTP）引擎。内存 OLTP 整合到 SQL Server 的核心数据库管理组件中，它不需要特殊的硬件或软件，就能够无缝整合现有的事务过程；同时，在 SQL Server 2014 中，列存储索引功能也得到更新。SQL Server 2014 引入了另一种列存储索引，它既支持集群也支持更新。此外，它还支持更高效的数据压缩，允许将更多的数据保存到内存中，以减少昂贵的 I/O 操作。

微软一直将 SQL Server 2014 定位为混合云平台，这意味着 SQL Server 数据库更容易整合 Windows Azure。例如，SQL Server 2014 将数据库备份到 Windows Azure BLOB 存储服务上；SQL Server 2014 还允许将本地数据库的数据和日志文件存储到 Azure 存储上。此外,SQL Server Management Studio 提供了一个部署向导,它可以轻松地将现有本地数据库迁移到 Azure 虚拟机上。

11.2.2 SQL Server 的优缺点

众所周知,SQL Server 是一种应用广泛的数据库管理系统,能够满足当今商业环境所要求的不同类型的数据库解决方案。它具有许多显著的优点:

易用性、适合分布式组织的可伸缩性、用于决策支持的数据仓库功能、与许多其他服务器软件紧密关联的集成性、良好的性价比等。

SQL Server 还为数据管理与分析带来了灵活性,允许数据库在快速变化的环境中从容响应,从而获得竞争优势。从数据管理和分析角度看,将原始数据转化为商业智能和充分利用 Web 带来的机会非常重要。

作为一个完备的数据库和数据分析包,SQL Server 为快速开发新一代企业级商业应用程序、为企业赢得核心竞争优势打开了胜利之门。可作为重要的基准测试、可伸缩性和运行速度的记录保持者。

SQL Server 是一个具备完全 Web 支持的数据库产品,提供了对可扩展标记语言 (XML)的核心支持以及在 Internet 上和防火墙外进行查询的能力。

SQL Server 的优点众多,但是 Microsoft SQL Server 和其他数据库产品相比也存在着以下劣势:

(1) 开放性。只能运行在微软的 Windows 平台,没有丝毫的开放性可言。

(2) 并行与伸缩性。并行实施和共存模型并不成熟,很难处理日益增多的用户数和数据卷,伸缩性有限。

(3) 性能稳定性。当用户连接多时,SQL Server 性能会变得很差,并且不够稳定。

(4) 使用风险。SQL Server 完全重写的代码,经历了长期的测试不断延迟,许多功能需时间来证明;并不十分兼容早期产品;使用需要冒一定风险。

(5) 客户端支持及应用模式。只支持 C/S 模式。

11.3 Oracle

Oracle 数据库是一种功能强大、能够处理大批量数据的大型数据库系统,一般应用于商业和政府部门,它在网络方面的功能也非常多。虽然,SQL 数据库系统的操作很简单,功能也非常齐全;但是在处理大量数据方面,Oracle 数据库的优势则更明显。

11.3.1 Oracle 简介

Oracle(公司也称甲骨文合同)成立于 1977 年,是一家专门从事研究、生产关系型数据管理系统(RDBMS)的软件公司。在IT软件业,Oracle是仅次于微软公司的世界第二大软件公司。

Oracle不仅在全球最先推出了RDBMS,而且还掌握着这个市场的大部分份额。现在,他们的RDBMS被广泛应用于各种操作环境:Windows NT、基于UNIX系统的小型机、IBM大型机以及一些专用的硬件操作系统平台。由于Oracle公司的RDBMS都以Oracle为名,所以,在某种程度上Oracle已经成为了RDBMS的代名词。目前,Oracle产品覆盖了大、中小几十种机型,在世界上使用非常广泛。Oracle公司不仅是世界上著名的RDBMS供应商,而且还是世界上最主要的信息处理软件供应商。

11.3.2 Oracle的版本

(1) 1977年,Relational软件公司(Relational Software Inc.,RSI)发布了一个关系数据库管理系统(Relational Database Management System,RDBMS)。这个RDBMS是使用C语言和SQL界面构建的一个原型系统。

(2) 1979年,RSI向客户发布了该产品的第2版(1977年的原型系统相当于第1版)。该版本的RDBMS可以在装有RSX-11操作系统的PDP-11机器上运行,后来又移植到了DEC VAX系统。

(3) 1983年,发布的第3个版本中加入了SQL语言,而且性能也有所提升,其他功能也得到增强。与前几个版本不同的是,这个版本是完全用C语言编写的。同年,RSI更名为Oracle Corporation,也就是今天的Oracle公司。

(4) 1984年,Oracle的第4版发布。该版本既支持VAX系统,也支持IBM VM操作系统。这也是第一个加入了读一致性(Read-consistency)的版本。

(5) 1985年,Oracle的第5版发布。该版本可称作是Oracle发展史上的里程碑,因为它引入了客户端/服务器的计算机模式,是一个具有分布处理功能的关系数据库系统。同时它也是第一个打破640 KB内存限制的MS-DOS产品。

(6) 1988年,Oracle的第6版发布。该版本除了改进性能、增强序列生成与延迟写入(deferred writes)功能以外,还引入了底层锁。除此之外,该版本还加入了PL/SQL和热备份等功能。这时Oracle已经可以在许多平台和操作系统上运行了。

(7) 1991年,Oracle RDBMS的6.1版在DEC VAX平台中引入了Parallel Server选项,很快该选项也可用于许多其他平台。

(8) 1992年,Oracle 7发布。Oracle 7在对内存、CPU和I/O的利用方面作了许多体系结构上的变动。这是一个功能完整的关系数据库管理系统,在易用性方面也作了许多改进,引入了SQL DBA工具,提供基于角色的安全性。

(9) 1997年,Oracle 8发布。Oracle 8除了增加许多新特性和管理工具以外,还加入了对象扩展(object extension)特性。

(10) 2001年,Oracle 9i release 1发布。这是Oracle 9i的第一个发行版,包含

RAC(Real Application Cluster)等新功能。

(11) 2002年,Oracle 9i release 2发布,它在release 1的基础上增加了集群文件系统(cluster file system)等特性。

(12) 2004年,针对网格计算的Oracle 10g发布。该版本中Oracle的功能、稳定性和性能的实现都达到了一个新的水平。

(13) 2007年7月12日,Oracle公司推出的最新数据库软件Oracle 11g。Oracle 11g有400多项功能,经过了1500万个小时的测试,开发工作量达到了3.6万人/月。相对过往版本而言,Oracle 11g具有了与众不同的特性。

(14) Oracle数据库最新版本为Oracle Database 12c。Oracle数据库12c引入了一个新的多承租方架构,使用该架构可轻松部署和管理数据库云。此外,一些创新特性可最大限度地提高资源使用率和灵活性,如Oracle Multitenant可快速整合多个数据库,而Automatic Data Optimization和Heat Map能以更高的密度压缩数据和对数据分层。这些独一无二的技术进步再加上在可用性、安全性和大数据支持方面的强大功能,使得Oracle数据库12c成为私有云和公有云部署的理想平台。

11.3.3 Oracle软件产品的组成

(1) 编程接口:子程序调用接口OCI。

(2) 嵌入式语言预编译器:Pro * C。

(3) 开发工具:Oracle Forms、Oracle Menus、Oracle Reports等,用以实现高生产率、大型事务处理及客户/服务器结构的应用系统。

(4) 交互式命令操作:SQL * Plus,是开发人员和DBA使用的工具,常用于执行动态的查询命令。

(5) Developer/2000:交互式图形化的数据库应用开发工具。

(6) Designer/2000:交互式图形化的数据库应用软件设计工具。

(7) Oracle的数据库语言:PL/SQL,对标准的SQL语言进行了扩充,增加了过程控制语句。

Oracle软件的产品结构如图11.1所示。

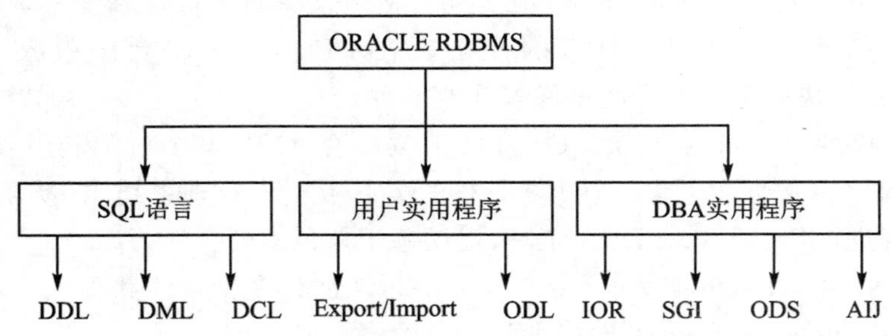

图11.1 Oracle软件的产品结构

11.3.4　Oracle 数据库

Oracle 数据库包括 Oracle 数据库服务器和客户端：

（1）Oracle 数据库服务器。Oracle Server 是一个对象——关系数据库管理系统。每个 Server 由一个 Oracle DB 和一个 Oracle Server 实例组成。它具有场地自治性(site autonomy)，且提供数据存储透明机制以实现数据存储透明性。每个 Oracle数据库对应唯一的一个实例名 SID，Oracle 数据库服务器启动后，一般至少有以下几个用户：Sys，它是一个 DBA 用户名，具有最大的数据库操作权限；Internal，它不是一个真实的用户名，而是具有 SYSDBA 优先级的 Sys 用户的别名，它由 DBA 用户使用来完成数据库的管理任务，包括启动和关闭数据库；System，它也是一个 DBA 用户名，权限仅次于 Sys 用户。Oracle Server 提供开放的、全面的和集成的信息管理方法。

（2）客户端。Oracle 的客户端为数据库用户操作端，由 SQL * NET、工具、应用组成。用户操作数据库时，必须要连接到服务器，该数据库称为本地数据库（Local DB）。在网络环境下，其他服务器上的 DB 称为远程数据库（Remote DB）。用户要存取远程 DB 上的数据时，必须建立数据库链。

Oracle 数据库的体系结构包括物理存储结构和逻辑存储结构。它们是相互分离的，因而在管理数据的物理存储结构时并不会影响对逻辑存储结构的存取。

11.3.5　Oracle 数据库的结构

（1）逻辑存储结构。它由数据库模式对象和至少一个表空间组成。模式对象是直接引用数据库数据的逻辑结构。模式对象包括这样一些结构：表、视图、序列、存储过程、同义词、索引、簇和数据库链等。逻辑存储结构包括表空间、段和范围，用于描述怎样使用数据库的物理空间。而其中的模式对象和关系形成了数据库的关系设计。

（2）数据块（block）。Oracle 数据库不是以操作系统的块为单位来请求数据，而是以多个 Oracle 数据库块为单位。

（3）段（segment）。段是表空间中一个指定类型的逻辑存储结构，由一个或多个范围组成，段将占用并增长存储空间。

其中数据段用来存放表数据；索引段用来存放表索引；临时段用来存放中间结果；回滚段用于出现异常时，恢复事务。

（4）范围（extent）。一个范围由许多连续的数据块组成，它是数据库存储空间分配的逻辑单位。范围是由段依此分配的，分配的第一个范围称为初始范围，以后分配的范围称为增量范围。

11.3.6 Oracle 数据库几个强大的特性

(1) 无范式要求,可根据实际系统需求构造数据库。

(2) 采用标准的 SQL 结构化查询语言。

(3) 具有丰富的开发工具,覆盖开发周期的各阶段。

(4) 支持大型数据库,数据类型支持数字、字符、大至 2 GB 的二进制数据,为数据库的面向对象存储提供数据支持。

(5) 具有第四代语言的开发工具(Oracle Forms、Oracle Menus、Oracle Reports 等)。

(6) 具有字符界面和图形界面,易于开发;Oracle8 则主要增强了对象技术,成为对象—关系数据库系统。

(7) 通过 SQL DBA 控制用户权限,提供数据保护功能,监控数据库的运行状态,调整数据缓冲区的大小。

(8) 分布优化查询功能。

(9) 数据透明、网络透明,支持异种网络、异构数据库系统。并行处理采用动态数据分片技术。

(10) 支持客户机/服务器体系结构及混合的体系结构(集中式、分布式、客户机/服务器)。

(11) 实现了两阶段提交、多线索查询手段。

(12) 支持多种系统平台(UNIX、DOS、VMS、Windows、Windows/NT、OS/2)。

(13) 数据安全保护措施:没有读锁,采取快照 SNAP 方式完全消除了分布读写冲突。自动检测死锁和冲突并解决。

(14) 数据安全级别为 C2 级(最高级)。

(15) 数据库内模支持多字节码制,支持多种语言文字编码。

(16) 具有面向制造系统的管理信息系统和财务应用系统。

(17) Oracle7.1 版本服务器支持 1 000~10 000 个用户。

(18) WORKGROUP/2000 具有 Oracle7 WORKGROUP 服务器,POWER OBJECTS(图形开发环境),支持 OS/2、UNIX、Windows/NT 平台。

11.3.7 Oracle 工具

1. Developer

(1) CDE 工具的升级版本,包括 Oracle Forms、Oracle Reports、Oracle Graphics 和 Oracle Books 等。

(2) 用以实现高生产率、大型事务处理及客户/服务器结构的应用系统。

(3) 高度可移植性,支持多种数据源、多种图形用户界面、多媒体数据、多民族语言、CASE 等协同应用系统。

(4) Oracle Forms 是快速生成基于屏幕的复杂应用的工具，所生产的应用程序具有查询和操纵数据的功能，可以现实多媒体信息，具有 GUI 界面。

(5) Oracl Reports 是快速生产报表工具，如普通报表、主从式报表、矩阵报表。

(6) Oracl Graphics 是快速生成图形应用的工具。

(7) Oracl Books 用于生成联机文档。

2. Designer

(1) CASE 工具，帮助用户对复杂系统进行建模、分析和设计。

(2) 完成概要设计后，可以用来帮助绘制 E－R 图、功能分层图、数据流图和方阵图，自动生成数据字典、数据库表、应用代码和文档。

(3) BPR，用于过程建模，即帮助用户进行复杂系统的建模。

(4) Generators，是一个应用生成器，它可以根据用户建立的模型，自动生成数据字典，数据库表、应用代码和文档。

(5) Modellers，用于系统设计与建模。

3. Discoverer/2000

(1) 一个 OLAP 工具，主要用于支持数据仓库应用，可以对历史性的数据进行数据挖掘，找到发展趋势，对不同层次的概况数据进行分析，发现有关业务的详细信息。

(2) 一种开放式工具，可以在所有环境中工作，可将存放在其他系统中的关键数据转移到 Oracle 中。

4. Oracle Office

用于办公自动化的，能完成企业范围内的消息接收与发送、日程安排、日历管理、目录管理以及拼写检查。

5. SQL DBA

一个易于使用的菜单驱动的 DBA 实用工具，可供用户进行动态性能监视、远程 DB 管理等。

6. Oracle 预编译器

允许在高级程序设计语言(如 C、COBOL)中，通过嵌入 SQL 语句、PL/SQL 语句访问数据库。

7. Oracl 调用接口

允许高级程序设计语言程序通过嵌入函数访问数据库。

11.4　Sybase

Sybase 是一种典型的 WindowsN T 或 UNIX 平台上客户机/服务器环境下的大型数据库系统，由美国 Sybase 公司研制并于 1987 年推出。Sybase 系统具有完备的触发器、存储过程、规则以及完整性定义,支持优化查询,具有较好的数据安全性。Sybase提供了一套应用程序编程接口和库,可以与非Sybase数据源及服务器集成,允许在多个数据库之间复制数据,适于创建多层应用。Sybase通常与Sybase SQL Anywhere用于客户机/服务器环境,前者作为服务器数据库,后者为客户机数据库,采用该公司研制的PowerBuilder为开发工具,在我国大、中型系统中具有广泛的应用。

11.4.1 Sybase产品概述

目前管理企业的计算模型迅速变化,为了适应大型主机、客户/服务器和Internet多种计算模型同时并存的需要,Sybase为OLTP、数据仓库和小应用平台三类主要应用提供了定制好的多种多样的产品选件。这就是Sybase的适应性组件体系结构(Adaptive Component Architecture,简称ACA)。

基于ACA体系结构的Sybase软件可划分为三个部分:

(1) Sybase SQL Server:进行数据管理与维护的联机关系数据库管理系统。它是一个可编程的数据库管理系统(DBMS),是整个Sybase产品的核心软件,起着数据管理、高速缓冲区管理、事务管理的作用。

(2) Sybase SQL Tools:支持数据库应用系统的建立和开发的一组前端工具软件。例如:

ISQL是与SQL Server进行交互的一种SQL句法分析器。ISQL接收用户发出的SQL语言,将其发送给SQL Server,并将结果以形式化的方式显示在用户的标准输出上。

DWB是数据工作台,是Sybase SQL Toolset的一个主要组成部分。它的作用在于使用户能够设置和管理SQL Server上的数据库,并且为用户提供一种对数据库的信息执行添加、更新和检索等操作的简便方法。在DWB中能实现ISQL的所有功能,且由于DWB是基于窗口和菜单的,因此操作比ISQL简单,是一种方便实用的数据库管理工具。

APT是Sybase客户软件部分的主要产品之一,也是从事实际应用开发的主要环境。APT工作台是用于建立应用程序的工具集,可以创建从非常简单到非常复杂的应用程序,它主要用于开发基于表格(Form)的应用。其用户界面采用窗口和菜单驱动方式,通过一系列的选择完成表格(Form)、菜单和处理的开发。

(3) Open Client/Open Server:可把异构环境下其他厂商的应用软件和任何类型的数据连接在一起的接口软件。

通过Open Client的DB-LIB库,应用程序可以连接SQL Server;而通过Open Server的SERVER-LIB,应用程序可以连接其他的数据库管理系统。

Sybase的ACA产品结构具有高度的适应性和完整性。它的高度适应性表现在可以在每一层定做其中的组件,来满足企业分布计算的需求;其完整性则表现在产品的高度集成和优化。另外，Sybase 的产品又是相互独立的，它可与第三家工具联合使用。

11.4.2　Sybase 数据库的特点

1. 基于客户/服务器体系结构的数据库

在主/从式的结构中，所有的应用都运行在一台机器上。用户只是通过终端发命令或简单地查看应用运行的结果。而在客户/服务器结构中，应用被分在了多台机器上运行。一台机器是另一个系统的客户，或是另外一些机器的服务器。这些机器通过局域网或广域网联接起来。

Sybase 把客户/服务器数据库体系结构作为开发产品的重要目标，其优势在于：

（1）它支持共享资源且在多台设备间平衡负载。

（2）允许容纳多个主机的环境，充分利用了企业已有的各种系统。

2. 真正开放的数据库

由于采用了客户/服务器结构，应用被分在了多台机器上运行。同时，运行在客户端的应用不必是 Sybase 公司的产品。对于一般的关系数据库，为了让其他语言编写的应用能够访问数据库，Sybase 数据库还提供了公开应用程序接口 DB－LIB，鼓励第三方编写 DB－LIB 接口的预编译。而且，由于开放的客户 DB－LIB 允许在不同的平台使用完全相同的调用，因而使得访问 DB－LIB 的应用程序很容易从一个平台向另一个平台移植。

3. 一种高性能的数据库

Sybase 的高性能体现在以下几方面：

（1）可编程数据库。通过提供存储过程，创建了一个可编程数据库。存储过程允许用户编写自己的数据库子例程。这些子例程是经过预编译的，因此不必为每次调用都进行编译、优化、生成查询规划，因而查询速度要快得多。

（2）事件驱动的触发器。触发器是一种特殊的存储过程。通过触发器可以启动另一个存储过程，从而确保数据库的完整性。

（3）多线索化。Sybase 数据库的体系结构的另一个创新之处就是多线索化。Sybase SQL Server 只有一个服务器进程，所有客户进程都连接到这个进程上；但这不是传统的单进程。该进程又细分为多个并行的线索，它们共享数据库缓冲区和 CPU 时间，能及时捕捉各用户进程发出的存取数据库的请求，然后按一定的调度算法处理这些请求。一般的数据库都依靠操作系统来管理与数据库的连接。当有多个用户连接时，系统的性能会大幅度下降。Sybase 数据库的这个多线索进程起到类似操作系统用户请求的作用。由于调度优化算法仅在数据库服务器进程所连接到的用户进程范围内考虑，因此，会比操作系统来管理这些请求高效得多。此外，Sybase 的数据库引擎还代替操作系统来管理一部分硬件资源，如端口、内存、硬盘，绕过了操作系统这一环节,提高了性能。

11.4.3 Sybase关系数据库服务器

Sybase System 的服务器端核心产品是 Adaptive Server,集成了 SQL Server、SQL Anywhere、Sybase IQ、Sybase MPP 等原有的服务器系列产品。它具有处理多种数据源的能力;提供了优化的数据存储和访问方法;提供了单一的编程模型;可以编译和运行 T-SQL 语句;提供了单一操作模型和公共管理与监控工具;提供了特殊数据类型;提供基于事务的处理,包括多数据库、分布式的事务。

(1) SQL Server。Sybase SQL Server 服务器软件是一个关系数据库管理系统,其功能是专门负责高速计算、数据管理、事务管理。其特点是:

① 单进程多线索的体系结构。

② 高性能,SQL Server 可以管理多个用户并具有较高的事务吞吐量和较低的事务响应时间。

③ 实现了数据完整性检查和控制,包括建表时申明完整性和用触发器机制定义与应用有关的完整性。

④ 加强的安全保密功能,采用基于角色(ROLE)的管理制度,并提供了审计能力。

⑤ 支持分布式查询和更新。

(2) 备份服务器(backup server)。备份服务器附属于 SQL Server ,完成对数据的备份工作。其特点是:

① 支持联机备份,备份过程不影响 SQL Server 的其他处理。

② 支持转储分解,允许用户使用多台外设进行转储。

③ 支持异地转储,备份可在无人情况下自动进行或通过 DBA 管理多个远程服务器的备份及装载。

④ 支持限值转储,对日志的转储可在限值事件触发下自动完成。

(3) Sybase MPP。Sybase MPP 是针对海量并行处理器 MPP 平台的多 CPU 体系结构设计的并行服务器产品,能够实现并行查询,并行数据装载等操作。其特点是:

① 相当于一个控制进程,负责监听和接受用户的 SQL 请求,对其进行一定的优化。通过全局数据字典中的数据位置信息,将查询分解后分别送到数据所在结点的 SQL Server 上执行,并负责合并各 SQL Server 的执行结果,然后将最终结构返回给用户。

② 单进程多线索结构,节省系统开销和提高内存利用率。

(4) Sybase IQ 是高性能决策支持和交互式数据集成产品。Sybase IQ 提供了新的 Bitwise 索引技术,较之 B+树索引、hash 索引等,具有更高的效率。

(5) SQL Anywhere 是 基于 PC 的具有 SQL 功能的分布式数据库管理系统。

SQL Anywhere 用于移动应用和工作组，可以支持远程网络、移动计算机和其他移动设备。SQL Anywhere 使用新型复制器，支持结点间两路的、基于消息的数据复制。SQL Anywhere 上开发的应用程序无需任何修改就可以在更大的 SQL Server 上运行。

11.4.4　Sybase 开发工具

（1）Power Builder，是基于图形界面的客户/服务器前端应用开发工具，提供与 ORACLE、INFORMIX、DB2 等第三方数据库的接口。

（2）Power Designer，是一组紧密集成的计算机辅助软件工程（case）工具，用于为复杂的数据库应用完成分析、设计、维护、建立文档和创建数据库等功能。由 Meta Works、Process Analyst、Data Architect、Warehouse Architect 和 AppModeller 组成。

（3）Power J，是开发基于 JAVA 应用的快速开发工具，提供了高生产率、基于组件的开发环境、可扩展的数据库连接和服务器开发端；使开发者可以很容易地使用内置的高级 JAVA 组件扩展其 Web 服务器的功能。

特性：支持 Java Beans；独特的数据库支持，包括 jConnect for JDBC；Java 服务器开发；Web 和 Java 应用组件的集成测试。

（4）Power＋＋，是一组 RAD C＋＋客户/服务器和 Internet 面向对象的开发工具。

特性：拖放编程、无缝 OLE 构件集成、可靠的实时调试和客户/服务器的开发环境。

（5）SQL Server Manager，是可视化的系统和数据库的管理工具，用于帮助管理 SQL Server、物理资源、数据库等。

11.4.5　Sybase 的数据仓库解决方案

Sybase 的数据仓库解决方案是 Sybase Warehouse Works 体系结构。这是一个专门为客户/服务器结构环境设计的数据仓库结构。

在这个结构中，用户可为数据仓库的每一部分选择最佳的厂商，实现对多种不同的数据源的透明存取。Sybase 通过复制服务器捕获用户感兴趣的数据，在传送数据之前对数据先进行加工，加快复杂的 DSS 查询的执行速度，提供数据分布的位置透明性。

11.4.6　Sybase 的 Internet 解决方案

Sybase Web. Works 体系结构是 Sybase 提供的 Internet 解决方案。

这是一个包括 Sybase SQL Server、中介件和工具产品的综合体系框架，是一个集成方案。

Sybase Web.SQL是这个体系框架中介件的一个重要产品。它用CGI或Web服务器专用API接口实现,主要作用是将Web服务器与Sybase SQL Server连接在一起,使用户只需要将SQL语句嵌入HTML中,就可以根据数据库内容生成动态HTML页面以及更新数据库。

11.5 Informix

Informix现在属于IBM公司出品的关系数据库管理系统(RDBMS)家族,作为一个集成解决方案,它被定位为作为IBM在线事务处理(OLTP)旗舰级数据服务系统。自从Informix问世以来,就凭借其高效的性能、稳定的运行、便利的维护性和独有的嵌入式功能,完美地定义了Informix在数据库领域里的形象。

IBM对Informix和DB2都有长远的规划,两个数据库产品互相吸取对方的技术优势。在2005年早些时候,IBM推出了Informix Dynamic Server(IDS)第10版。2008年5月IDS11(v11.50,代码名为"Cheetah 2"),在全球同步上市。

11.5.1 Informix的版本介绍

Informix有Informix-SE和Informix-Online两种版本:

(1) Informix-SE适用于UNIX和Windows NT平台,是为中小规模的应用而设计的;

(2) Informix-Online在UNIX操作系统下运行,可以提供多线程服务器,支持对称多处理器,适用于大型应用。

Informix可移植性强、兼容性好,可以在UNIX、Windows、Windows NT、Netware、Macintosh等多种操作系统环境下运行,并且在中小型企业的人事、仓储及财务管理等微型计算机和小型机上得到应用。

11.5.2 Informix简介

Informix主要产品分为三大部分:

1. 数据库服务器(数据库核心)

Informix的数据库服务器有两种,作用都是提供数据操作和管理。其中Informix-SE完全基于UNIX操作系统,主要针对非多媒体的较少用户的应用;Informix-Online则是针对大量用户的联机事务处理和多媒体应用环境。

2. 应用开发工具

Informix的应用开发工具是用以开发应用程序必要的环境和工具。主要有Informix-4GL和Informix-NewEra两个系列:

（1）Informix－4GL 是 UNIX 市场上最受欢迎的第四代语言环境之一，是一个传统的基于字符界面的开发工具。该系列的主要产品有五个，它们是 I－SQL、4GL RDS、4GL C COMPILER、4GL ID 和 ESQL/C。它是一个整体性的第四代语言，提供了开发完整的数据库应用所需的功能和灵活性。

（2）Informix－NewEra 是一个开放的、图形化的、事件驱动的开发环境，提供了强大灵活的数据库语言，完整的可视化工具，具有事件驱动能力，并支持与非 Informix 关系数据库的开放连接。

3. 网络数据库互联产品

Informix 的网络数据库互联产品，如 Informix－STAR、Informix－NET 等，提供给用户基于多种工业标准的应用程序接口，网络中可以有多个数据库服务器，并支持分布处理功能。

11.5.3　Informix 的优势

（1）安装部署简便易学，配置灵活，甚至可以通过简单的配置或者载入不同的配置文件实现不同的数据处理需求（如日间可以采用实时性较高的参数配置尽可能满足 OLTP 的需要，而日终时可以调整为批量处理模式以满足大批量的数据处理），可同机部署多套 server 以满足不同的应用接入。

（2）系统配置较低，可以安装在大多数的主机上，比较适合数据库初学者和简单应用。

（3）易管理，日常维护比较得心应手，启动和停止服务操作简单，日常监控、分析一目了然。

（4）基于 HDR 的高可用性可以将数据实时同步到备份数据库服务器中，并且当主服务器故障时备份服务器可以在很短时间内通过简单配置接管主服务器，将数据库故障对应用系统的影响降低到最小。

（5）系统提供多种数据备份/恢复方式，使得数据备份恢复易于操作而且可以对数据库进行不同粒度的数据备份/恢复，如表级、数据库级甚至实例级，而备份出的数据也可以方便地用于读取分析，等等。

11.5.4　Informix 数据库管理系统

Informix 运行在 UNIX 平台，支持 SUNOS、HPUX、ALFAOSF/1；采用双引擎机制，占用资源小，简单易用；适用于中小型数据库管理。它具有以下优势：

（1）DSA（Dymanic Scalable Architecture）动态可调整结构支持 SMP 查询语句。

（2）多线索查询机制。

（3）具有三个任务队列。

（4）具有虚拟处理器。

(5) 提供并行索引功能,是高性能的OLTP数据库。

(6) 数据物理结构为静态分片。

(7) 支持双机簇族(CLUSTER)(只支持SESQUENT平台)。

(8) 具有对复杂系统应用开发的Informix 4GL CADE工具。

存在的缺陷有:

(1) 网络性能不好,不支持异种网络,即只支持数据透明不支持网络透明。

(2) 并发控制易死锁。

(3) 数据备份具有软件镜象功能,速度慢、可靠性差。

(4) 对大型数据库系统不能得到很好的性能。

(5) 开发工具不成熟,只具有字符界面,多媒体数据弱,无覆盖全开发过程的CASE工具。

(6) 无Client/Server分布式处理模式。

(7) 可移植性差,不同版本的数据结构不兼容。

(8) 4GL与CADE的代码不可移植。

11.5.5 Informix开发工具

1. Informix-4GL

Informix-4GL是提供了开发完整的数据库应用所需的功能和灵活性的第四代语言。其主要内容包括:

(1) 数据库语言,可直接书写RDSQL。

(2) 程序设计语言,兼有第四代语言和程序设计语言的特点。

(3) 屏幕建立实用程序。

(4) 菜单建立实用程序。

(5) 报表书写程序。

(6) 窗口管理功能。

2. Informix-4GL Form

(1) 为快速建立数据录入应用而提供的代码生成器和屏幕表格描述器。

(2) 根据用户对屏幕格式的简单描述得到屏幕格式说明文件,并自动生成数据库录入应用程序的Informix-4GL代码。

3. Informix-4GL/GX

图形界面运行工具,它使得在字符方式下开发的4GL软件能在图形环境下运行,并以图形界面形式出现。

4. Informix-4GL for OpenCase和Informix-4GL for ToolBus

(1) 是Informix的CASE工具。

(2) OpenCase/ToolBus 为 4GL 应用软件开发提供一个集成的图形开发环境。

(3) 一个基于 Informix－4GL 的集成开发环境，将 Informix－4GL 的各种产品集成到 OpenCase/ToolBus 下，并提供编辑、调试、编译、运行等手段，大大缩短应用开发周期。

5. Informix－NewEra

(1) 开放的、图形化的、事件驱动的开发环境，可用于生成关键任务的企业级客户/服务器应用。

(2) 提供强大、灵活的数据库语言，能够实现代码/部件重用的各种类库，完整的可视化工具，支持与非 Informix 关系数据库的开放连接。

(3) Informix－NewEra ViewPiont Pro 是 Informix－NewEra 的可视化程序设计工具，包括程序开发工具和数据库管理员工具。

(4) Informix－NewEra ViewPiont 是最终用户工具，专为最终用户提供高速直观的数据库访问。

6. 嵌入式 SQL(ESQL)

Informix 允许在 C、COBOL 等高级程序设计语言的程序中嵌入 SQL 语句来访问数据库中的数据。

7. Informix－HyperScript Tools

面向客户/服务器应用的多平台，可视化的编程环境，使应用开发人员可以很方便地设计基于图形的、时间驱动的应用系统。

8. Informix－DBA

(1) 专为数据库管理员提供的一个基于图形用户界面的系统维护工具。

(2) 可以方便地定义并修改数据库结构，建立并维护最终用户使用的超级视图。

11.5.6　Informix 的数据仓库解决方案

Informix 的数据仓库产品是 Informix MetaCube，利用 Informix MetaCube 可以比较方便地生成 OLAP 应用。

MetaCube 是一个基于多维数据模型的 OLAP 服务器。它通过元模型将底层的关系数据库转化为一个多维视图，方便用户进行多维分析。

MetaCube 还包括两个工具产品：一个是最终用户即时查询工具，一个是用于定义和管理元模型的图形工具。

作为中介件，MetaCube 对两端开放。一方面通过 ODBC 与前端工具(如 VB、PowerBuilder、SQL Windows)和前端应用(如 Excel)连接，一方面可以与第三方厂商的数据库核心连接。

11.5.7 Informix 的 Internet 解决方案

Informix Web Data Blade 模块是为 Web 应用专门设计的应用开发和管理环境，允许将 SQL 嵌入 html 中以便能够根据数据库内容生成动态的 Html 页面。Web Data Blade 的最大特色是可以生成动态多媒体 Html 页面。Web Data Blade 模块包括 Application Page Builder 工具和 Webdriver。前者是一个基于 WWW 的浏览器工具;后者是一个基于 CGI,负责 Web Data Blade 模块与 Web 服务器之间接口的软件模块。

11.6 DB2

DB2 是 IBM 公司的产品,起源于 System R 和 System R＊。它支持从 PC 到 UNIX,从中小型机到大型机;从 IBM 到非 IBM(HP 及 SUN UNIX 系统）等各种操作平台。它既可以在主机上以主/从方式独立运行,也可以在客户/服务器环境中运行。其中服务平台可以是 OS/400、AIX、OS/2、HP*d*UNIX、SUN - Solaris 等操作系统,客户机平台可以是 OS/2 或 Windows、Dos、AIX、HP - UX、SUN Solaris 等操作系统。

11.6.1 DB2 的发展过程

1968 年,IBM 在 IBM 360 计算机上研制成功了 IMS V1,这是第一个也是著名的和典型的层次型数据库管理系统。

1970 年，IBM 公司的研究员 E. F. Codd（埃德加·弗兰克·科德)发表了业界第一篇关于关系数据库理论的论文 *A Relational Model of Data for Large Shared Data Banks*,首次提出了关系模型的概念。这篇论文是计算机科学史上最重要的论文之一,奠定了 Codd 博士“关系数据库之父”的地位。E. F. Codd 于 1981 年获得了 ACM 图灵奖,这是计算机科学界的最高荣誉。

1973 年,IBM 研究中心启动了 System R 项目,研究多用户与大量数据下关系型数据库的可行性。1977 年,System R 原型在 3 个客户处进行了安装。这 3 个客户分别是波音公司、Pratt & Whitney 公司和 Upjohn 药业,这标志着 System R 从技术上已经是 一个比较成熟的数据库系统,能够支撑重要的商业应用了。System R 为 DB2 的诞生打下了良好基础。由此取得了一大批对数据库技术发展具有关键性作用的成果,该项目于 1988 年被授予 ACM 软件系统奖。

1983 年,IBM 发布了 DATABASE 2(DB2)for MVS(内部代号为“Eagle”)，并于 1989 年定义了 Common SQL 和 IBM 分布式关系数据库架构(DRDA)。这一成果在 IBM 所有的关系数据库管理系统上得以实现。

1995 年，IBM 发布了 DB2 Common Server V2。这是第一个能够在多个平台上运行的“对象-关系型数据库”(ORDB)产品，并能够对 Web 提供充分支持。Data Joiner for AIX 也诞生在这一年，该产品赋予了 DB2 对异构数据库的支持能力。随后发布的 DB2 V2.1.2 等是第一个真正支持 JAVA 和 JDBC 并对基于 DB2 的数据源实施数据挖掘的数据库产品。1999 年，IBM 为了对移动计算提供支持，发布了 DB2 UDB 卫星版和 DB2 Everywhere。这是一个适用于手持设备的微型关系数据库管理系统，现在的版本被称为 DB2 Everyplace。

2001 年，IBM 以 10 亿美金收购了 Informix 的数据库业务，这次收购扩大了 IBM 的分布式数据库业务。此时的 DB2 OLAP Server 中增添了数据挖掘功能。2003 年 IBM 将数据管理产品统一更名为信息管理产品，旨在改变很多用户对于 DB2 家族产品只能完成单一的数据管理的印象，强调了 DB2 家族在信息的处理与集成方面的能力。

2005 年，IBM DB2.9 将传统的高性能、易用性与自描述、灵活的 XML 相结合，转变成为交互式、充满活力的数据服务器。将数据库领域带入 XML 时代。IT 建设业已进入 SOA(Service-Oriented Architecture)时代。实现 SOA，其核心难点是顺畅解决不同应用间的数据交换问题。XML 以其可扩展性、与平台无关性和层次结构等特性，成为构建 SOA 时不同应用间进行数据交换的主流语言。而如何存储和管理几何量级的 XML 数据、直接支持原生 XML 文档成为 SOA 构建效率和质量的关键。在这这种情况下，IBM 推出了全面支持 Original XML 的 DB2.9，使 XML 数据的存储问题迎刃而解，开创了一个新的 XML 数据库时代。

目前，基于 Linux/UNIX/Windows 的最复杂的版本是 DB2 Data Warehouse Enterprise Edition，缩写为 DB2 DWE。这个版本偏重于混合工作负荷(线上交易处理和数据仓库)和商业智能的实现。DB2 DWE 包括一些商务智能的特性，例如 ETL、数据发掘、OLAP 加速以及 in-line analytics。

11.6.2　DB2 的开发工具

IBM 提供了许多开发工具，主要有 visualizer query、visualAge、visualGen。

visualizer 是客户/服务器环境中的集成工具软件，主要包括 visualizer query 可视化查询工具、visualizer Multimedia query 可视化多媒体查询工具、visualizer chart 可视化图标工具、visualizer procedure 可视化过程工具、visualizer statistics 可视化统计工具、visualizer plans 可视化规划工具、visualizer development 可视化开发工具。

visualAge 是一个功能很强的、可视化的、面向对象的应用开发工具，可以大幅度地提高软件开发效率。其主要特征有：

(1) 可视化程序设计工具。

(2) 部件库，包括支持图形用户接口的预制部件、数据库查询、事务处理以及本地和远程函数的通用部件。

(3) 关系数据库支持。

(4) 群体程序设计。

(5) 支持增强的动态连接库。

(6) 支持多媒体。

(7) 支持数据共享。

visualGen 是 IBM 所提供的高效开发方案中的重要组成部分。它集成了第四代语言、客户/服务器与面向对象技术,给用户提供了一个完整、高效的开发环境。

11.6.3 DB2 的公共服务器

DB2 数据库核心又称作 DB2 公共服务器。它采用多进程、多线索体系结构,可以运行于多种操作系统上,并分别根据相应平台环境作出调整和优化,以便能够达到较好的性能。

目前,DB2 数据库核心主要有两大版本:

第一版具有业务管理、数据完整性维护、数据维护及系统保安等功能,支持工业标准的 SQL,用户可以用它开发可移植的应用程序。

第二版功能进一步加强,其主要特色为:

(1) 支持面向对象的编程。DB2 支持复杂的数据结构,如无结构文本对象,可以对无结构文本对象进行布尔匹配、最接近匹配和任意匹配等搜索,可以建立用户数据类型和用户自定义函数。

(2) 支持多媒体应用程序。DB2 支持大对象(LOB),允许在数据库中存取二进制大对象和文本大对象。其中,二进制大对象可以用来存储多媒体对象。

(3) 备份和恢复能力。

(4) 支持定义存储过程、定义触发器,用户在建表时可以显式定义复杂的完整性规则。

(5) 支持递归 SQL 查询。

(6) 支持异构分布式数据库访问。

(7) 支持数据复制。

(8) 简化管理。

DB2 PE 是 DB2 的并行版本,DB2 PE 是 DB2 for AIX 的并行实现。有以下特点:

(1) DB2 PE 执行用户请求时,其中一个结点作为协调结点,负责优化 SQL 语句,并以函数传送方式把子查询送到各个子结点上。

(2) 支持数据划分,划分的数据可以放进不同的表空间。这些表空间可以位于不同的物理存储设备上,以提高性能。

(3) 支持并行数据扫描、连接、排序、数据装入、建立索引、备份和恢复、联机负载等。

11.6.4　互联产品

1. 分布式数据库连接服务(DDCS)

分布式数据库连接服务(DDCS)使应用程序能够透明地存取符合分布式关系数据库体系结构的异构分布式数据库中的数据,并提供了多用户网关。

2. 客户应用程序驱动器

客户应用程序驱动器(Client Application Enable)通过开放数据库互连(ODBC)驱动器实现,提供了一个客户应用程序驱动器。利用客户应用程序驱动器,DB2 的用户也可以访问第三方厂商的数据库系统。

11.6.5　DB2 的数据仓库解决方案

DB2 的数据仓库解决方案是 IBM Information Warehouse 体系结构,这是一个总体集成方案。主要包括:

(1) 数据转换工具,从已有的操作型数据构造数据仓库数据的工具。

(2) 数据仓库服务器,最好使用并行数据库系统。

(3) 数据分析和终端用户工具,是最终用户的 OLAP 工具。

(4) 数据仓库管理工具,是面向数据仓库管理员的工具。

针对小型数据仓库,IBM 专门提供了 IBM Visual Warehouse。IBM Visual Warehouse 最主要的功能是进行数据转换。作为一个完整的小型数据仓库解决方案,IBM Visual Warehouse 需要和数据分析和终端用户工具、数据仓库管理工具集成使用。

11.6.6　DB2 的 Internet 解决方案

DB2 的 Internet 产品是 Net. Data。Net. Data 提供了 Web 服务器于数据库之间的接口,使 Web 服务器能够利用数据库中的内容生成动态 html 页面,它由 Web 宏驱动,工作原理与 SYBASE Web. SQL 类似,用户可以将 SQL 语句嵌入 html 文本,Web 服务器一旦发现 Web 浏览器请求的 Web 页面中含有 SQL 语句,就会启动 Net. Data 处理这些语句并返回纯 html 文本。Net. Data 的底层数据源可以是其他数据库甚至文件。

11.7　Ingres

Ingres 数据库是 PostgreSQL 的一种变种,目标是企业市场;Ingres 同时是很多开源厂商的合作伙伴。新版本的主要更新在于提升扩展能力和可靠性。Ingres 支持很多开发平台,包括 Java、PHP、Python、Ruby、C++和.NET。

Ingres 是比较早的数据库系统,开始于加利福尼亚大学伯克利分校的一个研究项目,从20世纪80年代中期开始,在 Ingres 基础上产生了很多商业数据库软件,包括 Sybase、Microsoft SQL Server、NonStop SQL、Informix 和许多其他的系统。在80年代中期启动的后继项目 Postgres,产生了 PostgreSQL、Illustra。无论从何种意义上讲,Ingres 都是历史上最有影响的计算机研究项目之一。

11.7.1 Ingres 简介

Ingres 是一个开源数据库。Ingres 数据库系统的多项技术直接采用了伯克利大学最新研究成果,技术上一直处于领先水平。Ingres 数据库不仅能管理数据,而且还能管理知识和对象(对象是指数据与操作的结合体,计算机把它们作为整体处理)。

Ingres 产品分为三类:

(1) 数据库基本系统,包括数据管理、知识管理和对象管理。

(2) 开发工具。

(3) 开放互联产品。

11.7.2 Ingres 数据库核心

1. Ingres 的数据管理

Ingres 的数据管理有如下特点:

(1) 开放的客户/服务器体系。

(2) 编译的数据库过程。

(3) 数据联机备份。

(4) I/O 减量技术。

(5) 多文件存储。

(6) 分布式数据库。

(7) 数据复制功能。

Ingres 支持多种数据库复制策略,包括:

(1) 对等配置。

(2) 主/从配置。

(3) 级联配置。

2. Ingres 的知识管理

知识管理指数据的相互联系、基本的事物规则、事件的通知、用户的存取权限以及可授受的资源消耗限制等。传统数据库缺乏知识管理能力。经过长期的努力,Ingres 在服务器内部实现了知识管理。在系统管理层实现了数据、知识、对象的结合,提高了系统的效率。Ingres 的知识管理有如下特点:

（1）规则系统。

（2）数据库事件报警。

（3）Ingres 的对象管理。

基于服务器的对象管理技术是由对象管理扩展 OME 实现的。借助 OME，用户可以对 Ingres 核心作如下扩充：

（1）定义新数据类型。

（2）定义函数。

（3）定义操作符。

11.7.3　Ingres 的应用开发工具

1. Ingres/Windows 4GL

Ingres/Windows 4GL 通过面向对象的第四代语言和调试器，提高程序员的生产率。支持 MICROSOFT WINDOWS、OPEN LOOK、DECWIN 等窗口环境。

Ingres/Windows 4GL 有以下特性：

（1）通过面向对象的 4GL 和调试器，提高程序员的生产率。

（2）支持多窗口系统的可移植集成环境。

（3）通过建立数据字典，Ingres/Windows 能自动管理所有对象，加快开发建立复杂的应用系统。

2. Ingres/Vision

Ingres/Vision 是应用代码生成器，包括支持高级界面特征（应用结构的图形表示、菜单驱动、在线 HELP、有效数据的动态选择）。它还允许用户调整生成的代码。用户决策支持工具包括 GQL(Graphic Query Language)、GRAFSMAN、IPM(Interactive Performance Monitor Ingres/Net)，是一种基于全局通信体系结构，能与 OSI 兼容的客户机/服务器通信协议。支持语句的透明性、网络的透明性、多平台透明性。Ingres/Vision 有如下特点：

（1）代码生成器。

（2）减少开发时间，建立灵活的功能强的应用系统，容易维护，增强系统的功能。

（3）支持高级界面特征。

（4）允许用户对自动生成的代码进行调整。

（5）方便移植。

（6）支持 Ingres 和非 Ingres 数据的存取。

3. 用户决策支持工具

（1）GQL（图形查询语言）提供先进的 point - and - click 窗口界面，允许终端用户从主机 Ingres 数据库中检索和更新信息。

（2）利用 GRAFSMAN 可以很容易地以复杂图形的形式显示和输出数据。

(3) 交互性能监控器(IPM)是专门为DBA提供的使用程序,用来监控和协调Ingres的安装和运行。

(4) 嵌入式SQL语言(ESQL)。ESQL包括SQL和SQL/FORMS两部分,其中SQL实现数据库服务器之间的数据访问,SQL/FORMS实现与用户之间的接口。

Ingres的SQL可以嵌入到C、FORTRAN、PASCAL、COBOL、PL/1、BASIC、Ada等第三代高级语言中。

11.7.4 Ingres的互联产品

1. Ingres/NET

Ingres/NET是一种基于全局通信的、与OSI兼容的客户/服务器通信协议。Ingres/Net具有透明性、互操作性、支持众多网络协议等特征。

2. Ingres/Gateway

Ingres/Gateway是存取非Ingres数据的工具,能透明地存取如IBM的DB2或IMS,DEC的Rdb等的数据;还能和其他Ingres开发工具集成,支持用户在异构环境下开发应用程序,建立决策支持系统,是一个优秀的非Ingres数据库系统与Ingres数据库互联工具。

小 结

目前,国际国内占主导地位的关系数据库管理系统产品包括SQL Server、Oracle、DB2、Ingres、Informix、Sybase等商品化的数据库管理系统,技术比较成熟。而面向对象的数据库管理系统虽然技术先进,数据库易于开发、维护,但尚未有成熟的产品。

SQL Server是Microsoft公司推出的关系型数据库管理系统,具有使用方便、可伸缩性好、与相关软件集成程度高等优点。Oracle数据库的一些创新特性可最大限度地提高资源使用率和灵活性。Sybase提供了一套应用程序编程接口和库,可以与非Sybase数据源及服务器集成,允许在多个数据库之间复制数据,适于创建多层应用。Informix作为一个集成解决方案,具有高效的性能、稳定的运行、便利的维护性和独有的嵌入式功能。

参考文献

[1] 萨师煊,王珊. 数据库系统概论[M]. 4 版. 北京:高等教育出版社,2006.

[2] 王珊,陈红. 数据库系统理论教程[M]. 北京:清华大学出版社,1998.

[3] 高荣芳. 数据库原理及应用[M]. 2 版:西安:西安电子科技大学出版社,2009.

[4] 计算机等级考试命题研究组. 数据库技术[M]. 2 版. 北京:机械工业出版社,2006.

[5] 钱雪忠. 数据库原理及应用[M]. 2 版. 北京:北京邮电大学出版社,2005.

[6] 万常选. 数据库系统原理与设计[M]. 北京:清华大学出版社,2009.

[7] 赵致格. 数据库系统与应用[M]. 北京:清华大学出版社,2005.

[8] 张丹平. 周玲元. 数据库原理及应用[M]. 北京:北京航空航天大学出版社,2011.

[9] 全国计算机等级考试命题研究中心. 全国计算机等级考试三级数据库技术 2015 年上机考试题库[M]. 北京:电子工业出版社,2015.